おうちで学べる
データベースのきほん

全く新しい
データベース
の入門書

ミック
木村明治 著

JN243765

SHOEISHA

本書内容に関するお問い合わせについて

このたびは翔泳社の書籍をお買い上げいただき、誠にありがとうございます。弊社では、読者の皆様からのお問い合わせに適切に対応させていただくため、以下のガイドラインへのご協力をお願い致しております。下記項目をお読みいただき、手順に従ってお問い合わせください。

●ご質問される前に

弊社Webサイトの「正誤表」をご参照ください。これまでに判明した正誤や追加情報を掲載しています。

正誤表　http://www.shoeisha.co.jp/book/errata/

●ご質問方法

弊社Webサイトの「刊行物Q&A」をご利用ください。

刊行物Q&A　http://www.shoeisha.co.jp/book/qa/

インターネットをご利用でない場合は、FAXまたは郵便にて、下記"翔泳社 愛読者サービスセンター"までお問い合わせください。
電話でのご質問は、お受けしておりません。

●回答について

回答は、ご質問いただいた手段によってご返事申し上げます。ご質問の内容によっては、回答に数日ないしはそれ以上の期間を要する場合があります。

●ご質問に際してのご注意

本書の対象を越えるもの、記述個所を特定されないもの、また読者固有の環境に起因するご質問等にはお答えできませんので、予めご了承ください。

●郵便物送付先およびFAX番号

送付先住所　〒160-0006　東京都新宿区舟町5
FAX番号　　03-5362-3818
宛先　　　　（株）翔泳社 愛読者サービスセンター

※本書に記載されたURL等は予告なく変更される場合があります。
※本書の出版にあたっては正確な記述につとめましたが、著者や出版社などのいずれも、本書の内容に対して何らかの保証をするものではなく、内容やサンプルに基づくいかなる運用結果に関してもいっさいの責任を負いません。
※本書に掲載されているサンプルプログラムやスクリプト、および実行結果を記した画面イメージなどは、特定の設定に基づいた環境にて再現される一例です。
※本書に記載されている会社名、製品名はそれぞれ各社の商標および登録商標です。
※本書において示されている見解は、著者自身の個人的な見解です。著者が所属する企業の見解を反映したものではありません。

はじめに

　データベースというのは、初心者から見ると具体的なイメージのつかみにくく、それゆえ学習のとっかかりを見つけにくい分野です。プログラミング言語やWebサイトの作り方が、具体的な目的意識と手触りを持って学べるのとは対照的です。「データを貯める場所なのだろう」ということは想像が付くものの、それ以上何をやっているのかとなると急に曖昧になるのがデータベースの難しさです。本書は、そのような初心者が感じる「イメージの湧きにくさ」を緩和することに重点を置いた入門書です。

　対象としては、プログラマーやエンジニアといった「プロ」を目指す人たちだけでなく、営業や一般企業の情報システム部門など、「ユーザ」としてデータベースを扱う方々も含めています。

　本書を読むことでデータベースのイメージと役割が以前よりはっきりと結べるようになれば、そして「結構奥が深くて面白いのだな」と思ってもらえれば幸いです。　　　　　　　　　　　　　2015年1月　ミック

　データベースは、いまや社会に必要不可欠なインフラとなりました。いたるところで動作している (はず) のデータベースですが、それ自体に向き合って操作したり、そもそも「データベースとは何か?」を知っている人は、意外に少ないものです。本書では、実際にいくつかの章 (特に後半) で「MySQL」というデータベースを操作することで、「データベースとは何か?」ということをわかりやすく解説しています。

　一方で、データベースを含んだシステム全体では、データベースそのものの技術の他に、関連する技術や非技術的な要素があります。本書の前半では、そのような「外から見たデータベース」を身近な視点から取り上げていきますので、「プロ」のみならず、「ユーザ」からの視点での「データベースとは何か」を知る手がかりになる内容となっています。　本書が、様々な方々の興味を刺激し、それぞれの立ち位置からデータベースの理解を進めるきっかけとなることを願っています。

　　　　　　　　　　　　　　　　　　　　　2015年1月　木村明治

本書の概要

　本書は、データベースの基礎知識を学びたい人のための書籍です。
　「データベースについて学びたいが、何から始めればよいのかわからない」「データベースの入門書を読んだが、難しくて理解できなかった」…そんな人をターゲットにしています。
　「データベース」は、従来は情報システム部のエンジニアやプログラマーなど、主に「専門職の方が学ぶもの」というイメージを持つ人が多かったと思います。
　しかしデータベースが普遍的なものになるにつれ、新社会人や企業の営業職の人であっても、「基本的なデータベースの知識」を求められるようになっているようです。
　本書は、そのような従来データベースに関わりの薄かった「一般層」の人にも読んでもらえる内容を目指しています。

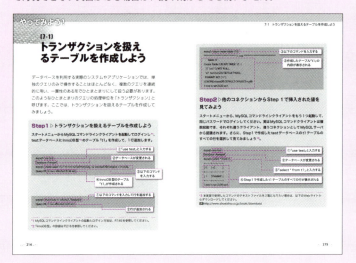

そのために本書では、解説を「やってみる（実習）」と「学ぶ（講義）」という2つの要素に分けました。実際にデータベースを構成する様々な要素を確認して（＝やってみる）、その後にその要素についての解説を読む（＝学ぶ）ことで、初学者の方でも無理なく、データベースについての理解を深められると思います。

　なお「実習」は、ちょっとしたクイズ、あるいは自宅PCでも実現できる簡易なものを選びましたが、読者の環境によっては実現できないものがあるかもしれません。その場合は、実習を飛ばして講義の部分のみをお読みいただいても結構です。

　各章の最後には、「練習問題」が付いています。問題は、基本的にその章の解説を読めば無理なく回答できるものになっています。各章で学んだことが身に付いているかどうかの確認としてご利用ください。

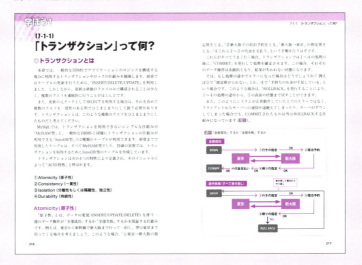

「講義」のページ（学ぶ）

実習でやったことを踏まえ、プログラミングの概要について「学ぶ」部分です。実習を行ってから読むと、さらに理解を深めることができますが、この部分だけ読んでも差し支えありません。

CONTENTS
もくじ

Chapter 01
データベースって何だろう …… 011
～ その用途と役割 ～

1-1 データベースの役割を考えてみよう …… **012**

　1-1-1 私たちとデータベースの関わり …… **014**

　1-1-2 データベースの基本機能 …… **017**

　1-1-3 データベースの種類 …… **031**

Chapter 02
リレーショナルデータベースって何だろう …… 036
～最も代表的なデータベース～

2-1 代表的なDBMSを調べてみよう …… **036**

　2-1-1 「リレーショナルデータベース」って何? …… **038**

　2-1-2 SQL文の基礎知識 …… **043**

　2-1-3 リレーショナルデータベースを扱うための予備知識 …… **048**

Chapter 03
データベースにまつわるお金の話 …… 063
～イニシャルコストとランニングコスト～

3-1 イニシャルコストとランニングコストを考えよう …… **064**

3-1-1 なぜ私たちはシステムにお金を払うのか？ …… **066**

3-1-2 データベースのイニシャルコスト …… **069**

3-1-3 イニシャルコストを増やす犯人 …… **076**

3-1-4 データベースのランニングコスト …… **079**

3-1-5 イニシャルコストとランニングコストの組み合わせ …… **087**

3-1-6 イニシャルコストのトリックに注意！ …… **092**

Chapter 04
データベースとアーキテクチャ構成 …… 097
～堅牢かつ高速なシステムを構築するために～

4-1「冗長化」について考えてみよう …… **098**

4-1-1「アーキテクチャ」って何？ …… **100**

4-1-2 データベースのアーキテクチャを考えよう① ～歴史と概要～ …… **102**

4-1-3 データベースのアーキテクチャを考えよう② ～可用性と拡張性の確保～ …… **113**

4-1-4 DBサバの冗長化 ～クラスタリング～ …… **121**

4-1-5 DBサバとデータの冗長化 ～レプリケーション～ …… **127**

4-1-6 パフォーマンスを追及するための冗長化 ～シェアードナッシング～ …… **132**

4-1-7 適切なアーキテクチャを設計するために …… **135**

CONTENTS

Chapter 05

DBMSを操作する際の基本知識 ····· 139
～操作する前に知っておくこと～

5-1 MySQLをインストールしてみよう ····· 140
5-1-1 MySQLと接続（コネクション）を作ろう ····· 146
5-1-2 データベースに電話をかけよう ····· 148
5-1-3 SQLと管理コマンドの違い ····· 153
5-1-4 リレーショナルデータベースの階層 ····· 155

Chapter 06

SQL文の基本を学ぼう ····· 163
～ SELECT文を理解する～

6-1 SELECT文でテーブルの中身をのぞいてみよう ····· 164
6-1-1 SELECT文の基本を学ぼう ····· 169

6-2 SELECT文を応用してみよう ····· 175
6-2-1 SELECT文の応用操作を学ぼう ····· 179

6-3 データを更新・挿入・削除してみよう ····· 188
6-3-1 データの更新と挿入 ····· 191

6-4 ビューの作成と複数のテーブルからのSELECT ····· 200
6-4-1 ビューの作成と副問い合わせ、結合 ····· 205

Chapter 07

トランザクションと同時実行制御 …… 213
~複数のクエリをまとめる~

7-1 トランザクションを扱えるテーブルを作成しよう …… 214
7-1-1 「トランザクション」って何？ …… 216
7-1-2 「他のコネクションからどう見えるか」を考えよう …… 223

7-2 複数のコネクションから書込と読込を行おう …… 225
7-2-1 トランザクション分離レベルによる見え方の違い …… 229

7-3 ロックタイムアウトとデッドロックを試そう …… 233
7-3-1 ロックタイムアウトとデッドロックが起こる理由 …… 234
7-3-2 やってはいけないトランザクション処理 …… 238

Chapter 08

テーブル設計の基礎 …… 243
~テーブルの概念と正規形~

8-1 「集合」と「関数」を考えてみよう …… 244
8-1-1 テーブル設計の基礎 …… 246
8-1-2 テーブル設計のルール …… 251
8-1-3 「正規形」って何？ …… 263
8-1-4 「ER図」って何？ …… 274

CONTENTS

Chapter 09
バックアップとリカバリ …… 281
～障害に備える仕組み～

9-1 作業中のMySQLサーバを強制終了してみよう …… 282
9-1-1 接続性とパフォーマンスを両立させる仕組み …… 285
9-1-2 バックアップとリカバリ …… 289

Appendix
パフォーマンスを考えよう …… 299
～性能を向上させるために～

「パフォーマンス」って何？ …… 300
データベースとボトルネックの関係 …… 305
パフォーマンスを決定する要因 …… 307
実行計画はどのように立てられているのか …… 315

お勧めのデータベース関連書籍 …… 340
INDEX …… 341

Chapter
01

データベースって何だろう
～その用途と役割～

本章では、データベースの役割や基本性能、データベースの種類について学びます。普段データベースになじみがない人にとっては、データベースとは一体どのようなものなのか、なかなかイメージできないと思います。そこで、まずはデータベースの全体像をつかむところから始めましょう。

やってみよう！

【1-1】
データベースの役割を考えてみよう

「データベース」とは一体何なのでしょう。改めてこのように質問してみると、明確なイメージが持てないかもしれません。しかし、実は、あなたの身の回りにも、データベースは多数存在しています。あらゆるものがデータ化され、管理される時代ですから、むしろあなたは「データベースに囲まれて生きている」と言っても過言ではないほどです。また、近年は企業の情報漏えいなどが、社会的な事件として取り上げられるケースが増えましたが、このような事件にもデータベースが深く関係しています。では、あなたの身の回りにある「データベースと思われるもの」を挙げてみてください。さらに、近年世を騒がせた企業のデータ漏えい事件のうち、覚えているものを挙げてみましょう。

Step1 ▷ 身の回りでデータを管理している事例を挙げてみよう

自分自身、あるいは身の回りで、データを記録したり管理している事例を探してみましょう。

解答（一部） スマートフォンのアドレス帳、メールのアドレス帳、銀行や郵便局の預金通帳、名刺ホルダー、フォトアルバム、音楽プレイヤーの音楽データ、ゲーム端末やオンラインゲームのデータ、オンラインカレンダー、取引先の顧客情報など

1-1 データベースの役割を考えてみよう

Step2 ▷ データベースが使われていそうなツールやサービスを挙げてみよう

Step1を踏まえ、自分自身、あるいは身の回りで、データベースが使われていると思われるツールやサービスを挙げてみましょう。そのとき、どういう方法でデータを管理・利用されているかも考えてみてください。

解答（一部） 銀行や郵便局の預金管理、ショッピングサイトやオークションサイト、航空機やイベントなどのチケット予約サービス、iTunes Store、メールマガジン、DropboxやSugarSync、EVERNOTEなどのオンラインストレージ、FacebookやInstagramなどのソーシャルコミュニケーションサービスなど

Step3 ▷ データ漏えいなどの社会的事件を挙げてみよう

データの漏えいや不整合によって社会的に大きな問題となった過去の事件を調べ、書き出してみましょう。

解答（一部） EVERNOTE、ユーザデータを消失（2007年）／東京都、都民からの架空請求通報メールを一部消失（2007年）／スクウェア・エニックス、オンラインゲーム契約者のID、パスワードなどを流出（2010年）／ファーストサーバ、企業や官公庁のWebサイトやメールを一部消失（2012年）／ベネッセグループ、教育システムの個人情報を流出（2014年）など

13

学ぼう！

〔1-1-1〕
私たちとデータベースの関わり

◇データベースという存在

　本書は、データベースというシステムの分野について学習することを目的とした書籍です。「データベース(Database)」と聞いても、多くの人はピンと来ないかもしれません。

　これが「Webブラウザ(Browser)」と言われれば、Windowsに最初から搭載されているInternet Explorer、MacユーザであればSafari、またはGoogle社のChromeやMozillaプロジェクトのFirefoxなど、すぐに製品名が浮かんで、どんな用途に使うソフトウェアであるか、具体的なイメージが湧く人も多いでしょう。

　しかし、「データベース」と言われて「ああ、あれのことね」と、製品名がスラスラと出てきて、使い方のイメージが湧くのは、すでにシステム開発の経験をある程度持っているエンジニアやプログラマの方に限られるでしょう。

◇エンドユーザには見えない「データベース」

　まだシステム開発やプログラミングについて勉強を始めたばかり、あるいはこれから始めるところという学生や新入社員が、データベースのイメージをつかめなくても、それは無理のないことです。

　と言うのも、Webブラウザと違い、データベースは、普通はシステムの利用者(エンドユーザ)が直接触れることができないよう、「意図的に隠されている」からです。

　いわばWebブラウザがエンドユーザが直接操作する、システムの「表側」の顔であるのに対して、データベースはシステムの「裏側」に存在している本丸のような存在なのです。

◇急速に進化するデータベース

　ここ数年は、「ビッグデータ」という言葉がIT業界だけにとどまらず、ビジネスシーン全般におけるキーワードとして取り上げられる機会も増えました。それに伴い、データベースに対する関心は、これまでにないぐらいに高まっています。

　ただし、より正確に言えば、多くの人が注目しているのはデータベースに保存されている「データそのもの」、あるいはその「利用方法」であって、データを保存する器であるデータベースは、あくまで「手段」という位置付けに過ぎません。

　とはいえ、大量のデータを効率よく保存して利用しやすいアプリケーションを作るためには、データ管理に特化したデータベースの存在を抜きに考えることはできません。その需要の高まりと要求の多様化に応じて、近年では、データベースも急速な進化を遂げてきています。

　本書では、このデータベースについて、その仕組みや使い方の基礎を学習するとともに、皆さんがシステム開発に携わることになった際に持っておくべき知識について解説していきたいと思います。

◇データベースはどこにあるのか

　私たちの生活は、システムが提供するサービスに囲まれて成り立っています。そして、そのほぼすべてに、何らかの形でデータベースが使われています。

　例えば、ショッピングサイトで1年前に買った商品の履歴を検索できるのも、海外の銀行口座に送金できるのも、半年前に宿泊した旅館からダイレクトメールが届き、おまけに誕生日の月には特別プランの宣伝が送られてくるのも、すべて「そのために必要なデータ」がデータベースに登録され、管理されているからです。

◇すべてがデータベースで管理される時代

　最近では、日々の出来事や行動（何時に起きて、何を食べて、どれだけ運動して、何時間寝て……）をデータ化し、それを健康管理やマーケティングに利用しようという「ライフログ」という試みも始まっています。

　ここまで来ると、「すべてのものがデータベースに集まる」という言葉を使っても、決して誇張表現ではないでしょう。文字や数字といった言語データだけでなく、画像や動画といった非言語データですら、データベースで管理されています。YouTubeやHuluといった動画サービスは、それ自身が1つの巨大なデータベースです。

　「あらゆるものがデータ化される時代」は、すなわち、あらゆる場所にデータベースが存在し、「あらゆるものがデータベースで管理される時代」ということでもあるのです。

◇データベースとは何か

　では、そのデータベースとは、一体どのようなものなのでしょうか。

　改めて考えてみると、その実態は、意外にとらえがたいところがあります。その理由は、P.14でも述べたように、利用者からは極力見えにくくするよう配慮されているからなのですが、まずはごく簡単なサンプルを使って、データベースがどういう役割を果たしているのかを考えてみましょう。

　「データベースを自分で考えてみるなんて難しい」と思うかもしれませんが、決してそんなことはありません。実はごくシンプルな形であれば、むしろ私たち全員が、データベースと似たようなやり方で、自前で様々なデータを管理した経験を持っているはずなのです。

　誰もが自分で作って、管理したことのあるデータベース……それは「アドレス帳」です。

　では、次節で、このアドレス帳とデータベースの関連について解説することにしましょう。

学ぼう！

〔1-1-2〕
データベースの基本機能

◇データベースはアドレス帳から始まった

　家族や友人の電話番号、メールアドレスを記録したアドレス帳を持っていないという人は、まずいないでしょう。

　現在はスマートフォンなどの中でデータ化されていますが、昔は手帳の付録にアドレス帳が付いていました。著者も学生の頃は、紙のアドレス帳に鉛筆で書き込んで、友人やアルバイト関係の連絡先を管理していました。こう書くと年齢がばれますが、当時はまだ携帯電話自体がようやく普及し始めたところで、情報管理端末としての機能は貧弱でした。最近では手帳の役割はスマートフォンにとって代わられましたが、管理しているデータの内容が変わったわけではありません。

　大体、皆さん以下のような項目を登録しているはずです。

・名前
・電話番号
・メールアドレス
・住所

　もし恋人や家族であれば、これにプラスして誕生日とか記念日といったデータも含まれているかもしれません。上記のような項目からなるアドレス帳のイメージとしては、以下のようなものでしょう（図1）。

図1 アドレス帳のイメージ

名前	電話番号	メールアドレス	住所
○山○男	03-12xx-99xx	hogehoge@test.com	東京都○区○町1-1
△田△子	042-x4x-34xx	hagehage@temp.co.jp	東京都△市△20-1
×木×太	023-x8-33xx	hugahuga@wahaha.or.jp	千葉県×市×丘5-3
⋮	⋮	⋮	⋮

17

こういうデータを、スマートフォンではなくPCを使って管理する場合、一番簡単な方法は、カンマ区切りのテキストファイル（CSVファイル）や、Excelのようなスプレッドシート（二次元表）に保存することでしょう。

　こうしたアドレス帳によるデータ管理の方法は、非常にシンプルですが、すでにデータベースに必要な最小限の機能を実現しています。

　そして実は、現代的なデータベースの歴史を振り返ってみると、データベースの誕生もまた、「アドレス帳を管理したい」という要望から始まったと言えるのです（詳細はP.33のコラム参照）。

　では、現代的なデータベースにはどのような機能が求められるのか、そしてこのシンプルなアドレス帳データベースでどこまでそれが実現できて、何が実現できないのかを見ていきましょう。

◇データベースの基本機能① データの検索と更新

　データベースの用途として最も重要な機能、それは「検索」です。つまり、「欲しいと思ったデータを見つける」ことです（「参照」「抽出」とも言います）。

　この検索という行為を、私たちは現在、ほとんど空気を吸うように自然に使っています。それに大きな役割を果たしたのが、Googleに代表される検索エンジンの進化です。

　検索エンジンは、膨大データを保存するデータベースの中から、検索対象のキーワードにヒットしたデータ（この場合はキーワードを含むWebサイト）を取り出してきます。

　この検索を、P.17で紹介したアドレス帳を使ってやってみましょう。例えば、住所に「東京」という単語が含まれる人物を探したいとします。この場合、「○山○男」と「△田△子」の2人が正しい結果です（図2）。

　デパートやホテルが特定の地域に住む人々にキャンペーンのダイレクトメールを送ることができるのも、「住所」を検索キーワードに指定して検索することで、ある地域に住む顧客リストを正確に抽出できるからです。

1-1-2　データベースの基本機能

> 「東京」と言う単語が含まれる人物を探したい場合、「○山○男」と「△田△子」の2名が検索されなければならない

図2 東京という単語で検索する

名前	電話番号	メールアドレス	住所
○山○男	03-12xx-99xx	hogehoge@test.com	東京都○区○町1-1
△田△子	042-x4x-34xx	hagehage@temp.co.jp	東京都△市△20-1
×木×太	023-x8-33xx	hugahuga@wahaha.or.jp	千葉県×市×丘5-3
⋮	⋮	⋮	⋮

データベースに必要な第一の機能
＝
検索を行う手段があること

　このように「検索を行う手段がある」という点が、まずはデータベースにとって求められる第一の機能です。欲しいデータを素早く取り出せないのでは、アドレス帳を作る意味もありません。

広義の「更新」は登録・修正・削除

　またデータベースは、新しいデータを登録し、既存のデータを修正し、不要になったデータを削除することも可能でなければなりません。

　例えば、新たに友人になった「□畑□美」さんをアドレス帳に登録し、「×木×太」さんが千葉県から埼玉県に引っ越したときには、住所を更新する必要があります。あるいは、「○山○男」さんと喧嘩別れしたときには、彼にまつわるデータの一切を削除できなければいけません。この「登録」「修正」「削除」の3つの機能をひっくるめて、「更新」と呼んでいます。なお「更新」という言葉には、このような広義の使い方と、単に「既存データの修正」のことを指して「更新」と呼ぶ狭義の使い方の2通りがあるので注意してください。以上をまとめると、データベースのデータに対する操作は **図3** のように分類できます[*1]。

・・・

＊1　実際には、更新の中にも複数のデータを一度に登録する機能や、登録と更新を合わせて1つの動作とする機能など、細かい更新のバリエーションは多数用意されています。図3は、あくまで基本的な大分類であると考えてください。

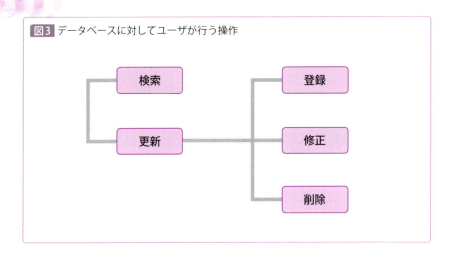

図3 データベースに対してユーザが行う操作

　第5章以降では、具体的にデータベースを操作しながら実際にデータの検索や更新を行います。その場合も、図3に挙げた操作は、データベースの種類や製品によらず必ず実現できます。
　逆に言えば、これらの操作のうち1つでも欠ければ、データベースとしての用をなさない、ということです。

「データのフォーマット」に留意する

　データベースを操作する際に重要となることは、データをどういうフォーマット（形式）で管理するのが、検索や更新にとって効率的なのか、という問題です。
　最も簡単な例を挙げると、同姓同名の「○山○男」さんが2人いたとしましょう。偶然名前が同じであったとしても、2人は違う人物なのですから、データベース上でもこの2人が「違う人間」であることがわかるように管理しなければなりません。
　この原則を「一意性 (Uniqueness)」と呼びますが、データベースでデータを管理する際の基本ルールの1つでもあります。こうしたデータのフォーマットの問題については、第6章および第8章で、学習していきます。

「処理のパフォーマンス」に留意する

　また、検索や更新において重要になる問題として、パフォーマンス（性能）があります。平たく言うと、「どれくらいの速さで処理できるか」ということです。

　個人で利用するアドレス帳ならばせいぜい多くても数百人程度でしょうが、商用に使われるデータベースには、それこそ何百万人といったユーザが登録されていることも珍しくありません。

　そうした膨大なデータを読み込み、検索条件に該当するデータだけを絞り込むという作業は、最新の高性能マシンを持ってしても時間のかかる仕事です。

　したがって、検索の性能をどうやって向上させるかというのは、扱うデータ量が増加の一途をたどっていることを考えても、データベースにとっては永遠の課題です。

　データベースにおけるパフォーマンスの問題、およびそれをどう向上させるかという工夫については、Appendixで取り上げます。

◇データベースの基本機能② 同時実行制御

　データベースの基本機能として重要な2つ目の機能が、「同時実行制御」です。

　個人で管理しているアドレス帳であれば、基本的にそれを検索したり更新するのは、自分1人です。しかし、ビジネスや公共の目的で利用されるデータベースには、同時に不特定多数のユーザがアクセスすることが普通です。つまり、データベースは、同時に複数のユーザからの検索や更新の処理を受け付けているわけです。そのとき問題になるのが、「更新の整合性をどのように保証するか」ということです。

　例えば、最も単純な例として、データベースのユーザが2人のケースを考えてみましょう。

　PC上のアドレス帳のファイルを、あなたのほかにもう1人、例えばあなたの息子と共有しているとします。あなたがファイルを開いて、「×

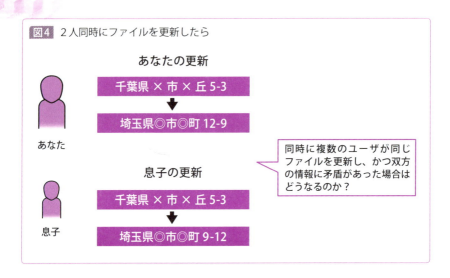

　「×木×太」さんの住所を変更している間に、息子も同じファイルを開いて、「×木×太」さんの住所を更新しようとしたら、どうなるでしょう（図4）。それも、息子のほうが「間違った」住所で更新しようとしていたとしたら。
　この場合の動作は、ファイルを開いているアプリケーションによって変わってきますが、大体次のいずれかになるでしょう。

①最初に開いた人がファイルを開いている間は、次に開こうとした人はファイルを開くことができない
②最初に開いた人がファイルを開いている間は、次に開こうとした人はファイルを「読取専用」でしか開けない
③どちらの人も問題なくファイルを開くことができて、後に行われたほうの更新が反映される

　①のケースは、あなたが最初にアドレス帳のファイル開いた場合、あなたが更新を終えてファイルを閉じるまで、息子はファイルを開くことができない、ということです。アドレス帳が物理的な本だとすれば、あなたがアドレス帳を持ってどこかに行ってしまったので、息子はアドレス帳に触

ることすらできない、という状況に相当します。

　一方②のケースは、あなたが最初に開いた場合、あなたが更新を終えてアドレス帳のファイルを閉じるまで、息子はファイルを更新することができない、ということです。アドレス帳が物理的な本だとすれば、あなたがアドレス帳を開いている間、息子は隣で覗き込んで「見る」ことはできるけど、ペンで「書き込む」ことは許されない、というケースです。いわば、しばらくの間、息子から見てデータベースは「読取専用 (Read Only)」になるわけです。

　最後の③のケースは、あなたと息子のどちらも更新を行えるということです。アドレス帳が物理的な本だとすれば、2人でペンを持って同時に書き込みを行っている、というケースです。

悩ましい「トレードオフ」の関係

　息子の視点から見た場合、①が最も行為の制限が厳しく、③が最も緩いということになります。実際、①の場合、彼はアドレス帳に対して何もできませんが、③のケースでは、あなたがアドレス帳を更新していることすら意識せずに、アドレス帳を更新できます。その点で、息子から見て一番望ましいのは、自分の自由度が高い③でしょう。

　一方、あなたから見れば、自分の更新中に好き勝手に他人が更新を行える③は、危なっかしくてもってのほかだと思うでしょう。望ましいのは、誰も更新を邪魔しない①となります。

　このように、データベースを複数のユーザで共同利用しようとすると、同じデータに対する更新がぶつかりあったときの制御を考える必要が出てきます。

　このように、どちらかのユーザにとって都合のよい更新制御は、もう一方のユーザにとっては使いにくいという状況を「トレードオフ」の関係と呼びます。「トレードオフ」と聞くと難しい言葉だと思うかもしれませんが、要は「あちらを立てればこちらが立たず」という意味です。

　このような、複数ユーザ間の更新をうまく整合させるための機能を「同時実行制御」とか「排他制御」呼びます。これがデータベースに必要な2

つ目の機能です。

　実際のデータベースでは、全体のバランスを考えながら、①か②をベースにした同時実行制御が行われることが多いのですが、この同時実行制御については、第7章で詳しく取り上げます。

CoffeeBreak 「dirty write」とは

　P.22で紹介した3つの処理のうち、3番目の選択肢「どちらの人も問題なくファイルを開くことができて、後に行われたほうの更新が反映される」は、「dirty write」と呼ばれます。dirty writeのイメージとしては、更新処理がぶつかったときは、「後出しが勝つジャンケン」みたいなものです。一般には、データベースにおいては、このような制御はデータ整合性の観点から忌避される傾向にあります。

◇データベースの基本機能③　耐障害性

　データベースに求められる3つ目の重要な機能が、「障害に強いこと」です。平たく言うと「なかなか壊れにくい、壊れたとしても復旧できる」ということになります。

　データベースは、重要な情報をため込んだ、システムの「心臓」とも言うべき場所です。ここに入っているデータが障害で消えてしまうと（IT業界では、俗にこの悲劇を「データが飛ぶ」と表現します）、ソフトウェアにバグがなくとも、システムは停止せざるを得ません。ユーザに提供するためのデータが消えたのですから、それはもう「パンのないパン屋」状態です。

　したがって、データ保護と障害対策には、これ以上ないぐらい神経質になる必要があります。これが、個人で管理する「なんちゃってデータベース」であるアドレス帳ファイルと、お金をいただいてビジネスで利用する本物のデータベースの大きく違うところです。

1-1-2 データベースの基本機能

近年のデータ消失事件

例えば、もしアドレス帳のファイルが、ノートPCやスマートフォン（だけ）に保存されているとしましょう。すると、そのPCや携帯電話のハードウェアが壊れてしまった場合、中に含まれているアドレス帳ファイルにもアクセスできなくなってしまいます。

そもそも「ハードウェアの電源が入らなくなってしまった」というケースはもちろんアウトですし、「アドレス帳のファイルが破損した」というだけでも、もうそのファイルは開けなくなってしまいます。

個人で使っているぶんには、アドレス帳のデータが消失したぐらいであれば、打ち込み直す程度の損失（数時間の作業）で済むかもしれません。しかし、金融機関の取引履歴や企業の顧客情報が消えてしまったとしたら、大きな社会問題になったり、ユーザから損害賠償請求の裁判を起こされることもありえます。ちなみに、近年のデータ消失事件には、次のようなものがあります（ 表1 ）。

表1 近年のデータ消失事件

発生年	企業・団体	概要
2006年	Yahoo! JAPAN	「Yahoo!メール」約450万通が消失
2007年	東京都	都民からの架空請求通報メールの一部が消失
2010年	EVERNOTE	約7000人のユーザのデータが消失
2012年	ファーストサーバ	企業や官公庁のWebサイトやメールの一部が消失

データ消失問題への対策

こうしたデータ消失事件は、いずれもデータベースに保存されているデータが何らかの原因で消失し、かつ復旧もできなくなった場合に発生します。

この状態まで来てしまうと、社長以下並み居る役員が謝罪会見を開くハメになるでしょう。システムの構築に携わったエンジニアたちは、もう生きた心地がしないはずです。

25

この悲劇を防ぐためには、データベースの設計・構築においてきちんと対策を取っておくことが重要です。データ消失問題への対策としては、以下の2つの方針が考えられます。

①データの冗長化
②バックアップ

①の「データの冗長化」とは、は、データを1か所ではなく複数の場所に分散して保持することで、データが完全に消失することを防止する方法、いわば「予防策」です。「卵を1つの籠に盛るな」という格言で言い表されることもあります。

一方、②の「バックアップ」は、データ消失が起きてしまったときにデータを復旧するための方法、つまり「事後策」と言えます。

①と②は、それぞれレベルに応じていくつかのやり方があります。①については第4章、②については第9章で取り上げます。

なぜデータ消失事件が後を絶たないのか？

上記のようなデータベースの障害対策が重要であることは、プロのエンジニアであれば、知らない人はいません。誰もが、十分な対策を練っておくべきだという「総論」では意見が一致しています。

それにもかかわらず、データ消失の事例は後を絶ちません。それはなぜでしょう。

その理由は、エンジニアが常に「サービスレベル」と「コスト」というトレードオフの板挟みにあっているからです。卑俗な言い方をすると「わかっちゃいるけど金がないんだよ」という状況です。この「金絡み」問題については、第3章および第4章で取り上げます。

◇データベースの基本機能④　セキュリティ

データベースに求められる基本機能の最後の1つが「セキュリティ」です。

1-1-2　データベースの基本機能

すなわち、「データベースに保存されているデータを、いかにして隠すか」ということです。

P.15で述べたように、近年、私たちの生活とデータベースの関係は強くなっていく一方です。

しかしその割に、私たちがユーザとしてシステムを利用するうえで、データベースの存在を意識することはほとんどありません。まるで、意図的に隠されているかのようです。この印象は事実としても正しく、データベースは、なるべくユーザから隠すように設計されています。これには、大きく2つの理由があります。

理由① ユーザはサーバ側を意識する必要がない

1つ目の理由は、多くのユーザにとって「身近な技術」というのは、クライアント側の技術が中心で、サーバ側の技術はあまり意識されない、ということです。

「クライアント」とは、ユーザが直接操作する端末だと考えてください。例えばPC、タブレット、スマートフォンなどです。

P.14で例として挙げたWebブラウザは、いずれもこのクライアント上で動作するソフトウェア製品です。

これに対して、「サーバ」とは、クライアントからの要求を受け付けて様々な処理を行うシステムのことで、ユーザからは物理的に離れた場所に設置されているのが普通です（図5）。

大抵はどこかのデータセンター内に置かれたハードウェア群で構成されているのですが、最近では「クラウドコンピューティング」、略して「クラウド」という言葉が広まっていることからもわかるように、サーバのロケーションは、はるかかなたの雲の向こう側（＝遠くの国外）にあることも珍しくありません。

システムのユーザからしてみると、直接操作しているのはあくまでクライアント（およびその上で動作するプログラム）だけで、サーバ側に配置されているデータベースなどのソフトウェアを直接操作することはありません。もしそれができてしまったとすれば、それはいわゆる「セキュリティ

27

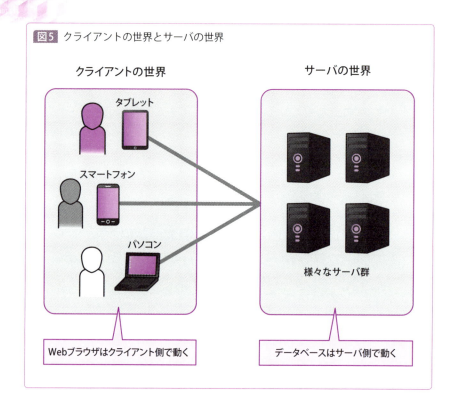

図5 クライアントの世界とサーバの世界

ホール」であり、システムの欠陥と言わねばなりません。

　そのため、ユーザとしてシステムに関わっている限り、サーバ側の仕組みまで意識することはないわけです(それを意識しなくても簡単に使える、というのがシステムを利用したサービスのよいところなのですから)。
　皆さんの回りにも、別にIT業界でSEやプログラマとして働いているわけでもないのに、PCやスマートフォンのスペックやアプリケーションにやたら詳しい友人というのが1人くらいはいるでしょう。しかし、そうした人物でも、サーバ側の仕組みについて詳しい人はいないと思います。
　この「クライアント」と「サーバ」という区別は、データベースに限らずシステムの仕組みを学んでいくうえでは基本的となる区別なので、忘れずに覚えておいてください。

本書の中でも、この「クライアント」と「サーバ」の区別はよく出てきます[*2]。

理由② データベースは機密性が高い

このように、ユーザはサーバ側のシステムの中身や構成を知らなくても様々な便利なサービスを享受できるようになっているのですが、逆の立場から見ると、システムを作る側としては、「データベースは絶対にユーザには触らせない」という強い意志を持ってシステムを構築しています。

実はこれが、ユーザから見てデータベースが身近ではないもう1つの理由です。

システム構築の際にデータベースのセキュリティに神経質になる理由は単純です。データベースに入っているデータは機密性が極めて高く、一般に公開することのできないものが多く含まれているからです。

例えば、皆さんも金融機関のオンラインバンキングのシステムや、ECサイトでのショッピング、あるいはオンラインゲームを利用したことはないでしょうか。

そのような場合、口座番号や住所、クレジットカード番号に暗証番号といった、他人に知られれば間違いなく悪用されてしまうデータを登録して使うことになります。そしてこうしたデータが保存される場所こそ、データベースなのです。このような機密情報が含まれたデータベースにユーザが自由にアクセスできてしまっては、情報漏えいのリスクは極めて高くなります。実際のところ、システム開発に従事しているエンジニアでさえ、こうした機密情報を含むデータベースにアクセスするハードルは非常に高いのです。

特に昨今はプライバシーに対する社会的関心が高くなっており、個人情報の流出は企業にとって社会的信用を失う大きなリスクになっています。それでありながら情報流出にはなかなか歯止めがかからず、たびたび社会を騒がせるニュースを提供しています（表2）。

[*2] 特に、サーバ側の構成を学ぶ第4章では、この区別を前提に、基本的に「サーバ側」に焦点を当てて話を進めています。

表2 近年の情報流出事件

発生年	企業	概要	原因
2010年	スクウェア・エニックス	オンラインゲーム契約者のID、パスワードなどが流出	外部からの不正アクセス
2011年	ソニー	PlayStation Networkの個人情報が流出	外部からの不正アクセス
2012年	アフラック	契約者、被保険者の氏名、住所などが流出	メール誤送信
2013年	Yahoo! JAPAN	パスワードなどが流出	外部からの不正アクセス
2014年	ベネッセグループ	教育システムの個人情報が流出	エンジニアが情報を持ち出し

　こうした背景から、機密データの宝庫であるデータベースに対するセキュリティは、日に日に厳しくなる一方です。

　したがって、開発者サイドとしては「なるべくユーザにはデータベースにアクセスできないように」利用制限をかけたい誘因が働くのは、当然のことであるわけです。

　むしろ、「ユーザがデータベースの存在すら意識しないぐらいでちょうどよい」というのが開発者サイドの正直なところです。

　とはいえ、こうしたセキュリティの強度は便利さや手軽さといったユーザビリティ（使い勝手のよさ）とトレードオフの関係にもあるので、そのバランスを取るのが設計においてなかなか難しいポイントにもなっていきます。ただ、ひとまず細かい話はともかく、ここでは「データベースに求められるセキュリティは非常に厳しいのだ」ということを覚えておいてください。

学ぼう！

〔1-1-3〕
データベースの種類

◇データベースの5つの分類

　データベースに求められる機能と役割について、基本的な知識を整理したところで、具体的にこの世界にはどんなデータベースがあるのかを、本章の最後に見ておきましょう。

　多くのソフトウェア製品がそうであるように、データベースにも様々な種類が存在しています。データベースの場合、伝統的にデータを保持する形式に応じて分類されています。

　以下にその種類をざっと挙げてみましょう

①階層型データベース
②リレーショナルデータベース
③オブジェクト指向データベース
④XMLデータベース
⑤NoSQLデータベース

　では、それぞれの特徴を見ていきましょう。

階層型データベース

　「階層型データベース」は、データをヒエラルキー構造で管理するデータベースです。組織図や樹形図を想像してもらうと、イメージがつかみやすいでしょう。このタイプのデータベースは、現代的なデータベースの歴史上最初に登場したものです。このように書くと相当に古い時代遅れなイメージがあるかもしれませんが、実はまだ現役で利用されているところもあります。

31

リレーショナルデータベース

「リレーショナルデータベース」は、二次元表の形式でデータを管理するデータベースで、現在最も主流になっています。「関係型データベース」とも呼ばれます。本書でも、基本的にこのリレーショナルデータベースを取り上げます。今後本書で何も修飾語を付けずに「データベース」と記述している場合、それは暗黙にリレーショナルデータベースを意味していると考えてください。

オブジェクト指向データベースとXMLデータベース

「オブジェクト指向データベース」と「XMLデータベース」は、それぞれ「オブジェクト」および「XML」という形式でデータを管理するデータベースです。リレーショナルデータベースにとって代わる存在として期待されていましたが、いまだリレーショナルデータベースの牙城を崩すには至らず、どちらかと言うとニッチな市場を築いています。おそらくあまり皆さんが触れる機会はないでしょう。

NoSQLデータベース

近年、リレーショナルデータベース以外のデータベースとして注目を集めたのが、「NoSQLデータベース」です。

「NoSQL」というのは「SQLを使わない」という意味ですが、「SQL」というのはリレーショナルデータベースを操作するための言語のことです[3]。

このタイプのデータベースは、リレーショナルデータベースにある機能の一部を捨てることで、パフォーマンス（処理速度の速さ）を追求しています。大量データを高速に処理する必要のあるタイプのWebサービスと相性がよく、近年よく利用されるようになってきています。

本書では、リレーショナルデータベースを中心にデータベースの機能や設計についての基礎を解説していきます。まずは次章で、リレーショナルデータベースがどういうデータベースなのかを学んでいきましょう。

----

[3] 「SQL」については、第5章と第6章で取り上げています。

CoffeeBreak　データベースの始まりはアドレス帳

　今をさかのぼること100年ちょっと前のアメリカ合衆国。当時、合衆国政府は10年ごとに国勢調査を行っていました。国勢調査と言えば現在の日本でも行われていますが、1軒ずつ家を回っては、年齢や家族構成などについてアンケートをとっていくアレです。政府は、その結果をどう集計するべきか、頭を抱えていました。

　と言うのも、全国から集められた大量の調査票（性別、年齢、家族構成、就業状態などなど）を人間の手で集計していたら、気が遠くなるほどの時間がかかってしまうからです。当時はまだコンピュータは存在しておらず、すべて手計算でした。今とは規模こそ違うものの、当時の人々も「ビッグデータ」の取り扱いに悩まされていたわけです。

　国勢調査局に勤めていたハーマン・ホレリス（1860〜1929）も、まさにその現場で、「大量データの集計」という難問に頭を抱えていた1人でした。彼は、この集計作業を効率化するため、あるものを発明します。それが「パンチカードシステム」です。

　30代以上の識者の方なら、名前ぐらいは聞いたことがあるかもしれません。今はもう実物を見るためには博物館に行く必要がありますが、穴を開けた紙を機械に読み取らせることで、データ処理を自動化するというシステムです。実は現在のコンピュータも、基本的には同じアイデアを採用しています。

　このホレリスの発明によって、人口や失業率の計算速度は、飛躍的に高速化しました。これが、史上初の「自動化されたデータベース」が誕生した瞬間です。

　データベースはその誕生のときから、ビッグデータや統計、そして個人情報と密接な関わりを持っていたわけです。データの格納方法や処理方法は時代によって異なれど、人がどんなデータに興味を持つかは、それほど変わらないということでしょう。

　ホレリスは後に会社を設立し、それが現在のIBM社へと発展していくことになります。そして1968年、IBM社に勤めていたエンジニアのE.F.コッドが、現在主流となっている「リレーショナルデータベース」のアイデアを世に出すことになります。ホレリスはその意味でも、データベースの源流を作った人物と言えるのです。

第1章のまとめ

- 最近では質量ともに様々なデータがデータベースに保存され、システムで処理されるようになっている
- データベースには、次の4つの基本的な機能が求められる
  ① データ操作（検索／登録／修正／削除）
  ② 同時実行制御
  ③ 耐障害性
  ④ セキュリティ
- 私たちの利用するシステムでは、必ずと言っていいほどデータベースが使用されているが、それらはユーザから見えないように注意深く隠されている
- データベースにもいくつか種類があるが、現在主流なのは「リレーショナルデータベース」である

練習問題

Q1 データベースが持っているべきデータ操作の機能「ではない」ものはどれでしょうか？
- A 更新
- B 削除
- C 復旧
- D 参照

Q2 現在最も主流のデータベースのタイプはどれでしょうか？
- A NoSQL
- B オブジェクト指向データベース
- C XMLデータベース
- D 関係型データベース

Q3 データベースに保存されるデータが質量ともに増えたことを表すキーワードはどれでしょうか？
- A ビッグデータ
- B ビッグバンデータ
- C データビッグバン
- D ギャラクティカビッグバンデータエクスプロージョン（略称GBDE）

Q1. C　Q2. D　Q3. A

Chapter

02

リレーショナル
データベースって何だろう

〜最も代表的なデータベース〜

データベースにはいくつかの種類がありますが、現在最も主流なの
が「リレーショナルデータベース」です。本章では、このリレーショ
ナルデータベースの概要に加え、リレーショナルデータベースを扱
う言語である「SQL文」の基本について解説します。

やってみよう！

【2-1】代表的なDBMSを調べてみよう

データベースの機能を提供するソフトウェアのことを「DBMS (Data Base Management System：データベース管理システム)」と呼びます。様々な企業がDBMSを提供しており、また日々バージョンアップを重ねています。そこで、自分自身で代表的なDBMSやその特徴、最新バージョンなどを調べてみてください。また、自社がデータベースを導入しているのであれば、どのDBMSを採用しているかを担当者に問い合わせてみましょう。

Step 1 ▷ 代表的なDBMSの特徴を調べてみよう

代表的なDBMSであるOracle、SQL Server、DB2、MySQL、PostgreSQL、Firebirdの公式Webサイトを訪れて、それぞれの製品についてどのような特徴が紹介がされているか調べてみましょう。

❖ Oracle

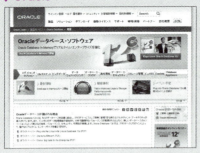

URL http://www.oracle.com/jp/products/database/overview/index.html

❖ SQL Server

URL http://www.microsoft.com/ja-jp/sqlserver/

36

2-1 代表的なDBMSを調べてみよう

❖ DB2

URL http://www-01.ibm.com/software/jp/info/db2/

❖ MySQL

URL http://www-jp.mysql.com/

❖ PostgreSQL

URL https://www.postgresql.jp/（ユーザ会サイト）

❖ Firebird

URL http://www.firebirdsql.org/

Step2 ▷ 代表的なDBMSの最新バージョンを調べてみよう

上記6つのDBMSのWebサイトから、現在提供されている最新バージョンを確認してみましょう。

- Oracleの最新バージョン
- SQL Serverの最新バージョン
- DB2の最新バージョン
- MySQLの最新バージョン
- PostgreSQLの最新バージョン
- Firebirdの最新バージョン

Step3 ▷ 職場で使われているDBMSを確認してみよう

もしすでに職場などですでにDBMSを利用している人は、どのようなDBMSが使われているかを担当者に確認してみましょう。

学ぼう！

〔2-1-1〕
「リレーショナル データベース」って何？

◇ 現在主流のデータベース

　本章では、リレーショナルデータベースの基礎について学習していきます。本書で言う「データベース」は、基本的にはこの「リレーショナルデータベース」を前提として話を進めます。よって、本章の内容は、次章以降を学習していくうえでの前提となるものです。

　データベースの種類は、P.31でも解説した通り、リレーショナルデータベース以外にも数多くあります。その中でリレーショナルデータベースを中心的に取り上げるのは、このデータベースが現在主流として使われており、皆さんが触れる機会が最も多いからです。

　また、本章では同時に、システムにおけるデータベースの位置付け、他のソフトウェアとの関連性についても、基本的なことを学習します。

　当然のことですが、システムはデータベースだけで出来上がっているわけではありません。他にも多くの機能を持つソフトウェアと連動して動くことで、初めてサービスとして成り立っています。したがって、データベースを取り巻くソフトウェアとの関係を知ることも、データベースそのものの学習と同じくらい重要なのです。

◇ 「リレーショナル」とは何か

　リレーショナルデータベース（Relational DataBase）—略してRDBとも表記されますが—この「リレーショナル」とはどういう意味なのでしょうか。

　「Relational」は、英語の「relation（関係）」から派生した単語です。実際、リレーショナルデータベースは「関係データベース」や「関係型データベース」と訳されることもあります。

38

しかし、これはただ日本語に訳しただけで、相変わらずその「関係」という言葉が何を意味しているのかは、よくわかりません。実は、この言葉の意味は意外に理解されておらず、経験を積んだエンジニアやプログラマーでも、何となくわかったようで曖昧なまま使っている人もいます。

リレーショナルデータベースにおける「リレーション」という言葉は、私たちが普段「人間関係」とか「国際関係」というときに使う「関係」という言葉とは、(無関係ではありませんが) 意味が異なります。ここで言うリレーション (関係) という言葉は、数学で二次元表を表すときに使われる言葉なのです[1]。

私たちエンジニアが一番見慣れている二次元表と言えば、Excelや Google Docsに代表されるスプレッドシートのアプリケーションでしょう (図1)。実際、「データを管理する」と聞いて、私たちが最初に思いつく方法は、縦と横の2つの軸を使ってデータを一覧化する方法ではないでしょうか。これは、まさに第1章でデータベースのサンプルとして使ったアドレス帳そのものです。

つまり端的に言えば、「データを、二次元表を使って管理するデータベース」というのが、リレーショナルデータベースのコンセプトなのです。リレーショナルデータベースの第一の利点は、こうした人間にとって自然で、直観的に理解しやすい形式でデータを管理することを可能にした点だったのです。

図1 スプレッドシートで作ったアドレス帳のイメージ

名前	電話番号	メールアドレス	住所
○山○男	03-12xx-99xx	hogehoge@test.com	東京都○区○町1-1
△田△子	042-x4x-34xx	hagehage@temp.co.jp	東京都△市△20-1
×木×太	023-x8-33xx	hugahuga@wahaha.or.jp	千葉県×市×丘5-3
⋮	⋮	⋮	⋮

＊1 本当は二次元表とリレーション (関係) も、数学的には完全に同じと言うには語弊があり、両者の間にはいくつかの違いが存在します。しかし入門レベルでは、ひとまず両者は同じと考えても、特に不都合は生じません。もし踏み込んだ内容に興味がある方は、拙著『達人に学ぶSQL徹底指南書』(翔泳社) のような専門書を参照してください。

◇二次元表ってそんなにすごいアイデアなの？

　しかしこのように聞くと、多くの人々は、「二次元表が人間にとって理解しやすいデータ形式なのはその通りかもしれないが、それはそんなにすごいアイデアなのか？」と、疑問に思うかもしれません。

　たしかに、すでにスプレッドシートの扱いに慣れていて、物心付いたころから二次元表でデータ管理を行っている我々からすると、このリレーショナルデータベースのアイデアは、当たり前で平凡なものに見えます。

　実際、本格的なデータベースが登場する前から、人々はテキストファイルを使って原始的な形ではあれ、データの管理を行っていました。カンマ区切りでデータを管理するCSVファイルなどが、その典型です。リレーショナルデータベースは、単にそれを表形式に置き換えただけのようにも見えます。

◇リレーショナルデータベースの革新性

　この疑問に対しては、2つの方向から答えることができます。

　まず1つは、「歴史的」な観点です。

　二次元表は人々が古くから親しんできたフォーマットだったのは間違いありませんが、それを「ソフトウェア」を使ってうまく表現できるかどうかは、また別の問題です。それが可能かどうかは、当初は明らかではなかったのです。それが可能であることを示した最初のソフトウェアが、リレーショナルデータベースでした。

CoffeeBreak　リレーショナルデータベースの歴史

　リレーショナルデータベースのアイデアが最初に提唱されたのは1968年、一方、Excelを含むMicrosoft Officeが市場に普及しはじめるのは、1980年代に入ってからです。「二次元表でデータを管理する」というリレーショナルデータベースの取り組みは、当時としてはかなり先進的なものだったことがわかります。

そしてもう1つの観点が、「機能的」なものです。つまり、リレーショナルデータベースが提供した二次元表を使ったデータ管理の方法が、非常に画期的なものだったのです。

これは、実際にリレーショナルデータベースがどうやってデータを操作するかを見ながら説明したほうが早いでしょう。

◇ CSVファイルでデータを操作する場合

P.19で紹介したように、データベースで行うことができるデータ操作は、以下の4つに分類されます。

①検索
②新規データの登録
③既存データの更新（修正）
④既存データの削除

いま、CSVファイルの形式でアドレス帳を管理しているとしましょう。すると、以下のようなイメージになっているはずです（図2）。

図2 CSVファイルによるアドレス帳管理

```
名前,電話番号,メールアドレス,住所
○山○男,03-12xx-99xx,hogehoge@test.com,東京都○区○町1-1
△田△子,042-x4x-34xx,hagehage@temp.co.jp,東京都△市△20-1
×木×太,023-x8-33xx,hugahuga@wahaha.or.jp,千葉県×市×丘5-3
```

ここから、例えば住所に「東京都」という文字列を含む人の名前を検索したいとします。すると、何か適当なプログラミング言語（JavaでもRubyでも構いません）を使って、おおまかに次のようなロジックを持ったプログラムを記述する必要があります。

Step1　アドレス帳ファイルを開く
Step2　以下のようなループをすべての行について繰り返す
　Step2-1　「住所」項目に「東京都」が含まれているかどうかチェックする
　Step2-2　もし含まれていれば、名前を画面に出力する
Step3　アドレス帳ファイルを閉じる

　これ自体は非常にシンプルなロジックですが、ともあれ、何らかのプログラミング言語の知識が必要ですし、プログラムを実行できるための環境も用意する必要があります。また、更新や削除を行う場合にも、それを実現するためのプログラムを書いてやる必要があります。

◇リレーショナルデータベースの利点

　リレーショナルデータベースの優れた利点の1つは、データの操作において、このようなプログラミング言語を使わなくてもデータを操作できるようにしたことです。

　それはつまり、プログラミング言語を習得しなくとも—プロのエンジニアやプログラマーでなくとも—データ操作を行うことができるということです。これによって、データベースの利用者は一気にすそ野が広がることになりました。ビジネス風の言い方をすれば「ライトユーザの獲得に成功した」のです。

　そしてそれを可能にしたのが、リレーショナルデータベースの持つSQLという言語です。SQLについては、本書の後半（5章以降）において本格的に使い方を学んでいきますが、まずはこれがどんな言語であるかのイメージを持つため、次節でさわりの部分を簡単に見ていきしょう。

42

学ぼう！

〔2-1-2〕
SQL文の基礎知識

◇ SQLとは何か

SQL (Structured Query Language) とは、リレーショナルデータベースがデータ操作のために備えている言語です。

リレーショナルデータベースには、後述するように様々なソフトウェア製品があるのですが、そのすべてにおいて共通のSQLを使うことができます[2]。

SQLは様々な特徴を持っていますが、SQL文を見て受ける第一印象は、英語 (それもとてもシンプルな英語) の文に非常に似ていることです。

例えば「住所が東京都の人の名前を調べる」という操作を、SQLを使って実行すると、以下のようなイメージのSQL文になります。

```
SELECT name
  FROM アドレス帳
  WHERE 住所 LIKE '% 東京都 %';
```

SELECTは「選択する」、FROMは「〜から」、WHEREは「〜という場所」、LIKEは「〜のような、〜に似ている」という意味の英単語です (2つの「%」は「部分一致検索」を行うためのキーワードです[2])。

上記のSQL文に使われているのは、いずれも中学生レベルで習う簡単な単語ばかりです。このSQL文を日本語に直すならば「アドレス帳から住所に『東京都』という文字列を含む人の名前を選択しろ」という意味になります。

---

[2] 実際は、実装によって微妙に文法や使える機能が違っていたりして、SQLにも様々な「方言」が存在しています。したがって、OracleとSQL Serverで同じ機能の文法が違うということも起こります。ただし、一応標準語である「標準SQL」というものが取り決められており、その標準語であれば、ほぼ実装を問わず動作します。本書で紹介するSQLの構文も、基本的にはこの標準語に沿ったものです。

これを見ると、一般のプログラミング言語と比べると、SQL文は非常に簡潔な記述になっていることがわかるでしょう。特に、通常のプログラミング言語に付き物のループ (FOR/WHILE) や条件分岐 (IF/CASE) を使わなくてもデータ操作が行えるのは、大きな利点です。

◇母国語を話すようにデータ操作が可能

SQLとリレーショナルデータベースを作った人は、「これでエンジニアでなくても、誰だってデータベースを使ってデータ操作ができるようになるぞ！」という意味のことを言ったことがあるのですが、たしかに英語のネイティブスピーカーにとっては、まるで母国語を話すかのようにデータ操作が可能になったというのは、新鮮な驚きだったに違いありません (私たち日本人は、どうしても英語から日本語への翻訳という一段階を経る必要があるので、この驚きが薄れてしまうところがあるのですが)。

◇SQLが求めた「理想」

P.41で紹介したように、データベースには4つの基本操作 (検索、登録、更新、削除) があります。SQLは、このデータベースに対する4つの基本操作に対するコマンドを持っています。それは以下の通りです。

①SELECT (検索)
②INSERT (登録)
③UPDATE (更新)
④DELETE (削除)

SELECT文のイメージはP.43で紹介した通りですが、実はそれ以外の3つも、日常的に使う簡単な英単語で、直観的に使うことができます。そう考えると、SQLが日常言語に近い表現を持っているという意味が、強く感じ取れるのではないでしょうか。「母国語を話すがごとく」という自然さが、SQLの求めた理想なのです。

◇テーブル、行、列の意味

　ここで、リレーショナルデータベースとSQLの専門用語を少し解説しておきましょう。と言っても、リレーショナルデータベースの概念は非常に直観的に理解できるので、最初のうちは難しいことはありません。

テーブル

　リレーショナルデータベースにおいて二次元表は、テーブル（table）と呼ばれます。テーブルは、日常的には「机」という意味ですが、その他に「表」という意味があります。テーブルのことを「表」と呼んでも通じます（リレーショナルデータベースで扱う表はすべて二次元なので、わざわざ「二次元表」と呼ぶ必要はありません）。

　P.43のSQL文の例で言えば、「アドレス帳」というのがテーブルの名前なわけです。もちろん、管理したいデータが他にもあれば、「顧客リスト」とか「注文一覧」といったテーブルを作ることが可能です。

　テーブルは、リレーショナルデータベースにおいてデータを管理するための唯一の単位であるため、「どのテーブルにどんなデータを含むか」というのは、システムの機能を左右する重要な意味を持ちます。

　例えば、1つのテーブルに多くの情報を詰め込もうとすると、情報の整合性をとるためのメンテナンスが面倒になります。また、あまりにデータを厳密に分散させると、パフォーマンスが悪くなってしまいます。このように、テーブル設計は、データベースの設計において最も注意を払わなければならないポイントでもあります。

　テーブルをどう設計するべきかについては、ある程度の基本的なセオリーがあります。しかし、それに従ってやればよいという単純な話ではありません。あくまで基本に過ぎないので、常に機械的に判断できるものではなく、設計者の実力が問われるところです[3]。

---

[3] 「テーブル設計」というテーマについては、第8章で取り上げています。

列、行

　テーブルは二次元の軸を持っているため、通常の二次元表と同じように「列 (column)」と「行 (row)」が存在します (図3)。ちなみに、列を「カラム」と呼ぶことはよくありますが、行のことを「ロー」と呼ぶことはあまりないようです。

　また、ある1つの列と行が交差する1マスを指す特定の用語は、リレーショナルデータベースにはありません。Excelだと、このマスのことを「セル (cell)」と呼んでいますね。便利な言葉なので、本書でもこのマスのことを「セル」と呼ぶことにします。

　こうした用語の定義や解説は、一見すると些細なことだと思うかもしれません。しかし、実はここには、リレーショナルデータベースを学習する際に初心者がつまづきやすいポイントが隠れています。

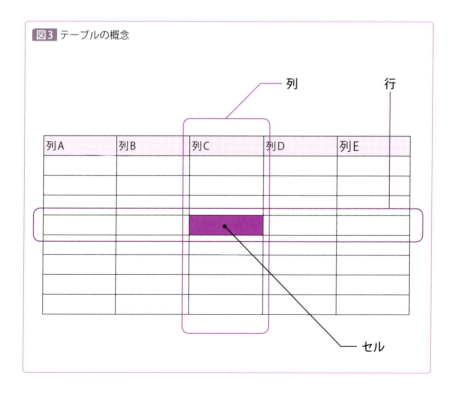

図3 テーブルの概念

◇初心者がつまづく理由

　リレーショナルデータベースを学習する際に、初心者がつまづく理由は、リレーショナルデータベースの製品が複数存在していることに起因します。

　リレーショナルデータベースに触れるということは、すなわちそうした製品に触れる、ということを意味します。本書では、学習用の環境として「MySQL」というリレーショナルデータベースを利用しますが、これも数あるデータベース製品の1つです。

　そして、ここが厄介なところなのですが、同じ概念や機能であっても、製品によって異なる名前が与えられていたり、同じ名前であっても少しずつ機能的な差異があったりします。

　したがって、特定の製品の持つ用語や概念体系に慣れてしまうことで、かえってデータベースの本質的な考え方を習得する妨げになることがあるのです（そしてこれはもちろん、1つの慣れ親しんだデータベース製品から他の製品へ乗り換えることを難しくする原因にもなります）。

◇概念や用語の理解が重要

　今後も、本書の中でデータベースに関係する様々な概念や用語が登場しますが、最初に正確な理解をしておくことが重要であるということを、皆さんも心に留めながら読んでいただければと思います。

学ぼう！

【2-1-3】
リレーショナルデータベースを扱うための予備知識

◇ リレーショナルデータベースを扱う前に

　本書の後半では、実際にデータベースをインストールして、前節で見たSQLの様々なコマンドを実行することで、データベースと、データベースの中に格納されているデータを操作しながら学習を進めていきます。しかしその前に、リレーショナルデータベースがどのように動作するかについて、いくつか前提知識として持っておいたほうが理解がスムーズになることがあります。

　そこでここでは、そうした予備知識について説明しておきたいと思います。すでにある程度リレーショナルデータベース製品を使ったことのある人にとっては、当たり前に思える点もあるかもしれませんが、復習も兼ねて読んでください。

◇ リレーショナルデータベースのソフトウェア

　これまで「リレーショナルデータベース」という言葉を何気なく使ってきましたが、私たちが実際にリレーショナルデータベースを利用しようと考えた場合、特定のソフトウェア製品をインストールする必要があります。よく使われているものとしては、「Oracle」や「MySQL」、「SQL Server」といった製品があります。

　一定の条件下であれば無料で使うことのできる「MySQL」や「PostgreSQL」といった、オープンソースの製品も人気があります。こうしたデータベースのソフトウェアのほとんどすべては、Webからダウンロードすることができます[4]。

＊4 無料のオープンソースであっても、「実際に無料で使ってよいか」と言うと話は別です。DBMSを利用する際のお金の問題については、第3章でライセンスについて学習するときに取り上げます。

◈ DBMSとデータベースの違い

　データベースの機能を提供するソフトウェアのことを「DBMS（DataBase Management System)」と呼びます。日本語に訳せば「データベース管理システム」です。特にリレーショナルデータベースに限定することを強調したい場合は、頭にリレーショナルの「R」を付けて「RDBMS」と呼ぶこともあります。

　「データベース」と「DBMS」という言葉は、実際の開発現場においてもあまり区別されずに使われることが多いのですが、厳密に見れば両者は若干異なります。

　「データベース」というのは機能や構造を表す抽象的な概念で、「DBMS」はそれらを実現するために作られた具体的なソフトウェアを指します。したがって、OracleやMySQLといった具体的な製品は、「DBMSであってデータベースではない」というのが正しい区別になります（ 図4 ）。

　例えば、

　　MySQL は DBMS の１つである

というのは正しい表現ですが、

　　MySQL はデータベースの１つである

というのは、「抽象」と「具象」のレベルを混同したちょっとおかしい表現ということになります。

　MySQLが具体的に操作することのできる物理的実体を伴った製品（これを「実装（Implementation)」とも呼びます）であるのに対し、データベースというのは、あくまで機能の集合を表す抽象的概念だからです。

　もっとも、実際にみんなそこまでデータベースとDBMSという2つの用語について厳密な使い分けをしているかと言うと、そんなこともなく、後者の発言でも通じる場合がほとんどです。

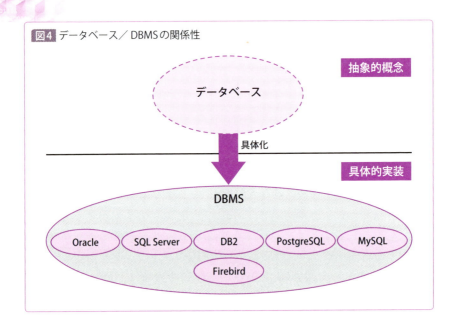

図4 データベース／DBMSの関係性

◈抽象と具象の違い

　これは、すでに区別を肌感覚で理解している人にとっては些細に思われる問題なので、中には「何をいまさら」と感じる人もいるかもしれません。しかし、本当にデータベースを学習しはじめの初心者にとっては、この「概念世界」と「物理世界」の区別は、意外に混乱するポイントです。

　著者自身、データベースは門外漢という人から、「Oracleとデータベースって何が違うの？」とか「MySQLの代わりにDBMSを使うことはできないの？」といった質問を受けたことがあります。

　そういったカテゴリ上の混乱を解きほぐすために、ここで概念体系についても整理をしておこうと考えた次第です。

　抽象と具象と言うと、なんだか難しい印象を持ったかもしれませんが、ある程度サブカルチャーの知識がある男性の場合であれば、「モビルスーツがDBMSで、ガンダムやザクといった特定の機体がSQL ServerやDB2に相当する」と言えば、大体話は通じるかもしれませんね。

なお、せっかくここで区別を学習したのですから、本書の以降の解説では、「データベース」と「DBMS」という用語を厳密に使い分けていこうと思います。皆さんも、読む際に少し意識するようにしてください[*5]。

◇ソフトウェアとデータベースの関係性

「データベース」と「DBMS」の区別は、データベースの世界に閉じた話でしたが、次にもう1つ、他のソフトウェアとデータベースについての区別および関係性について説明しておきましょう。

言わずもがなではありますが、システムというのはどんな単純なものであれ、データベースだけで作れるものではありません。他の様々なソフトウェアと組み合わせて作り上げる必要があります（その作業を「SI（System Integration）」と呼びます）。

どのようなソフトウェアを組み合わせていくか、というのはそのシステムの目的や規模によって異なりますが、使われるソフトウェアは、大きく以下の3つに分類することができます。

①OS（オペレーティング・システム）
②ミドルウェア
③アプリケーション

これら3つのソフトウェアは、図5 で示すように階層性があり、一段下のレイヤ（層）のソフトウェアが動作していないと、上のレイヤのソフトウェアはインストールしても動かない、あるいはそもそもインストールすらできないという制約があります。

[*5] 実は「データベース」という言葉には、もう1つの意味と用法があり、それがまた初心者の混乱に拍車をかけることになるのですが、このことは第5章で取り上げます。

51

図5 ソフトウェアの階層性

　DBMSは、図5で示した階層のうち、「ミドルウェア」に位置するものです。つまりDBMSは、OSとアプリケーションに挟まれた「真ん中（ミドル）」にあるわけで、「ミドルウェア」という分類名も、その名の通りOSとアプリケーションの中間ということで名付けられています[*6]。「中間」というのは、「階層で見た位置的に」という意味でもありますし、機能的に両方の性質を兼ね備えている、という意味でもあります。
　では、3つのレイヤの特性と関係について説明しましょう。

◆ OSとは何か

　OSというのは、システムが動作するための一番の土台となる機能を提供するソフトウェアです。皆さんの使っているPCや携帯端末にも、OSは必ず搭載されています。PCであればWindowsやMacに搭載されるOS X、スマートフォンであれば、iPhoneに搭載されているiOSや、Google社が提供するAndroidが有名どころです。
　一方、商用システムの開発ということを念頭に置いた場合、よく使われるOSとしては、次の3種類を覚えておきましょう。

[*6] データベース以外にもミドルウェアに分類されるソフトウェアは存在します。例えば高可用性を実現するためのクラスタウェアや、ビジネスロジックを実装するためのアプリケーションサーバです。これらもシステムを動作させるうえでデータベースと密接に関連しているのですが、本書では中心的には取り上げません。

①Linux
　例：RedHat、CentOS
②UNIX
　例：HP-UX、AIX、Solaris
③Windows
　例：Windows Serverシリーズ

それぞれのOSの違い

　システム開発の経験がない人でも馴染みのあるOSと言えば、③の「Windows」でしょう。

　長くコンシューマ向けのデスクトップOSとして主流の地位を占め続けたWindows XPをはじめ、その後継であるWindows 7、（2015年時点で）最新版のWindows 8など、GUI（Graphical User Interface）による直観的な操作が可能なことを特徴とするOSです。つまり、マウスでアイコンやウィンドウをクリックすることで操作が可能ということです。商用システムの用途においても、Windows系のOSが存在しています。

　一方、①の「Linux」と②の「UNIX」を個人用途で使っているという人は、多くはないでしょう。その意味で、この2つのOSは商用システムというビジネスシーンを主戦場とするOSです。

　どちらも基本的にはキーボードからコマンドを打ち込んで操作するインタフェースを持ったOSで、操作性がよく似ています（WindowsライクなGUIがないわけではありませんが、あまり使いません）。

　実際、作業している画面を背後から見ているだけだと、ぱっと見て、どっちの系統のOSを使っているかすぐにわからないこともあります。それもそのはずで、LinuxはUNIXの仕様をベースに、無償利用可能なオープンソースソフトウェア（OSS）として開発されたOSなので、ルーツが同じなのです。

表1 主なUNIX OSと保有するIT企業

UNIX OS名	保有するIT企業
AIX	IBM
HP-UX	HP
Solaris	Oracle

　なお、LinuxとUNIXというのはカテゴリの名前で、実際のソフトウェア製品、すなわち実装は複数あります。例えばLinuxであれば、皆さんが開発において最も触れる機会が多いのは「Red Hat（レッドハット）」でしょう。他にも「Debian（デビアン）」など多くの実装がありますが、商用システム用途で最も利用されているのはRed Hatです。

　UNIXの場合は、IBM社やHP社などの企業が独自の実装を持っていることが多く、IBMの「AIX（エーアイエックス）」やHPの「HP-UX（エイチピーユーエックス）」、Oracle社の「Solaris（ソラリス）」といったあたりが代表的な選択肢になります（**表1**）。なおOSにも、抽象（概念）と具体（実装）の階層の区別が存在していることにも留意してもらえればと思います。

◇ミドルウェアとは何か

　ミドルウェア（Middleware）は、直訳すれば「真ん中のソフトウェア」です。データベースはここに属するソフトウェアです。これはすなわちデータベースはOS上にインストールすることで動くことを意味します（これを「OSの上で動く」とも言います）。

　ここまで読んだ皆さんは、こんな疑問を持ったかもしれません。「OSもデータベースも複数の実装が存在するならば、どういう実装の組み合わせを選ぶのがよいのだろう？」と。

　例えば、OSにWindowsを選び、その上にOracleを選ぶ、という組み合わせは問題なく可能です。あるいは、Windowsの上でPostgreSQLを動かすということも可能です。その他、「HP-UX＋Oracle」とか「Red Hat＋MySQL」という組み合わせも可能です（**図6**）。

54

2-1-3 リレーショナルデータベースを扱うための予備知識

図6 OSとDBMSの組み合わせ例

例1：Windows + MySQL
例2：Red Hat + DB2

　基本的にデータベースの実装は、主要なOSに対応するものが作られているので、技術的に可能な選択肢の数はかなり多くなります（作ることのできない例外的な組み合わせもあるのですが、その事情についてはP.60のコラムを参照）。

　このようなOSとDBMSの組み合わせを選ぶ際は、主に以下のような観点を考慮して選びます。

・予算
・機能
・開発者と運用者のスキルマッチ

CoffeeBreak　製品選定の基準

　製品選定においては、予算や機能、スキルマッチなどの技術的な要因の他に、いわゆる「政治」という要素が絡んでくることもあります。なぜかと言えば、OSやDBMSの選択は、すなわちそれらのソフトウェアを販売している企業にとっての売り上げに直結する話だからです。本書ではシステム開発における「政治」の話題には踏み込みませんが、職場の先輩に尋ねてみれば、豊富な事例を語ってくれるかもしれません（P.60のコラムも参照）。

当然ながら、OSもDBMSも、（少なくとも商用で利用するレベルを考えれば）タダでは手に入りませんし、コストも選択肢によってかなりの変動があります。OSSのように、一定の条件を満たせば無償利用可能なソフトウェアもあるのですが、実際には有償サポートを受けなければ、商用での運用は怖くてできません。「OSSだからお金の心配をしなくてもよい」というほど単純な話ではないのです（詳細は第3章で取り上げます）。

◇製品によって機能が異なる

また、製品によって機能や操作性が異なるというのも、OSやDBMSに共通の特徴です。これは、開発者のスキルマッチとも深い関係があります。

Linux系とUNIX系は、機能や操作性も近いため、OSを乗り換えても近い感覚で扱えることが多いのですが、この2つとWindows系のOSとでは、操作性が大きく異なります。そのため、どちらか一方の系統に慣れ親しんだエンジニアやプログラマーにとっては、自分の知らない系統の製品を扱う際には、スキル学習のために効率が落ちることになります。

同じことがDBMSにも言えて、Oracleに慣れ親しんだエンジニアが、MySQLに乗り換えると戸惑ったり、逆のケースの際にうまく設計できなかったり、ということも生じます。

こうした組み合わせの自由度が高いのは、OSやDBMSが、機能について標準規約に沿っていて、ある程度の移植性が存在するからです。したがって（主にコスト面の理由から）、1つの組み合わせから別の組み合わせにシステムを引っ越す、ということも珍しくありません。

これが「マイグレーション（Migration）」とか「移行」と呼ばれるタイプのプロジェクトです（図7）。

◇アプリケーションとは何か

アプリケーション（Application）とは、業務的な機能を持つようプログラムされたソフトウェアであり、それゆえユーザが最も頻繁に操作するこ

2-1-3 リレーショナルデータベースを扱うための予備知識

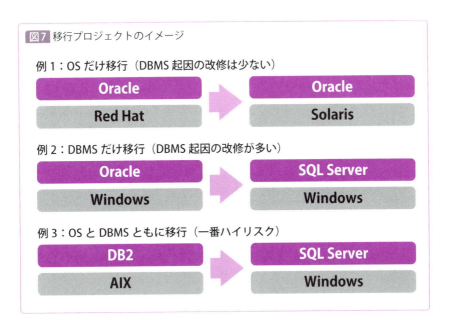

図7 移行プロジェクトのイメージ

とになるソフトウェアです。「アプリ」という略称もかなり一般的に普及しています。

　世の中には多種多様な仕事が存在していますが、現在では多くの事務的な仕事がシステム化され、業務フローはプログラムによって自動化されています。例えば、代表的なところでは、「会計」「財務」「税処理」「小売り」「在庫管理」「顧客管理」「注文管理」などです。皆さんのスマートフォンに入っている様々なソフトウェアも、すべてこのアプリケーションに該当します[*7]。

　こうした業務において、従来人力によって運用されていた処理（これを「ビジネスロジック」とか「ビジネスルール」と呼びます）をプログラムによって自動化することで効率化、コスト削減するのが、システム化のメリットの1つです。

[*7] iPhoneでは、アプリケーションを買ったり更新するための管理ソフトの名称は「App Store」ですが、これは「Apple」と「Application」をかけたシャレでしょう。

57

◇アプリケーションを実現する手段

このアプリケーションを実現する手段としては、大きく2つあります。1つが「スクラッチ (Scratch)」。これは自分たちで (例えばJavaやC言語といったプログラミング言語を使って) プログラムを書いていく方法です。スクラッチとは「ゼロから、はじめから」という意味です。

もう1つが、ありもののアプリケーションソフトウェアを買ってくる方法です。こうした既成の製品を「パッケージ (Package)」と呼びます。

この「スクラッチVSパッケージ」というのは、システム開発の構想段階において、どちらの選択肢を採用するかで、しばしば大きな論争になるポイントです。

スクラッチのメリットは、自分たちで作れるゆえに、業務の細かいところまでシステムで対応することが可能となり、きめ細かいサービスを実践できる点です。一方で、細かい対応をやり始めるとキリがないところもあり、開発コストが大きくなりがちというデメリットがあります。

他方、パッケージのメリットとデメリットは、これの裏返しです。極端な話、「既製品を持ってきてインストールするだけ」というスタンスであるため、一般に開発コストを抑えられます。ただし、パッケージの機能が不足していて業務フローを実現できない場合には、カスタマイズによる追加開発が必要になり、蓋を開けてみればスクラッチ開発よりもコストが高くなってしまった (しかも見積もり時は非常に低くコストを見積もっているのでダブルパンチ)、というケースも珍しくありません。

こうなると、即座に問題プロジェクトの仲間入りです。またそれゆえ、パッケージは使い勝手が悪い、簡単に機能追加できない、といったユーザからの不評を買うリスクもあります。

言ってみれば、この「スクラッチVSパッケージ」は、スーツにおける「オーダーメイドVSレディメイド」みたいなものです。レディメイドのほうが一見安く見えても、着てみたら体型に合わず寸法を直しているうちにオーダーメイドより高くなってしまった、という事態がシステム開発の世界でもしばしば発生するのです。

2-1-3　リレーショナルデータベースを扱うための予備知識

CoffeeBreak　日本ではパッケージは不向き？

　日本のビジネス慣習として、職人的にこだわって細部まで作り込むことを良しとする風潮があります。そのため、パッケージの「雑さ」に対してユーザからクレームが付くことがあります。著者は米国の開発会社が主体の開発プロジェクトに参加したことがありますが、少しくらいパッケージの機能が足りなくても、「使えなくはないんだから、細かいこと気にするなよ」というノリで、顧客からのカスタマイズ要望をあっさり拒否していたのが印象的でした。たしかに、ある意味で「細かいところにこだわらない」鷹揚なビジネス慣習がないと、パッケージを採用する恩恵は受けにくいだろうな、と思ったものです。

◇アプリケーションとデータベースの関係

　アプリケーションとデータベースの関係という点では、「アプリケーションがユーザとデータベースの間に割って入っている」というのが重要なポイントです。

　つまり、ユーザがデータベースを直接操作することはなく、あくまでもアプリケーションを介してデータベースにアクセスする、という形をとっているわけです。

　したがって、ユーザとしてはデータベースにアクセスしていることすら意識していないことがほとんどです。こういう形式になっている理由の1つは、第1章でも説明したように、データベースのセキュリティを高めるためです。そしてもう1つの理由が、業務ロジックをアプリケーションに集中させることで、開発や修正にかかるコストを下げられるという利点があるためです[8]。

　このように、データベースは様々な隣接する領域のソフトウェアと連動しながら、1つの複雑なシステムを作り上げています。そのときどのような選択肢をとるかによって、プロジェクトの成否が大きく左右されます。

　では次章では、その選択肢を決定する1つの大きな要因について取り上げたいと思います。その要因とは、すなわち「お金」です。

[8] 時折、パフォーマンスなどの理由により、ビジネスロジックをデータベース側に寄せる必要が出てくるケースもあるので、あくまで「原則としては」ということです。

CoffeeBreak　ビジネス的な背景も考慮すべき？

　P.56で、「OSとデータベースの組み合わせはかなり自由度が高い」と説明しましたが、現実にはいくつか不可能な組み合わせが存在します。

　例えばSQL Serverは、Windows以外のOSと組み合わせることができません。「Red Hat + SQL Server」や「Solaris + SQL Server」という組み合わせを作ることは技術的に不可能なのです。

　この理由は簡単で、SQL ServerにはWindows以外のOSに対応した実装が存在しないからです（図A）。もっと言えば、SQL Serverの開発元であるMicrosoft社が提供していないのです。

　では、なぜSQL ServerがWindows限定なのかと言うと、この理由は技術的なものではなく、ビジネス的な戦略によるものです。

　つまり、SQL ServerとWindowsのどちらも、Microsoftという同じ会社によって開発、販売されているからです。直接Microsoft社が戦略を明示的に語っているわけではないので、これは著者の推測になりますが、自社の製品を組み合わせることによる「市場での競争力強化」を狙うために、あえて他のOS向けのSQL Serverを提供しないのだろうと思われます（世界有数の技術力を持つ同社において、技術的な障壁が理由とは考えにくいでしょう）。

　実際、Microsoft社はこうした方針をデータベース以外のソフトウェアにも適用しており、例えばWebブラウザのInternet Explorerも、Windows以外のOSでは動作しません。MozillaプロジェクトのFirefoxやGoogle社のChromeが、WindowsやRed Hatなど複数のOSに実装を提供している（これを「マルチプラットフォーム対応」と呼びます）のとは対照的なポリシーです。

　一方、IBM社はOS（AIX）とデータベース（DB2）両方の開発元でありながら、DB2はAIX以外のOSにも実装が提供されており、「Windows + DB2」という組み合わせが可能だったりします。

　このあたり、「自社のシングルプラットフォームにこだわるか、マルチプラットフォームに対応するか」という戦略は、企業によって方針がわかれていて面白いところです。

　また、同じくビジネス的な理由から、従来は可能だった組み合わせが将来的に不可能になるというケースもあります。

　典型的なのが、「HP-UX + Oracle」という組み合わせです。かつてHP社とOracle社は、技術協力を行うなど関係も良好で、この組み合わせはよく見られました。し

かし2011年に、Oracle社が「将来的にHP-UX向けのソフトウェア開発をストップする」と宣言したことで、この組み合わせを選択できなくなる可能性が出てきました（厳密には、HP-UXに搭載されているCPUプロセッサ「Itanium」に対するソフトウェア開発を打ち切る、という内容でしたが、HP-UXはItaniumを搭載したハードで動作するOSだったので、現実にはHP-UXに対する打ち切りと同義でした）。

　その後、HP社がOracle社を裁判で訴え、Oracle社が対抗訴訟を起こし、とかなりすったもんだがあったのですが、2012年に裁判所が「Oracle社はHP-UXに製品提供を継続すべき」という判断を下したことで、いったんは収束しました。しかしこの事件によって、エンジニアたちが「またいつ同じような問題が持ち上がるかわからないぞ」という警戒心をOracleとHP-UXに持つようになったことも事実です。

　この事例からもわかるように、OSとデータベースに限らず、ソフトウェア同士の組み合わせを検討する際は、純粋に技術面だけでなく、こうしたビジネス的な観点も考慮する必要があります。

　現時点ではベストと思って採用した組み合わせが、数年後にはもう不可能になっているということが起きるのが、ITという世界です。いざとなれば、本文でも述べた「マイグレーション」によってプラットフォームを引っ越せばよいのですが、それはそれで金も時間もかかる話です。特に、システムの土台をなすOSやミドルウェアは、そう簡単にとっかえひっかえできるコンポーネントではありません。ですから、選定には慎重な姿勢で臨む必要があります。

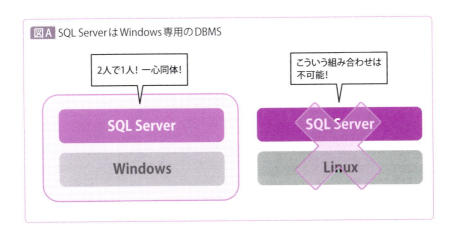

図A　SQL ServerはWindows専用のDBMS

第2章のまとめ

- リレーショナルデータベースの「リレーション」とは「二次元表」という意味である
- リレーショナルデータベースでは、二次元表のことを「テーブル」と呼ぶ
- リレーショナルデータベースは、データを直観的に管理するための言語である「SQL」を持っている。これによって専門家でなくてもデータの操作が可能になった
- 「データベース」と「DBMS」は同じ意味で使われることも多いが、本来は「抽象」と「具象」のレベルの違いを表している
- データベースは、OSとアプリケーションに挟まれた真ん中のソフトウェア（＝ミドルウェア）である

練習問題

Q1 SQLでデータを新たに登録したい場合に使うコマンドは、次のうちどれでしょうか？
- A INSERT
- B REGISTER
- C CREATE
- D MAKE

Q2 Linux/UNIX系のOSで利用する基本的な操作コマンドのうち、以下のコマンドの機能を説明してください（わからなければ、書籍やWebで調べてみましょう）。
- A cd
- B ls
- C cat

Q3 リレーショナルデータベースの機能を提供するDBMSの例を3つ挙げてください。

Q1. A

Q2. cd：ディレクトリ（フォルダ）を移動する／ls：ディレクトリ（フォルダ）に存在するファイルの一覧を表示する／cat：ファイルの中身を表示する

Q3. 解説でも触れた「Oracle」「SQL Server」「DB2」「PostgreSQL」「MySQL」「Firebird」が代表的。それ以外だと、「Teradata (Teradata社)」「Sybase IQ (Sybase社)」など。国内ベンダー提供のDBMSとしては「Symfoware Server (富士通)」「HiRDB (日立製作所)」などもある

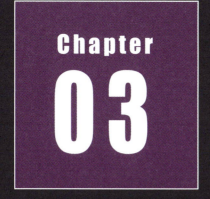

データベースにまつわる お金の話
～イニシャルコストとランニングコスト～

本章では、少し目線を変えて、データベースに関する「コスト面」の解説をします。特に現場のエンジニアにとって、「お金」の話は見過ごされがちですが、コスト感覚がないと、自己満足なシステムを作ってしまいがちです。ここでしっかりとしたコスト感覚を身に付けておきましょう。

やってみよう！

〔3-1〕
イニシャルコストと
ランニングコストを考えよう

システム開発という仕事をトータルで考えるうえでは、「コスト」についての知識も欠かせません。ポイントとなるのが「イニシャルコスト」と「ランニングコスト」という考え方です。「イニシャルコスト」は、サービスを商品や購入（利用）するうえで、最初に支払うお金（初期費用）、「ランニングコスト」は、その商品やサービスを利用する期間、継続的に払うお金（運転費用）のことです。このイニシャルコストとランニングコストという考え方は、データベースに限らず、様々なシーンで活用されます。ここでは、皆さん自身が普段支払っているイニシャルコストとランニングコストを考えてみましょう。

Step 1 ▷ イニシャルコストとランニングコストの例を挙げてみよう

皆さんが日常生活の中で支払っている（支払った）お金のうち、何が「イニシャルコスト」で、何が「ランニングコスト」に該当するかを分類してみましょう。

・イニシャルコスト	・ランニングコスト

解答（一部）　イニシャルコスト： スマートフォンのデバイス購入費、賃貸マンションの敷金、礼金、マイホームの頭金、家電製品全般、ゲーム端末や音楽再生端末、スポーツクラブの入会費、サーバやネットワーク機器の購入費etc...

ランニングコスト： スマートフォンの月々の通信料、賃貸マンションの家賃、マイホームのローン返済、家電製品の維持費や修理費、電気代や水道代、ゲームソフト代やゲームで利用する有料アイテム代、CDや音楽データ購入費、スポーツクラブの月謝、サーバやネットワーク機器の保守メンテナンス費etc...

3-1 イニシャルコストとランニングコストを考えよう

Step2 ▷ 最近購入した製品のコストを調べてみよう

皆さんが日常生活の中で最近購入した製品（ソフトウェアを含む）のコストについて、イニシャルコストとランニングコストがそれぞれどの程度かかり、トータルコスト（総額）に対し、それぞれがどの程度の割合を占めているかを調べてみましょう。

・イニシャルコスト

・ランニングコスト

・トータルコスト内の割合

Step3 ▷ イニシャルコストが安いビジネスを考えよう

世の中には、「イニシャルコストを安く見せて、ランニングコストで利益を回収する」というビジネスモデルが多数存在します。皆さんの身の回りで、このようなビジネスモデルに該当する例を挙げてみましょう。

解答（一部） スマートフォンの「0円」キャンペーン／「入会費不要」のスポーツクラブやレンタルビデオ店／敷金・礼金なしで入居できる賃貸住宅／頭金なしで購入できる自動車や住宅／機材費や工費なしで加入できるCATVや衛星放送etc...

Step4 ▷ DBMSのコストやエディションを調べてみよう

現在利用している、あるいは開発中のDBMSのイニシャルコストとランニングコストを調べてみましょう。合わせて、そのDBMSのエディションとサポート期間も調べてみましょう。

65

学ぼう！

〔3-1-1〕
なぜ私たちはシステムに
お金を払うのか？

◇ 「お金」について考えてみよう

ここまではデータベースについて、主に技術的な観点から基本知識を説明してきました。ここでは、ちょっと視点を変えて、データベースに関する「お金」にまつわる話をしたいと思います。

システム開発会社の営業マンや、ユーザ企業の情報システム部の人間には、当然コスト感覚が求められます。また、現場のエンジニアと言っても、コストに無頓着では、顧客にとって本当に価値ある仕事はできないものです。

魅力的なシステムの提案をするためにも、「バランスの取れたコスト感覚」は必要不可欠です。お金の話にアレルギーを持っている職人気質のエンジニアもいるかもしれませんが、お金にまつわるトピックには、意外に面白い力学が潜んでいます。それを知るためにも、本章の解説にお付き合いいただければと思います。

◇ なぜシステムのお金を払うか

そもそも、なぜ私たちはシステムにお金を払うのでしょうか。

根本的な質問ですが、この大前提を明らかにしておかないと、今後のお金の話はすべてが空回りしかねません。

その課題に答えるためには、まず「データベースというのは何のために導入されるのか」ということから考える必要があります。もっと根本的なところに立ち返るなら、「システムというのは何のために導入されるのか」ということを考えてみなければなりません。

さて、あなたがシステムエンジニアだったとして、「なぜシステムを作っているんですか？」と聞かれたら、何と答えますか？

3-1-1　なぜ私たちはシステムにお金を払うのか?

「はい、お客さんから新しいシステムを作ってほしいと言われたからです」と答えたあなた。その回答が許されるのは、せいぜい現場2年目の新米エンジニアまでです。

では、「お客さんはなぜそのシステムを作ろうと考えたのですか?」と聞かれたら、何と答えますか?

「えーと……そのシステムで新しいサービスを始めようと考えたから、です」。……いいですね。こう答えられたなら、最初の答えよりも進歩しています。

◇ 「対価」を得るためにシステムを作る

システムを新しく作ったり、あるいはサービスとして提案することの目的は、それによって便利な機能を世の中に提供し、対価として利益を得るためです（図1）。平たく言えば「お金儲け」です。

どれだけ精緻に作り込まれた高品質のシステムであろうとも、不便でユーザからまったく利用されなければ、採算もとれず、めでたく「失敗プロジェクト」の仲間入りです。

システム開発の失敗事例には、開発プロジェクトそのものが崩壊する「デスマーチ*1」パターンの他に、「システムとしては無事できあがったものの、いざリリースしてみたら投資回収できず赤字」という残念なパターンも意外に多いのです。

図1 システムを作る理由

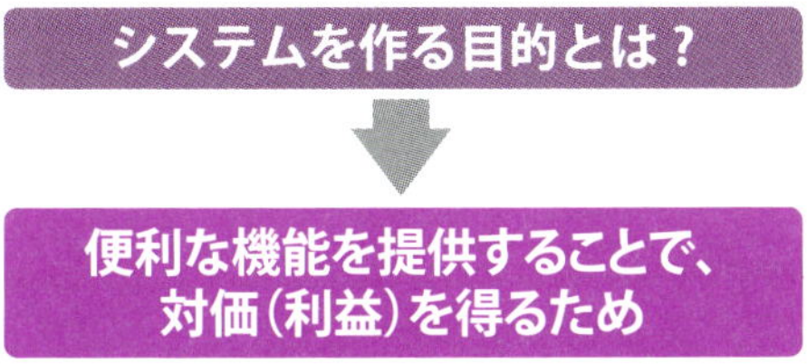

> **システムを作る目的とは？**
>
> ↓
>
> **便利な機能を提供することで、対価（利益）を得るため**

----

*1 **デスマーチ** 開発者が過酷な環境下の労働を強いられ、失敗する可能性が高いプロジェクトを指します。

◇利益と費用のバランスが大切

　官公庁や地方公共団体のような、直接利益の追求を目指してはいない組織においても、システムは利用されています。その目的は、国民や地域住民のサービス向上や業務効率化によるコストカットにあります。

　これも広い目で見れば、「社会全体の利益を高めるためにシステムは存在するのだ」と考えられます。

　このように、システムの開発や維持というのも、人間の行う経済活動の一環である以上、そこには常に利益と費用のバランスを取ることが求められるのです。利益に比して費用があまりに高いシステムを作ろうとする気前のよい会社は少数ですし、無理して作ったところで、かえってマイナスにしかなりません。

　特に昨今は、長引く不況の影響もあり、企業がシステム開発に使うことのできる予算は減る一方です。かつては「ITバブル」などと呼ばれて、企業や官公庁が景気よくお金を出してくれる夢のような時代があったらしいのですが（残念ながら著者はその恩恵に与った世代ではありません）、今は昔の物語です。

◇お金がわかるエンジニアになる

　エンジニアの中には「お金の話なんて面倒くさい、つまらない」という本音を持っている人もいるでしょう。

　しかし、自分のやっている仕事が顧客や社会にとってどんな価値を持っているのか、ということを考えられないエンジニアの作るシステムは、必然的に自己満足に終わることになります。著者は、本書を読む読者の皆さんに、そのような身勝手な—とあえて言い切ってしまいますが—振る舞いをするエンジニアには、なってほしくないのです。

　というわけで皆さん、本章は最初から最後まで銭金の話です。心の準備はよろしいでしょうか。

学ぼう！

〔3-1-2〕
データベースの
イニシャルコスト

◇システムのトータル費用の内訳

　システムを構築して維持運用していくという活動には、全体としていったいどういう費用がかかるのでしょうか。これには様々な切り口による分類がありますが、データベースに限らず、システム全体を見る際に重要な分類が、「イニシャルコスト」(初期費用) と「ランニングコスト」(運転費用) という分け方です。

　イニシャルコストとランニングコストの区別は、名前からイメージできるかもしれませんね。それほど難しいものではなく、ざっくりした定義は以下の通りです。

- イニシャルコスト：最初にまとめて払うお金
- ランニングコスト：サービスを利用する期間、継続的に払うお金

　「イニシャルコストとランニングコスト」という区別は、システム業界に限らずビジネスにおける値付け (プライシング) の基本で、あらゆるシーンで採用されています。

　事実私たちは、この両者を常に払いながら生活していると言って過言ではありません。例えば、アパートやマンションを借りている人は、最初に敷金や礼金を払ったことがあると思います。これがイニシャルコストです。

　対して、毎月払う家賃がランニングコストです。敷金・礼金は最初に一定額をまとめて払えばそれで終わりですが、家賃は部屋を引き払うまで継続的に払い続ける必要があります。あるいは、携帯電話を例にとれば、最初に機体を買うときに払うお金がイニシャルコスト、月々の通信料がランニングコストとなります。

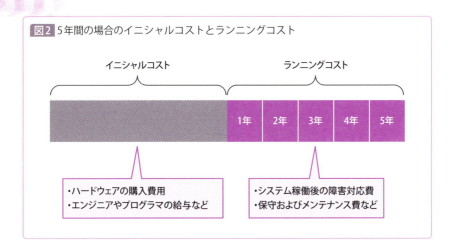

図2 5年間の場合のイニシャルコストとランニングコスト

　1年間あたりのランニングコストがほぼ固定額だと仮定すると、両者の関係は 図2 のようなイメージでとらえることができます。
　システム開発におけるイニシャルコストとして代表的なものは、例えばサーバやネットワーク機器といったハードウェアの購入費用や、プログラム開発にかかるエンジニアやプログラマに支払う給与が挙げられます。一方、ランニングコストにかかる費用は、システム稼働後の障害対応やプログラム修正といった保守およびメンテナンス費が含まれます。
　一般には、ランニングコストの単位あたりの金額、例えば「月額」や「年額」は、イニシャルコストに比べると安く設定されます。
　しかし、ランニングコストを合計した金額で見ると、イニシャルコストを超えることも珍しくありません。また、後で解説するように、イニシャルコストとランニングコストの配分を変えることでトータルを安く見せる心理的なトリックも存在します（P.92参照）。

◇データベースのイニシャルコストとは？

　では、データベース製品、つまりDBMSを導入する際のイニシャルコストには、どのようなものがあるのでしょうか。

3-1-2 データベースのイニシャルコスト

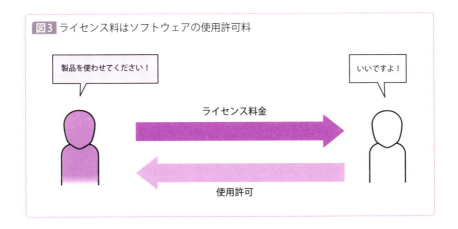

図3 ライセンス料はソフトウェアの使用許可料

　それは、一言で言うとソフトウェアのライセンス料金です。ライセンス料金とは、「ソフトウェアの使用許可料」のことです。

　私たちが有償のソフトウェアを使う場合、ライセンス料を支払いますね。これは、ソフトウェア製品を作った会社なり個人に対して「使わせてください」とお金を払ってお願いするわけです（図3）*2。

　この「ライセンス料を払ってソフトウェアを使わせてもらう」という考え方は、DBMSに限らず、世の中の有料ソフトウェア製品全般に広く適用されている仕組みです（ライセンスと似た言葉に「サブスクリプション」というものがありますが、これについてはP.86のコラム参照）。

◇ライセンス料金と「値段」の違い

　こう考えると、ライセンス料は、そのソフトウェアの「値段」と考えることもできそうです。たしかに、ライセンス料金を払えばそのソフトウェアが使えるようになるという点では「値段」と同じです。

　ただし、一般に私たちが日常生活でものを買うときの「値段」とソフトウェアのライセンス料には、以下の2点において大きな違いがあります。

*2 自動車の免許や飲食店の営業許可証のことも英語で「ライセンス」と呼ぶ通り、ライセンスと言う言葉には単純な「値段」という以上に、「許可」や「認可」のニュアンスが含まれます。

①販売単位が特殊
②ランニングコストも払わないと現実的に運用できない

　②の「ランニングコストも払わないと現実的に運用できない」については、P.79で解説しますので、ここでは①の「販売単位が特殊」という点について見ていきましょう。

◇プロセッサライセンスとユーザライセンス

　私たちが、何かものを買うシーンを想像してください。たとえば野菜なり家電製品なりを買うとしましょう。その場合、販売の単位は「物理的な数量」です。たとえば「キャベツ5玉400円」とか、「電子レンジ1台3万円」という具合です。

　しかし、DBMSを含むソフトウェア製品には、触れるような「物理的実体」がないため、「〜個」という数え方ができません。また複製も簡単に行えてしまうため、買った側は低コストでいくらでもコピーで増やすことができます[*3]。

　したがって、ライセンス料は、物理的な単位ではなく、論理的な単位で販売されています。代表的な販売単位は、以下の2つです。

①プロセッサライセンス
②ユーザライセンス

　①の「プロセッサライセンス」とは、平たく言うとDBMSをインストールして動作させるハードウェア（DBサーバ）のCPU性能に応じて価格が決まるライセンス体系のことです。

　一方、②の「ユーザライセンス」は、DBMSを利用するユーザ数に応じて価格が決まるという価格体系を指します（図4）。

[*3] どのソフトウェアベンダも、無許可のソフトウェア使用、いわゆる「海賊版」に悩まされているため、安易にコピーできないよう技術的にプロテクトされていることもあります。

3-1-2 データベースのイニシャルコスト

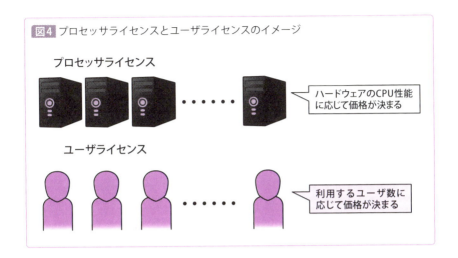

図4 プロセッサライセンスとユーザライセンスのイメージ

プロセッサライセンス
ハードウェアのCPU性能に応じて価格が決まる

ユーザライセンス
利用するユーザ数に応じて価格が決まる

CoffeeBreak 「プロセッサライセンス」と呼ばれる理由

　サーバ処理性能に基づくライセンスが、「CPUライセンス」ではなく「プロセッサライセンス」と呼ばれることには理由があります。それは現在は、1つのCPUに複数のプロセッサコアが搭載される「マルチコアCPU」を搭載したサーバマシンが主流を占めているためです。つまり、同じ「CPU1個」と言っても、基本的にコアが多いほうが性能がよいため、DBMSの課金単位もCPUではなくプロセッサコアの数をベースにしたほうが正確なのです。特に最近は、技術の進歩でCPUあたりのコア数はかなり増えており、サーバマシンの中には16コアとか32コアというCPUもあります。
　また、Intel社の「Xeon（ジーオン）」や旧サン・マイクロシステムズのSPARC（スパーク）などは、プロセッサのタイプによって1コアあたりの処理能力が異なります。そこでOracleのように、プロセッサの種類に応じた「コア係数」を乗じることで補正をかけ、バランスを取っている場合もあります。

◇規模が大きくなるほど料金も高い

　プロセッサライセンスとユーザライセンスの両者に共通しているのは、

「DBMSが動作するシステムの規模が大きくなればなるほど、ライセンス料も高くなる」という特徴を持っていることです（図5）。

言ってみれば、プロセッサ性能やユーザ数というのは、システムの規模を測るための尺度であるわけです。実際、システムの規模が大きくなればなるほど、DBサーバのプロセッサ数は増えますし、利用するユーザ数も多くなります。そのようなわけで、多くのDBMSが、プロセッサ性能とユーザ数を基準にライセンスを決めているのです。

なお実際は、ある程度の規模を持った商用システムでは、ユーザ数を把握することは難しくなるため、プロセッサライセンスを使用することがほとんどです。

現実にユーザライセンスが適用しやすいのは、開発環境や試験環境のような閉じたネットワーク内に設置されている、利用ユーザ数を把握できる小規模環境に限られます。

この点について、日本オラクル社のライセンスについての説明がわかりやすいので、表1に引用します。

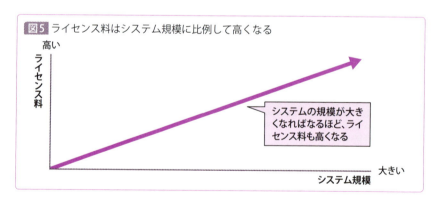

図5 ライセンス料はシステム規模に比例して高くなる

表1 ライセンスの概要

Processorライセンス（プロセッサライセンス）	Named User Plusライセンス（ユーザライセンス）
サーバのプロセッサ数に比例したライセンス。使用ユーザ数が多い場合や不特定多数が利用するため、ユーザ数を数えられない場合にはこちらを適用する	使用するユーザ（人など）の数に比例したライセンス。一般的にユーザ数が少ない場合に有利

出典：日本オラクル 製品価格／ライセンス情報（http://www.oracle.com/jp/corporate/pricing/index.html）を引用して一部改訂

◇その他のデータベース製品

その他のデータベース製品も、基本的にはプロセッサライセンスとユーザライセンスに基づいています。参考に、以下にいくつか例を示します。

SQL Server 2012

SQL Serverはプロセッサライセンスを「Computing Powerモデル」、ユーザライセンスを「サーバー/CALモデル」と呼んでいます (http://www.microsoft.com/ja-jp/sqlserver/2012/howtobuy/default.aspx)。

DB2 v10.5

DB2はプロセッサライセンスを「プロセッサー Value Unit (PVU) 課金」、ユーザライセンスを「許可ユーザー課金」と呼んでいます (http://www.ibm.com/developerworks/jp/data/library/techarticle/dm-1311whichdb2edition/)。DB2にはこの2つ以外の体系もあるのですが、基本はプロセッサライセンスからの派生です。

なお、PostgreSQLやMySQLなどオープンソースのDBMSにおいては、ライセンス料そのものが利用条件によっては無料になる場合があります。これは、上記2つのオープンソース製品が、ユーザに広い権限を与えるライセンス体系を採用しているためです[4]。

これはすなわち、データベース導入のイニシャルコストを無料にできることを意味しており、オープンソースのDBMSの人気を支える理由の1つとなっています。

---

[4] MySQLの場合、無償で利用可能なライセンスと、商用利用のための有償ライセンスを選択可能になっています。この仕組みを「デュアルライセンス」と呼びます。

学ぼう！

〔3-1-3〕
イニシャルコストを増やす犯人

◇エディションとオプション

　ここまで、データベースのイニシャルコストにおける基本的な計算ロジックについて解説してきました。しかしこれだけでは、DBベンダの営業マンが持ってきたイニシャルコストの計算表を理解し、妥当な金額かどうかをチェックできるまでには至りません。

　と言うのも、イニシャルコストの計算には、もう少し複雑な要因が絡んでくるからです。それが、「エディション」と「オプション」の選択です。ここは、イニシャルコストを左右する極めて重要なポイントです。

　DBベンダの悪口を言うつもりは毛頭ありませんが、このエディションとオプションの選択をよく理解していないと、本来不要なはずの機能まで買わされることになるからです。

　実生活においても、携帯電話や旅行のプランを選ぶときに、「本来必要のないオプション」まで購入してしまい、結果として高くついてしまった、という経験をしたことのある人も多いのではないでしょうか。これと同じことが、データベースにも当てはまります。

　まず「エディション」に関しては、ほとんどのDBMS製品が、2つのエディションを用意しています。これ以外のエディションもありますが、大体はどちらかの派生版です。

・**Standard Edition (SE)**
・**Enterprise Edition (EE)**

　DBMSによって、Standard Edition（スタンダードエディション）とEnterprise Edition（エンタープライズエディション）の定義には多少の違いがありますが、基本的にStandard Editionが中小規模システム向け、Enterprise Editionが大規模システム向けという区別になっています。

76

◈2つのエディションの違い

Enterprise EditionにはStandard Editionにはない便利な機能が使えるようになっており、そのぶん価格が高く設定されています。Enterprise Editionにのみ搭載されいる主な機能を列挙すると、次のようになります（あくまで一般的な話なので、製品によって差はあります）。

・信頼性（可用性）
　クラスタ構成
　レプリケーション
・性能
　一定数以上のプロセッサのサポート
　テーブルのパーティショニング
　性能レポート出力
　データ圧縮
・セキュリティ
　データ暗号化
　監査ログ記録

ユーザにとってシステムの信頼性やパフォーマンスが高いことは、もちろん望ましいには違いありません。データベースはそうした品質を高めるための機能を用意しており、オプションとして利用することができます（クラスタやレプリケーションという言葉については、第4章で詳しく解説します）。

また、昨今の個人情報の取り扱いに対する社会的な関心の高まりを背景として、データベース内のデータ保護についても厳しい水準が求められるようになってきています。ただ、重要なことは、そうした便利機能のいずれもタダではないということです。どこまで高機能なサポートを求めるかは、予算と相談しながら判断する必要があります。

また、PostgreSQLやMySQLのようなオープンソースのデータベースに比べると、Oracle、SQL Server、DB2といったベンダによって開発さ

れたデータベース製品のほうが、こうした便利機能については高度な機能を有しています(そこがアピールポイントでお金を取っているわけなので、これは当然のことです)。

このような機能とコストのトレードオフについては、第4章でデータベースのアーキテクチャ設計の基本を学びながら、詳しく見ていきたいと思います。何しろ、ある程度規模の大きなシステムともなれば、データベースのライセンス料だけで「億」を超えることもあるのですから、その妥当性の精査にこだわりすぎということはありません。かくして、システムの要件と財布の紐とのシビアなせめぎあいが勃発することになるのです。

CoffeeBreak　Express Editionとは何か?

本文で解説した通り、データベース製品のエディションは「Standard Edition (SE)」と「Enterprise Edition (EE)」の2つが基本になっています。

しかし実際には、多くのデータベースベンダが、これに加えて「Express Edition」というエディションを用意しています。例えば、Oracle、SQL Server、DB2にも、Express Editionが存在します。Express Editionの特徴は、次の2つです。

①ベンダの提示する利用条件を守る限り、ライセンス料が無料
②機能の一部に制限がかけられており、使えない

この特徴からわかるように、Express Editionは日本語で言うと「試用版」です。

ちょっとしたお試し用途に使うぶんには無料で使える代わりに、本格的な商用用途には使えないよう機能的な制限がかけられていることが多いわけです(例えば、保存できるデータ容量が小さかったり、使用できるCPUやメモリ量が制限されていたり、一部のオプション機能が利用不可になっていたりなど)。

Express Editionは、「ちょっとした機能確認や動作確認用の環境を作る」といった限定した使い方が主になります。

学ぼう！

〔3-1-4〕
データベースの
ランニングコスト

◇ランニングコストの必要性

　データベースはイニシャルコスト、すなわち「ライセンス料」を払うことで利用できるようになることは、ここまでの説明で理解できたと思います。しかし、P.72でも少し触れたように、ライセンス料さえ払っていればDBMSが利用できるかと言うと、世の中それほど単純ではありません。商用システムにおいては、イニシャルコストに劣らぬ「ランニングコスト」が発生することになるからです。

　ランニングコストとは、期間が定められたコストです。したがって「月あたりいくら」とか「年あたりいくら」というように、必ず「一定期間で○○円」という数え方をします。

　これはすなわち、「データベースの利用期間が長ければ長いほどかかる金額も増えていく」ということを意味します。これが、最初に一定額を払えばそれ以上追加で払う必要のないイニシャルコストとは大きく違うところです。

　ランニングコストの代表例は、先にも述べたように、賃貸住宅の家賃や携帯電話の通信料などです。これらは月割りで課金されることがほとんどです。

◇データベースのランニングコストは？

　ではデータベースのランニングコストとは何でしょうか。それは「サポート料」です。

　データベースを使用していれば、バグや不可解な動作に遭遇することは珍しくありません。ひどい場合はいきなりデータベースがクラッシュしてシステム全体が停止、という重大なバグを引き当てることもあります（著者も何度かそういう現場に遭遇しました）。

79

そうした場合には、技術的なQ&Aのレベルから緊急修正プログラムのリリースまで、データベースの開発元の支援がなくては問題の解決は困難です。こうしたサポートサービスには、一般的に以下のような項目が含まれます。

・技術的なQ&A
・バグ修正のプログラム（パッチ）リリース
・最新バージョンへのアップグレード権
・新しいOSやハードウェアへの対応
・専門の技術者やコンサルタントによる問題解決
・ノウハウやバグ情報といった技術データベースへのアクセス権

　こうした技術的なサポートが必要になるソフトウェアは、データベースだけではありません。というより、商用利用されるほとんどのOSやミドルウェアは、サポートなしでの利用は現実的ではありません。
　その最大の理由は、OSやミドルウェアは非常に複雑なロジックを積み上げて実現されているソフトウェアであるため、「バグ」からの脅威に対して無縁の存在ではいられないからです。

◇製品の「サポート期間」に注意

　ソフトウェアというのは、考えてみると不思議な製品です。時に重大なバグ—例えば突如データベースがダウンしてデータが消えたり、データを盗まれてしまうようなセキュリティホールがあったり—を抱えたままでも市場で流通し、多くの人がそれを利用しています。
　一般の家電や自動車といった機械製品と比べると、その品質は極めて低いと言わねばなりません。読者の皆さんも、ソフトウェアの大きな不具合に遭遇したとき、「なぜこんな致命的なバグが、リリース版に存在するのだろう？」と不思議に思った経験があるのではないでしょうか。自動車や電化製品ならば、リコール要求が起きてもおかしくないところです。

◇サポートなしのソフトウェアは危険

　なぜソフトウェアの品質がそれほど悪いのか、というのはそれ自体が興味深いテーマですが、本書の主題ではないので深入りはしません。

　ただし重要なことは、サポートがないソフトウェアで商用システムを作り運用するということは、「命綱なしで登山するようなもの」だということです。

　事故が起きたときは自力解決せざるをえませんが、それはそれでコストがかかりますし、解決できる保証もありません。

　より重要な点としては、その場合、「障害の責任を自組織だけで負わなければならない」ということです。

　実際のところ、有償であれサポートを購入しておく理由の1つは、このような「責任の分散」という、技術的というよりは保険としての意味合いもあります。

CoffeeBreak　バグは自力で解決できないの?

オープンソースのソフトウェアであれば、ソースコードが公開されているため、コーディングに使われている言語を読めるプログラマであれば、直接ソースコードを読むことでバグの原因と修正方法を見つけることも、原理的には可能です。また、オープンソースのソフトウェアの場合、そもそもサポートサービスを行っている会社が存在しないというケースもあり、そういうソフトウェアを利用する場合は、問題に突き当たれば自力解決以外の道がありません。ただし、特定のベンダが開発したソフトウェアのコードは公開されていないことが多いので (こういう製品を「プロプライエタリ」な製品と呼びます)、そもそも利用者にはバグの原因を特定することすら原理的にできません。

◇サポートレベルは年々低下する

　サポートサービスを利用するにあたり、重要なポイントは、サービスの水準（サービスレベル）は、製品購入時点ではなく、製品のリリース時点を起点として、時間が経つにつれて落ちていき、最後にはサポート切れを迎えることです。これを図示すると 図6 のようになります。

　製品がリリースされてしばらくの間は、製品を広く普及させたいというベンダの戦略もあり、迅速なパッチリリースや新しい環境への対応など、手厚いサポートが行われます。

　その後、こうしたサービスレベルは徐々に落ちていき、最後には新規のバグに対するパッチ提供が行われなくなるなどして、サポートが終了します。

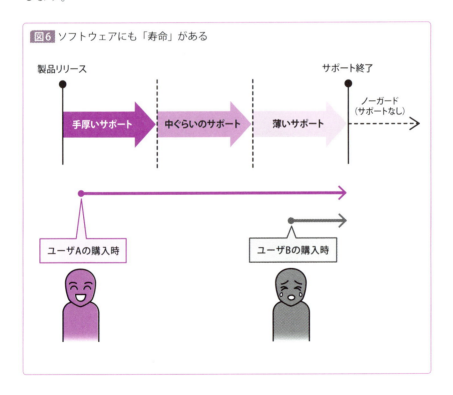

図6 ソフトウェアにも「寿命」がある

このサポートが終了するタイミングを、「EOSL (End of Service Life)」と呼びます。

EOSLは、システム開発の初期段階でどんなソフトウェアやハードウェアを採用しようか検討しているときによく出てくる言葉なので、覚えておきましょう。「この製品はもうすぐEOSLが近いから採用するのは危険だ」とか「ウチのサーバもEOSLが近いから新しいサーバに入れ替えないとな」といった使い方をします。

こうした有償サポートによるビジネスというのは、家電製品などでも広く利用されているモデルです。

皆さんも家電量販店で電化製品を買った際、レジで3～5年程度の有償サポートの加入を勧められた経験があると思います。

故障なく一定期間使うことができれば、このサポートを利用する機会はなく、まったく無駄な費用に思えます。しかし、もしサポートに入らない決断をした後に故障に見舞われると、修理に多額の費用がかかることになり、「しまった、あのときケチらずにサポートに入っておくんだった」と後悔することになります。

◇購入時期とサポート期間は無関係

2014年4月、世界的に大きなシェアを占めていたデスクトップOSであるWindows XPのサポートが終了したことで、大きな社会的ニュースになりました。

Windows XPは2001年に登場して以来、その安定性と利便性から、法人・個人を問わず多くのユーザに利用されてきました。

しかし今後は、XPに重大なセキュリティバグなどが見つかっても、マイクロソフト社は原則対応しない、ということになるわけです。皆さんの中にも、このタイミングを機にXPから新しいWindows OSに乗り換えた人もいるかもしれません。

こうしたソフトウェアの「寿命」というのは、「ユーザがライセンス料を払って購入した日」ではなく、あくまで「ソフトウェアが世に出荷された日」

を基準に算定されます。

　よって、2001年にWindows XPを買った人も、2013年に買った人も、一律に2014年4月を持ってサポート終了となります。すなわち、あまり古いバージョンの製品を使おうとすると、サポートを受けられる期間が短くなるわけです。

◇新しいものには福があるか？

　では、リリースされたばかりホヤホヤのニューバージョンを使えばよいのでしょうか？　話はそれほど単純ではありません。先述のように、ソフトウェアというのはある意味で、(言葉は悪いのですが) バグの集積みたいなものです。

　特に、まだ利用者の少ないニューバージョンは、安定性や信頼性に欠けることが多いものです[*5]。「9.0.0.0」とか「11.0.0.0」のように、マイナーバージョンを示す数字が「000」で揃っている本当のニューバージョンのソフトウェアは、たとえ商用製品であっても、動作が安定していないものもあります (表2)。

表2　新旧バージョンの比較

	新しいバージョン	古いバージョン
メリット	・サポート期間が長い ・旧バージョンに比べて高機能になっている	・動作が安定している ・情報が多く、エンジニアも使い方に慣れている
デメリット	・バグが多く動作が不安定である	・サポート期間が短い ・新バージョンに比べて機能が少ない

[*5] こういうハイリスクのニューバージョンを敢えて採用する勇敢なファーストユーザのことを、IT業界では畏敬の念を込めて「人柱」と呼びます。科学の発展に犠牲は付きもの、なのかもしれません。

◇ トレードオフは常に悩みの種

　これは別にデータベースに限った話ではなく、OSから業務パッケージに至るまで、ソフトウェアのバージョン選定においては常に悩みの種になる「トレードオフ*6」です。

　基本的にソフトウェアベンダは、なるべくならば、便利でスタイリッシュに生まれ変わった（と彼らが信じている）新しいバージョンを使ってほしいと考えています。そのほうが「古いバージョンのサポート」という、後ろ向きで「クリエイティブでない」仕事を続ける必要がなくなるからです。

　しかし、安易に口車に乗って「人柱」になると、「バグバグ＆バグ」としか表現しようのない品質の悪さに、文字通り夜も眠れぬトラブル対応に追われることになるリスクもあります。

◇ 先行事例を調べる

　こういうときに選択の一助になる情報としては、「同じ製品のバージョンやアーキテクチャの先行事例」があるかどうかを調べてみる、というものがあります。

　こういう情報は、企業秘密になっていることもありますが、一方で信頼性を証明するために、積極的に情報が開示されている場合もあります。ベンダのWebサイトやニュース媒体で見つかることもありますが、最新情報や自分たちの要件にフィットする情報はなかなかWeb検索では見つからないので、直接営業に聞いてみるのがよいでしょう。

　先述のように非公開となっているケースもありますが、可能な範囲で情報開示が得られれば儲けものです。

---

*6 トレードオフとは、P.23でも説明した通り、あるメリットを選択しようとするとその対価（デメリット）を払わなければならないという状況を指します。

CoffeeBreak　ライセンスとサブスクリプション

　データベースに限らず、有料のソフトウェアを購入する際には「ライセンス料を払う」ということは、「イニシャルコスト」の解説で触れました。しかし、ソフトウェアの使用許可料という意味では、ライセンス以外にもう1つ「サブスクリプション」という方式も存在します。

　ライセンスとサブスクリプションの大きな違いは、「使用可能期限の有無」です。ライセンスは一度お金を払えば、基本的に無期限に使用することができます（「基本的に」というのは、たとえば利用条件違反などの契約違反の行為がユーザ側にあったりすると、ライセンスを取り消されることはありうるからです。交通違反で車のライセンスを取り消されるのと同じです）。

　本節でも触れたように、長く使い続ければいずれサポート期間が切れてノーガード状態になってしまうのですが、それでもユーザがリスクを承知のうえで使い続けたいのであれば、ライセンスが有効である限り、期限的制限なく使うことが可能です。「あとはお客様の自己責任でどうぞ」というわけです。

　一方、サブスクリプションは、期限を定めた有期の使用許可を意味します。例えば「お金を払えば今日から1年間は使ってもよい」という条件による使用許可が、サブスクリプションです。もともと、「subscription」という英語は、主に雑誌の年間購読の意味で使われていた単語であるため、それが転じて「有期の使用許可」の意味になったようです。

　ライセンスが使用権の「買い取り」だったのに対し、サブスクリプションは「使用権のレンタル」だと考えるとわかりやすいでしょう。

　具体的なDBMSとしては、例えばMySQLは2015年現在、このような1年単位のサブスクリプション方式をとっています（https://www-jp.mysql.com/products/）。このサブスクリプション契約の中には、「ソフトウェアの使用権」だけでなく、「バグ修正」や「アップデートの提供」、「コンサルティングサポート」といった保守サービスも含まれています。いわば、「すべての費用がランニングコストに含まれていて、初期費用が存在しないパターン」だと考えられます。

　なお、こうした個別の製品のライセンス体系は、新しいバージョンが公開されたり、開発元の会社が買収されたりしたタイミングで変わることがあります。ですので、最新の状況については、適宜製品のオフィシャルサイトや営業の担当者に確認するようにしてください。

【3-1-5】
イニシャルコストとランニングコストの組み合わせ

◆3つの組み合わせが考えられる

　前節までで、データベースのイニシャルコストとランニングコストの正体は、「ライセンス料」と「サポート費用」(「保守費用」とも呼びます)であることが判明しました (図7)。

　この「イニシャルコスト＋ランニングコスト」というモデルにおいては、論理的に以下の3つの組み合わせを考えることができます。

①イニシャルコストあり＋ランニングコストあり
②イニシャルコストあり＋ランニングコストなし
③イニシャルコストなし＋ランニングコストあり

　なお一切コストをかけない、すなわち「イニシャルコストなし＋ランニングコストなし」の組み合わせは、完全無料のソフトウェアということなので、商用システムに利用するレベルの品質が求められるデータベースにおいては、現実にはありえません。このパターンがありえるのは、せいぜい個人利用のフリーソフトのレベルです。

　さて、「①イニシャルコストあり＋ランニングコストあり」の組み合わせは、OracleやSQL Serverなど通常のベンダ製のデータベースを使用する場合のモデルであり、商用システム向けでは最も一般的です。

図7　データベースのコスト内訳

⬦ライセンス料のみで利用できる？

一方「②イニシャルコストあり＋ランニングコストなし」の組み合わせは、保守契約を結ばずに「ノーガード」でいくことを意味しているので、現実的な選択肢とは言えません。

そして最も興味深いのは、「③イニシャルコストなし＋ランニングコストあり」という組み合わせ、すなわちライセンス料を払わず、サポート費用のみ発生するというパターンです。

では、このパターンとしてどういうケースがありうるのか、考えてみましょう。

⬦オープンソースを利用する

「③イニシャルコストなし＋ランニングコストあり」に該当する代表例は、オープンソースのソフトウェア (OSS) [7] を利用するケースです。

OSSは、有志の開発者によってソースコードを公開することで発展してきた経緯もあり、歴史的に広く一般の人々が「無料」で利用できるようなライセンスが採用されてきました。

そのような歴史的背景もあり、OSSをベースに作られたデータベース製品も、やはり「ライセンス料」という形で課金するモデルには、根強いユーザの抵抗がありました。そこで、ライセンスは無料で「サポート料」のみを有料としたり、あるいは、有期のソフトウェア使用権とサポートを受けられる権利をセット販売にした「サブスクリプション[8]」形式が取られることがあるのです。

代表的なところでは、Linux OSの1つであるRed Hatや、データベースのMySQLがあります。

---

[7] OSSについてはP.53を参照してください。
[8] サブスクリプションについては、P.86、P.89も参照してください。

CoffeeBreak　MySQLのサブスクリプション

　MySQLのサブスクリプションについては、以下のような説明がなされています。このことからも、ソフトウェアを使用する権利とサポートを受ける権利の両方が含まれていることがわかります。

> 年間サブスクリプションは、「適用されるライセンス基準に基づいて指定プログラムを使用する権利、および、注文書で指定された期間、指定されたプログラムについて、Oracle Software Update License & Support を受ける権利」、と定義されます。

出典：MySQL Editions（https://www-jp.mysql.com/products/）

◇サブスクリプションは「賃貸」

　このビジネスモデルでは、イニシャルコストがまったくかからないため、ユーザ側としては、基本的に毎年一定額のランニングコストだけ負担すればよいということになります。

　いわば、最初に大きな購入費用のかかる持ち家に対して、月々の家賃を払い続ける「賃貸住宅（レンタル）」に似たビジネスモデルと言えます（賃貸には敷金礼金がかかることがあるので、完全にイニシャルコストがゼロとも言えないのですが）。では、この「レンタルモデル」のメリットとデメリットは何でしょうか。

◇レンタルモデルのメリット

　レンタルモデル（賃貸）のメリットとしては、「最初にまとまった金額を持っていなくても利用できる」という手軽さが挙げられます。実生活でマイホーム購入を検討するときを考えても、「本当はそろそろ一軒家を買いたいなあ」と思っていても、せめて頭金だけでも貯めていないと購入には踏み切れないものです。

それと同じことが、データベースにも言えます。最近ではデータベースも AWS (Amazon Web Services) などのクラウドサービス上で提供されるようになってきており、「ちょっと試しに使ってみたい」というライトユーザにとっては選択肢の幅が広がっています。

　またレンタルであれば、始めるのが簡単ならばやめるのも簡単です。「もうこれ以上は使う予定がない」ということであれば、契約を更新しなければそれ以上の支出は必要ありませんし、他のデータベースに乗り換えるコストも低くて済みます。

　「持ち家を買う」ということは、相当な長期間そこに腰を落ち着けて暮らすという覚悟を決めるわけで、いざ住んでみてから「しまった、やっぱりここにしなきゃよかった」と思ってもあとの祭りです。

　総じて、こうした意思決定コストの低さが、レンタルモデルのメリットと言えます。最近は、企業経営においても、なるべく固定資産を減らしてレンタルで済ませようという「持たない経営」が注目されていますが、ソフトウェアのレンタルモデルもこうした要求に応えるべく登場したと見ることもできます。

CoffeeBreak　PaaS

　このミドルウェアまで含めた「レンタルモデル」のことを、「PaaS (Platform as a Service)」と呼びます。

　例えば、Amazon 社が提供するクラウドサービス AWS では、クラウド上に用意された Oracle や MySQL を利用できるサービスが提供されています。このようにデータベースそのものを「賃貸」する仕組みも、今後どんどん充実していくでしょう。

3-1-5 イニシャルコストとランニングコストの組み合わせ

◇購入のメリット

　一方、購入 (持ち家) のメリットは、レンタルモデル (賃貸) のデメリットの裏返しです。まず、持ち家というのは一般に賃貸に比べて居住性のグレードが高いものです。

　データベースにおいても、OSSベースのDBMSに比べれば、ベンダが開発しているDBMSのほうが、一般には高機能です。

　また、持ち家は一度買ってしまえば、その後は半永久的に住み続けることができます。

　ソフトウェアも同じで、一度買ったソフトウェアは (サポートは切れてしまいますが) 使い続けること自体は半永久的に可能です。

　商用サービスに使うのはサポート切れの状態では怖いとしても、社内の開発環境や試験環境として使うぶんには十分だったりします。

　レンタルの場合、そのような長期的視点でリソース活用を考えることはできません。

　このようにレンタルと買い切りには、それぞれ一長一短があり、状況によってどちらを選ぶべきかが変わります。持ち家派と賃貸派の間には、「どちらがトータルコストでは安いか」という決着を見ない論争が続いていますが、ソフトウェアの場合も事情はほぼ同じだと言えるでしょう。

表3　レンタルと購入の比較

	レンタル	購入
メリット	・まとまった初期費用なしで導入できる ・「試しに使ってみる」ことが可能 ・不要になったらすぐに止めることができる ・手軽に他のデータベースに移行できる	・一度購入すれば半永久的に利用可能 ・トータルコストの変動リスクが少なく、長期的な計画を立てられる
デメリット	・利用期間が長くなると、トータルで購入より高くなる可能性がある ・サービスを提供するベンダの倒産や事業撤退でサービスを停止すると、利用できなくなるリスクがある ・将来的に料金の値上げなどコスト変動の要素がある	・まとまった初期費用が必要 ・「ためしに導入する」ということがしづらい ・他のデータベースへ手軽に移行できない

学ぼう！

〔3-1-6〕
イニシャルコストの トリックに注意！

◇営業マンのトリック

　ソフトウェアのコストに関わる一般論は、ここまでの解説で終わりです。ここから先では、ソフトウェアやハードウェアベンダの営業が我々ユーザに仕掛けてくる心理戦について、説明しておきたいと思います。いわば応用編です。

　まず、ちょっと思考実験をしてみましょう。新しいスマートフォンのモデルが発表されたタイミングで、皆さんがそれを買おうとしているとします。契約期間は2年を考えています。このスマートフォンのニューモデルには、以下の2つのプランが用意されています。

①端末価格が6万円。月々の通信料は2,400円
②端末価格が0円。月々の通信料は4,900円

　皆さんは、どちらのプランを選択するでしょうか。実のところ、①も②も、2年間のトータルコストとしては同じ「11万7,600円」です。つまり、どちらを選んでも、2年後の時点で支払った総額は変わりません。

　しかし統計的には、②のプランに魅力を感じる人が多いことが知られています。よく耳にする「端末価格が実質0円」というスマートフォンの宣伝文句は、この人間の心理的な歪みをつくためのトリックです。

◇イニシャルコストのトリック

　人間の心理が完全に合理的であれば、トータルコストが同じ場合、その内訳の比率がどうであれ、特に評価は変わらないはずです。しかし実際には、トータルコストが同じであっても、イニシャルコストが小さいほうが、人間の心は「得だ」と感じるようにできています。

3-1-6　イニシャルコストのトリックに注意!

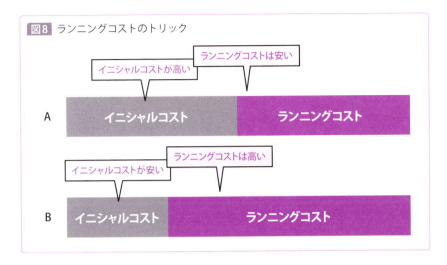

図8　ランニングコストのトリック

　場合によっては、トータルコストで不利になるにもかかわらず、イニシャルコストが小さいほうを選ぶことすらあるのです。
　図8の例で言えば、AよりもBの料金プランに魅力を感じる人が多いということです。

◇イニシャルコストの安さに要注意

　この「イニシャルを小さく見せて、不足ぶんをランニングに薄くばらまいて利益を回収する」というテクニックは、トリックとしては単純に見えますが、その効果には目を見張るものがあります。
　なぜなら、頭ではわかっていても、心が勝手に判断してしまうからです。このような「心の癖」を「バイアス」と呼びます。イニシャルコストとランニングコストにまつわるバイアスは昔から商売人の間ではよく知られており、それゆえ様々な業界で利用されています。
　皆さんも、住宅や自動車のローンなどで、「頭金ゼロからでOK！」という広告を見たことがないでしょうか。
　今現在、手元にまとまったお金がなくても大きな買い物ができるというのは、魅力的なプランだと思えるかもしれません。しかし、こういうケースでは、頭金が少なければ少ないほど金利が高く、返済期間は長く設定されるため、月々の返済に薄く広く上乗せされることで、かえってトータル

コストとしては高くつくことが多いです。

また、賃貸住宅の場合でも、最近は敷金・礼金というイニシャルコストを0円としている物件も現れてきていますが、これらの物件の中には月々の家賃に1000～2000円くらい薄く上乗せしてして敷金や礼金を回収していることがあります。

こういうことを頭ではわかっていながらなお、人間の心は、とにかくイニシャルコストが低い（特に0円なら最高！）プランに魅力を感じるようプログラムされているようです。

購入者は、この心の癖＝バイアスに自覚的でないと、百戦錬磨の商売人たちにいいように手玉に取られてしまいます。

◇薄く広く課金せよ？

ちょっと話がそれましたが、ソフトウェアの値付けにおいてもこのトリックは使われます。

データベースのイニシャルコスト（ライセンス料）は、高い場合は「億」の単位に届きます。そうなると、「そんな高い製品はとても買うことができない！」と、誰もが躊躇することでしょう。

そのように心のアラームが鳴り響いているとき、イニシャルコストが安い選択肢を提示されると、人間は反射的にそちらの選択肢を魅力的に感じてしまいます。

本当は、そのイニシャルコストの安さは、差額がランニングコストに上乗せされる形になっているケースもあるのですが、そうと知っていてなお、私たちの心は脳の言うことをなかなか聞いてくれないのです。

皆さんも、イニシャルコストの安さを売りにする選択肢には十分な注意を払ってください。そして、ランニングコストを含めた「トータルコスト」をしっかりと考え、冷静な判断ができるように心の訓練を日頃から行いましょう。

なぜなら、この「トータルコストで考える」という態度は、システムの仕事を離れても、日常生活のあらゆる経済取引で有効なものだからです。

3-1-6 イニシャルコストのトリックに注意!

CoffeeBreak 人はみな朝三暮四の猿

　本文において、私たち人間には、イニシャルコストが低いことを好ましくとらえる心の癖、バイアスが存在するという話をしました。このバイアスは、より一般的には、目先の利益を長期的な利益より優先するというバイアスの一種です。

　こういうバイアスは、近年の行動経済学や心理学でも研究対象になっており、「現在志向バイアス」と呼ばれています。衝動買いや肥満、勉強のサボリ癖など、将来のことを考えずに目先の利益や快楽を重視して行動した結果、後悔するという人間の特性も、このバイアスのせいで起こると考えられています。なかなか耳の痛い研究です。

　もっとも、人間が短期の利益を重視することで、長期的にはかえって損をしてしまう傾向については、昔の人も気づいていました。中国の故事に「朝三暮四」という話があります。これは、次のような話です。

> 昔々猿が好きで、多くの猿を飼っている男がいた。やがて家計が苦しくなり、猿の餌を減らそうと考えた。しかし、単純に減らしたのでは猿の機嫌を損ねると考えた男は、一計を案じた。
> まず、男は猿たちにこう伝えた。「これからお前たちの餌を減らさねばならない。朝には3つのドングリを、夜には4つのドングリをやろう」。それを聞いた猿たちは「それでは足りない」と怒りだした。そこで男は、「悪かった。では朝には4つのドングリを、夜には3つのドングリをやろう。それでどうだ?」と言い直した。すると、猿は大喜びで承知した。

　いかがでしょうか。　朝の餌をイニシャルコスト、夜の餌をランニングコストと読み替えれば、この男はトータルコストを変えないままで猿（顧客）の満足を勝ち取った、優れたネゴシエーター（交渉人）であることがわかります。この故事は、「荘子」や「列子」などの書物に見られることから、中国では早くも千年以上昔から人間の現在志向バイアスについて、人々の間で認識されていたことがわかります。

　このバイアスは、おそらく私たちの祖先が洞窟に住んでいた狩猟時代、不足しがちな食料事情の中、とにかく目先の獲物や果実を確実に手に入れることがサバイバルの鉄則だったために獲得されたのでしょう。

　こうした進化の過程で得られた心的傾向は千年や二千年程度のスパンでは変化しないため、私たちは相も変わらず「朝三暮四の猿」よろしく、目先の利益に飛び付いてしまうのです。

95

第3章のまとめ

- DBMSに限らず、ソフトウェアやハードウェアにかかる費用は、イニシャルコストとランニングコストに分類できる
- ソフトウェアのイニシャルコストは主にライセンス料、ランニングコストはサポート料（保守費用）からなる
- イニシャルコストがなく、ランニングコストのみで運用するサブスクリプションという課金モデルもある。これは、持ち家に対する賃貸モデルと言える
- 人間の現在志向バイアスを利用してイニシャルをランニングに転嫁して利益を回収する手段は課金の常套手段である
- それを知っていながら、我々「朝三暮四の猿」はついつい引っかかってしまうので注意する

練習問題

Q1 主に大規模システムに利用されるDBMSのEditionは次のうちどれでしょうか？
- A Mster Edition
- B Enterprise Edition
- C Large Edition
- D Greate Edition

Q2 ライセンス料とサポート費用をセットにした有期の課金モデルを何と呼ぶでしょうか？
- A トランスクリプション
- B ジャンクション
- C サブスクリプション
- D インジェクション

Q3 ユーザライセンスの適用が向いているタイプのシステムはどれでしょうか？
- A ショッピングサイト
- B オンラインゲーム
- C 小規模の社内システム
- D SNS

Q1. B　Q2. C　Q3. C

Chapter

04

データベースと
アーキテクチャ構成

～堅牢かつ高速なシステムを構築するために～

本章では、データベースを設計するうえで欠かせない「アーキテクチャ」について解説します。堅牢かつ高速なシステムを構築するためには、アーキテクチャが明確な意図のもとで設計されている必要があります。ここでは、なぜアーキテクチャが重要で、どういうアプローチで検討すればよいのかを学んでください。

やってみよう！

〔4-1〕
「冗長化」について考えてみよう

データベースは、堅牢であることが求められます。トラブルが起こるたびに停止してしまうのでは、インフラとしての役目を果たせないからです。そこで重要となるのが「冗長化」という考え方です。例えばDBサーバが2台あれば、1台が故障したときしても、もう1台が動作すればサービスの停止を防ぐことができます。これが冗長化です。冗長化の概念は、皆さんの身の回りでも用いられています。そこでここでは、身の回りの「冗長化」の例を考えてみましょう。

Step1 ▷ 自分自身が行っている冗長化の対策を考えてみよう

身の回りの耐久財が壊れた場合、あるいはサービスが使えなくなった場合に備えて、皆さんはどのような対策を行っているでしょうか。家の中、あるいはオフィス内で、「予備を準備している物」は、すなわち冗長化の対策がとられているものです。具体的な例を挙げてみましょう。逆に、「予備がない物」も挙げてみてください。

・予備がある物	・予備がない物

解答（例）　**予備を準備している物**：眼鏡、鍵のスペア、乾電池、文具、フライパンや包丁、ライター、タオル、石鹸やシャンプー、スーツ、下着、コンタクト用品、布団、化粧水etc...

予備がない物：洗濯機、炊飯器、冷蔵庫、掃除機、テレビ、プリンター、オーディオ、家の電話、一張羅の洋服etc...

4-1 「冗長化」について考えてみよう

Step2 ▷ 自分の体の中身を分析してみよう

実は「人体」も冗長化されています。自分の体を見直してみると、「2つある器官」と「1つしかない器官」がありますね。2つある器官と、1つしかない器官で、思い浮かぶものを挙げてみましょう。

```
・2つある器官
```

```
・1つしかない器官
```

解答（例）　2つある器官：眼、耳、肺、睾丸、卵巣、腎臓
1つしかない器官：心臓、胃、すい臓、肝臓、生殖器、脳

Step3 ▷ 「収穫逓減の法則」を考えてみよう

経済学には「収穫逓減（ていげん）の法則」と呼ばれる法則があります。大まかに言うと、「入力（投資）を増やせば増やすほど、入力1つあたりの出力（成果）が小さくなる」という考え方です。身の回りで当てはまる事例を考えてみてください。

**解答（例）　1杯目のビールは美味しいが、2杯目以降は美味しさが落ちる／スポーツの練習で、最初は飛躍的に上手になるが、やがて上達スピードが落ちる／ビジネスの現場で、一定以上人数を増やしても効果が上がらないetc...

99

学ぼう！

【4-1-1】 「アーキテクチャ」って何？

◇アーキテクチャ設計の必要性

本章では、データベース設計のうち、アーキテクチャ（システムの構成）について解説します。

「アーキテクチャ」という言葉は広い意味を持っていますが、本書では主に、「システムを作り上げるための物理レベルの組み合わせ」という意味で使います。

具体的には、「どのような機能を持ったサーバを用意し、どのようなストレージやネットワーク機器と組み合わせてシステム全体を作り上げるか」というハードウェアとミドルウェアの構成を指します。

この構成を、システムが果たすべき目的と照らし合わせながら決めていくこと、それが「アーキテクチャ設計」です。その点では「物理設計」と呼んでもいいのですが、システムの「骨組み」を考える上位の設計、という含意がアーキテクチャ設計にはあります。

◇アーキテクチャ設計の難しさ

こう聞くと、抽象的で難しく聞こえるかもしれません。実際、アーキテクチャ設計は非常に奥の深い領域で、ここを極めようとするとデータベースはもちろん、サーバからOS、他のミドルウェア、ストレージ、ロードバランサにファイアウォールといったネットワーク機器に至るまでの幅広い知識を必要とします。

当然ながら、すべてを解説することはできないので、本書では主にデータベースに関係する領域について焦点を当てます。ただし、簡単な構成から1つずつ段階的に学んでいくことで、読み終わったときには全体を俯瞰できるところまで知識を引き上げていくつもりです。

◇システムの目的と機能を表す

　もともと「アーキテクチャ」という言葉は、古くは建築の構造や様式のことを意味しました。

　20世紀に入って、それがシステム開発の分野にも転用されたのですが、日本語では「設計思想」とも訳されることがある通り、「そのシステムの目的と機能」を表現するものと言えます。

　裏を返せば、アーキテクチャを見れば、そのシステムがどのような用途に使われ、何を目的にしているのかが、ある程度推測できるのです（もちろん、そのシステムのアーキテクチャが明確な意図のもとで設計されていれば、ですが）。そのため、システム開発のプロジェクトに途中から参加するエンジニアは、必ず「アーキテクチャ設計書を見せてほしい」と言います。

◇アーキテクチャ設計の重要性

　また、アーキテクチャという領域は、第3章で解説した「お金」の領域とも密接な関係を持っています。

　これは考えてみれば当然のことで、すべてのシステムが予算制約の中で作られ、運用されていくわけですから、夢物語のような高機能のシステムを作ろうとすれば、予算オーバーで頓挫してしまいます。逆に、必要以上に財布の紐を締めて非力なアーキテクチャを選択して失敗するというケースも、まま見られます。

　一言で言えば、「システムに求められる要件を満たすために、どのようなアーキテクチャが適切であるか」ということを考えることなしに、（データベースを含む）システム構築にかかる費用を算出することはできないのです。その意味で、このアーキテクチャ設計というのは、システム開発の序盤で行われる仕事の中でも重要なものです。アーキテクチャは、システム開発の終盤になってから大きく変更することは難しいという性格を持っているため、プロジェクトの成否は最初に決まってしまうのです。

学ぼう！

〔4-1-2〕
データベースの
アーキテクチャを考えよう①
～歴史と概要～

◇アーキテクチャの歴史

「アーキテクチャ」と言っても、この言葉だけでは抽象的すぎてなかなかイメージが湧きません。そこでここからは、具体的なシステム構成のサンプルを見ながら話を進めたいと思います。簡単なシステム構成から始めて複雑な構成へと辿っていくことは、ある意味で、システム（そしてもちろんデータベース）の発展の歴史そのものを辿っていくことでもあります。

データベースに関するアーキテクチャの歴史は、基本的に以下の3段階に分けて捉えることができます。

①スタンドアロン（～ 1980年代）
②クライアント／サーバ（1990年代～ 2000年）
③Web3層（2000年～現在）

上記の通り、最初の段階が「スタンドアロン」です。これはデータベース「だけ」でシステムを成立させる最もシンプルな方法です。

第2段階が、サーバとクライアントにレイヤを分離して、相互にネットワークで接続するという「クライアント／サーバ」です[1]。

そして第3段階が、現在主流になっているWeb3層で、これはクライアント／サーバをさらに発展させたものです。

---

[1] 正確には、メインフレームと呼ばれる大型のコンピュータを利用するシステムでは、1970年代からネットワークでコンピュータをつなぐ構成が発達していました。サーバ／クライアント構成は、システムが多くの分野に応用されるようになった時代に、UNIXやPCといった中型～小型のコンピュータを利用して作られた構成です。

◆スタンドアロンの特徴

まずは最もシンプルなアーキテクチャから議論を始めましょう。その名も「スタンドアロン (Stand-alone)」、直訳すると「1人ぼっち」というような意味になります。

図1 スタンドアロン

スタンドアロンは、文字通りデータベースの動作するマシン（ここからはデータベースの動作するマシンを「データベースサーバ」または「DBサーバ」と呼びます）が、LANやインターネットなどのネットワークに接続されておらず、「孤立して」動作する構成です。

この構成においては、データベースのミドルウェア（DBMS）とアプリケーションのソフトウェアは、ともに同じDBサーバ上で動作します。したがって、データベースを使いたいユーザは、DBサーバの設置されている場所まで物理的にやってきて、サーバの前に座ってデータベースを使わなければなりません（図1）。サーバがネットワークに接続されていないので、物理的に離れた場所からのアクセスもできません。その不便さは容易に想像できるでしょう。

◆スタンドアロンの欠点

昔々、20世紀前半のこと。現代的なコンピュータというものが登場しはじめたとき、すべてのコンピュータはスタンドアロン構成でした。

まだ「複数のマシンをネットワークで接続して協働させる」というアイデアは未発達でしたし、それを実現するための通信技術も不十分でした。

私たちは今、無線LANに光ファイバ、ギガビットイーサネットと大規模通信ネットワークに囲まれた環境を当然のように享受していますが、昔は世界中がネットワークで接続されるというのは、SFの世界でのみ登場する設定だったのです。

翻って現在、この原始的なスタンドアロン構成は、ごく小規模な（例えば個人が占有して使うような）作業環境や試験環境を除けば、ほとんど見ることはありません。それは、以下に挙げるように、非常に不便や欠点が多いからです。

①物理的に離れた場所からのアクセスができない

ネットワークにつながっていないということは、データベースを利用するためには、データベースサーバの前にやってきて利用する以外にありません。サーバを気軽に利用できるのはせいぜい徒歩10分圏内で仕事している人に限られるでしょう。

②複数ユーザによる同時作業ができない

①からも明らかなことですが、「ネットワークにつながっていない」ということは、同時にサーバを利用できる人数は1人に限られるということです。利用希望の時間帯がバッティングした場合は、コンソールの前に待ち行列ができてしまいます。

③可用性が低い

サーバが1台しかないため、その1台に障害が起きるとサービスが停止してしまうというのも大きな欠点です。

システムがそのサービス提供時間において、どの程度障害なく本当にサービスを継続できるか、ということを示す概念を「可用性（Availability）」と呼びます。スタンドアロンにおいては、サーバが1台しかないため、そのサーバに何らかの障害が発生したら、その時点でサービス停止に直結し

てしまいます。

④拡張性に乏しい

　スタンドアロンは、性能問題にも苦しむことになります。それは、性能が悪いということ以上に、性能が悪かったときの「改善手段」が非常に乏しいことです。実際、マシンが1台しかないということは、そのマシンそのものの性能を（サーバを上位機種に交換したりより高性能の部品で交換することで）上げる以外に改善手段がありません。こういう構成を「拡張性（Scalability）に乏しい」と表現します。

　しかも、交換のためにはシステムを停止する必要があるので、③の可用性をますます下げることにもつながります。

◇スタンドアロンに利点はある？

　「①物理的に離れた場所からのアクセスができない」「②複数ユーザによる同時作業ができない」の2点は、サーバがネットワークに接続されていないことに起因する不便です。逆に言えば、サーバとネットワークを接続することが解決につながります。

　一方、「③可用性が低い」と「④拡張性に乏しい」の2点は、単純にサーバをネットワークに接続しただけは解決せず、別の方策を考える必要があります[*2]。

　一方で、わずかですがスタンドアロン構成にも利点はあります。

　1つが、構築が非常に簡単で、ちょっとした作業や試験を手早く行うことが可能なことです。性能や可用性を度外視すれば、ノートPCを使っても作ることができるぐらいです。

　もう1つが、セキュリティが非常に高いことです。ネットワークを介して侵入される危険がないため、ユーザが外部から（USBメモリなどで）物

[*2] この2つの解決策については、本章の後半（P.113）で解説します。

理的に持ち込まない限り、サーバがウィルスに感染したり、攻撃を受けることは起こりません。

また、データ漏えいのリスクも、同じ理由から非常に低いものとなります。ユーザがデータベースサーバからデータをDVDやUSBメモリといった媒体にコピーするか、ハードディスクを直接持ち出しでもしない限り、ネットワーク経由で外部からのハッキングを受けてデータが盗まれる心配はありません。人間が、人や動物と接触せずに家にこもっていれば、感染病のリスクを極限まで下げられるのと同じ理屈です。

とはいえ、このような利点は、上に列挙した不便に比べればささやかなものです。私たちの先輩エンジニアやプログラマも、同じように感じていました。データベースの構成は、こうした欠点を克服するために劇的な進化を遂げていきます。

◇クライアント／サーバの特徴

システムの最初期において、すべてのマシンはスタンドアロンでした。先達は、その欠点を1歩1歩解決してきたわけですが、その道のりに倣って、まずはP.104で解説した「①物理的に離れた場所からのアクセスができない」「②複数ユーザによる同時作業ができない」の欠点を克服することを考えましょう。それには、データベースをネットワークにつなぐことです。これによって複数ユーザが離れた場所からアクセスすることが可能になります（図2）。

このようにデータベースサーバ1台に対して複数のユーザ端末がアクセスするタイプの構成を「クライアント／サーバ」構成と呼びます。略して「C/S」とか「クラサバ」という呼び方もします（これはかなりくだけた略称ですが）。

また、この構成では、システムが「クライアントとサーバ」という2つのレイヤ（層）から構成されるため、「2層構成」と呼ばれることもあります。DBサーバでは、「DBMSが動作し、クライアント上では業務アプリケーションが動作する」という分業体制と見ることもできます。このレイヤを意識した分類は、P.110で解説する「Web3層」構成との対比で重要になるので、名前を覚えておいてください。

4-1-2 データベースのアーキテクチャを考えよう①

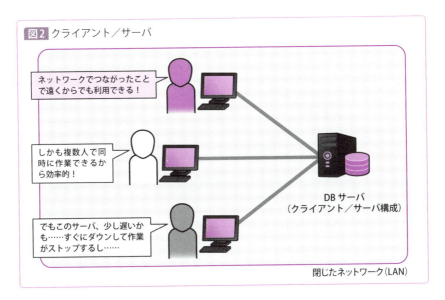

図2 クライアント／サーバ

CoffeeBreak　サーバとクライアントの区別

　サーバと対になる言葉に「クライアント」があります。この2つの言葉は、基本的には果たす役割（機能）に応じてマシンに付けられる区別です。「クライアント」とは、エンドユーザが直接操作して、行いたい処理の命令を発するためのマシンです。一般的には、デスクトップやノート型のPCが使われます。最近ではスマートフォンやタブレットも、業務システムのクライアントとして利用されるようになりました。
　一方「サーバ」は、クライアントから受けた命令を実行して業務処理（ビジネスロジック）を実行するためのマシンで、用途に応じて「Webサーバ」「アプリケーションサーバ」「DBサーバ」などの名前が付いています。
　この原則に従えば、低スペックのノートPCにデータベースのソフトウェアをインストールして、それを「DBサーバ」と呼ぶことも可能です。事実、簡易的な試験環境を安く早く作るためにそうすることもあります。しかし一般には、クライアントに比べてサーバのほうが負荷の高い処理を行わなければならないため、CPUやメモリ、ディスクといった物理リソースを潤沢に積んだハイスペックで高価なマシンを利用します。このことから、「サーバ」という言葉は、「クライアントよりもスペックのよい（＝値段も高い）マシン」という含意を持つことが多いのです。

クライアント／サーバの広がり

クライアント／サーバ構成は、クライアントPCの技術進歩とネットワーク技術の発展を受けて、1990年代に多くのビジネス向けのシステムで採用されました。その大きな要因としては、一連のWindowsシリーズがビジネスシーンで実用に堪えるクライアントマシンとしての地位を確立したことと、大規模なデータを通信できるネットワーク回線の進化が挙げられます。

またこの構成は、主に企業や組織内に閉じたネットワーク（LAN）の中で利用されました。逆に言うと、インターネットなど外部のネットワークを経由してデータベースサーバにユーザがアクセスすることは、基本的にはありませんでした。

その理由は、データベースという極めて重要な情報を多く蓄積しているサーバに外部からのアクセスを許可してしまうと、セキュリティ上のリスクが増すからです。

とはいえ、この構成によって、「①複数ユーザが同時に」「②ある程度物理的に離れた場所からでもアクセス」できるようになりました。現在ではアーキテクチャの主流ではなくなりましたが、組織内に閉じた用途のシステムであれば、利用されているケースを見ることもあります。

しかし、このクライアント／サーバ構成も、インターネット時代には決定的に不向きな欠点をいくつか抱えていました。

それらが何であるかを明らかにするため、次にインターネット時代へ進むことにしましょう。

Web3層の特徴

Amazonや楽天に代表されるECサイト（Electric Commerce）や、Facebook、TwitterのようなSNS、税金の申告から株取引に至るまで、今ではありとあらゆるサービスがインターネット経由で提供されるようになっています。

しかしそれは、ここ10〜15年程度の動向にすぎません（Amazonの日本版サイトがオープンしたのは2000年のことです）。

今の若い人たちにとっては、インターネットというインフラは物心付いたころから存在しているので、ずいぶん昔から当たり前の存在だったと思うかもしれません。しかし、実際はそうではないのです。

◇クライアント／サーバ構成の欠点

インターネット経由でシステムを利用しようとする際、クライアント／サーバ構成で問題になることが2つありました。

1つは、インターネットから直接データベースへアクセスすることに対するセキュリティリスク、そしてもう1つが、不特定多数のユーザが使用するクライアント上でのアプリケーションを管理するコストが高いことです。前者は比較的わかりやすいと思いますが、後者の管理コスト問題については、少し説明を加えておきたいと思います。

◇管理コスト問題とは何か？

そもそもインターネットを使ったシステムの利便性の1つは、Webブラウザさえ動作すれば、どのようなクライアント環境からでも動作するという手軽さにあります。

実際、私たちがWebページにアクセスする際、Windows、Mac、スマートフォンといった「クライアント側の環境の違い」を意識することはありません。

しかし、クラサバ時代のアプリケーションは、個人の利用するPCにアプリケーションをインストールして動作させるものでした（このようなアプリケーションを「ネイティブアプリ」と呼びます）。

ユーザが特定企業や組織のメンバーに限られていて、管理対象のPCも少ないならばそれでも問題ないでしょう。

しかし、インターネットを介して世界中から不特定多数のユーザが利用

するアプリケーションについて、各種環境に応じたアプリケーションを作成し、それぞれについてバージョン管理やバグ修正版のリリースを行うのは、およそ非現実的なコストが必要となります（図4）。

このため、業務ロジックを実行するアプリケーションを、サーバ側だけで管理することでコストを下げたいという要望が出てきたのです。

こうした要請に対応するために考えられたのが、「Web3層」と呼ばれる構成です。

Web3層とは、システムを以下の3つのレイヤの組み合わせとして考えるモデルです（図5）。

①Webサーバ層
②アプリケーション層
③データベース層

CoffeeBreak　今はネイティブアプリの全盛時代？

ネイティブアプリにおける管理コストの問題については、皆さんがPCにインストールしているアプリケーションのバージョン管理の面倒さを考えてみれば、容易に想像できるでしょう。

かつてWindows上のネイティブアプリは、C言語やBasicといったプログラミング言語を使ってGUIのアプリケーションを作っていました。こうしたアプリのバグフィックスやバージョンアップがあるたびに、現場では何百台というPCのアップデート作業が発生したものです。

「クライアント上でJavaを動作させる」というアイデアでこの問題の克服が検討されたこともありますが、主流にはならず、Javaの主戦場はサーバサイドに移りました。

では、2015年現在、ネイティブアプリという仕組みがシステムの世界から廃れたかと言えば、そうではありません。論より証拠、皆さんのスマートフォンを見てもらえば明らかです。きっとお手元のスマートフォンには、多くのネイティブアプリがインストールされていることでしょう。スマートフォンの世界では、むしろネイティブアプリの全盛期と言ってもよいぐらいです。

4-1-2 データベースのアーキテクチャを考えよう①

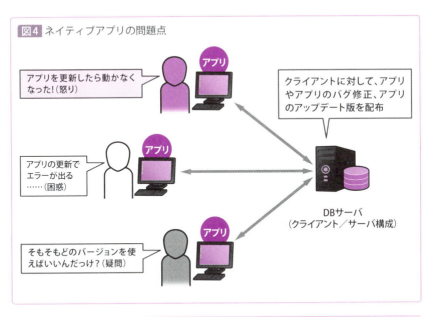

図4 ネイティブアプリの問題点

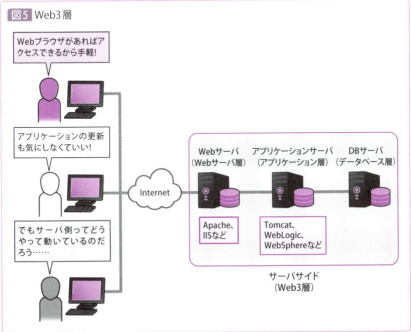

図5 Web3層

◈Webサーバ層とアプリケーション層

このWeb3層構成が、クライアント／サーバ構成と異なる点はすぐにわかります。クライアントとデータベース層の間に、「Webサーバ層」と「アプリケーション層」が追加されたことです。

Webサーバは、クライアントからのアクセス（HTTPリクエスト）を直接受け付けて、その後の処理を後段のアプリケーション層（アプリケーションサーバ）に渡し、また結果をクライアントに返却する役割を持ちます。いわば、Webサーバとクライアント側のWebブラウザとの橋渡し役です。

よく利用されているWebサーバとしては、Apache（アパッチ）やIIS（アイアイエス：Internet Information Services）といった製品が有名です。

このアプリケーション層は、ビジネスロジックを実装したアプリケーションが動作するレイヤです。Webサーバから連携されたリクエストを処理し、必要ならばデータベース層（DBサーバ）へアクセスを行ってデータを抽出し、それを加工した結果をWebサーバに返却します。「Tomcat（トムキャット）」「WebLogic（ウェブロジック）」「WebSphere（ウェブスフィア）」といった製品が有名なところです。

このようにユーザからの直接的なアクセスを受け付ける役割をWebサーバ層に限定することで、アプリケーション層とデータベース層のセキュリティを高めています。かつ、アプリケーション層にビジネスロジックを集中させることで、アプリケーション管理のコストを下げることを意図した構成になっているわけです。

「①物理的に離れた場所からのアクセスができない」「②複数ユーザによる同時作業ができない」という、クラサバ構成の2つの欠点をクリアできる、なかなかよく考えられた構成です。この構成は現在のWebシステムではほぼ標準と言ってよい地位を確立しています。

おそらく、皆さんがWebベースのシステムの企画や開発に携わる場合にも、まずはこのWeb3層を前提として議論が進むでしょう。

学ぼう!

【4-1-3】

データベースの
アーキテクチャを考えよう②

～可用性と拡張性の確保～

◇可用性と拡張性を確保するために

　前節で、Web3層の優位性について解説しました。これですべての問題が解決、となればよかったのですが、それほど話は単純ではありません。

　P.104で解説したスタンドアロン構成の欠点のうち、「①物理的に離れた場所からのアクセスができない」「②複数ユーザによる同時作業ができない」という問題は解決しましたが、「③可用性が低い(サーバが1台しかないため、その1台に障害が起きるとサービスが停止する)」と「④拡張性に乏しい(サーバが1台しかないため、当該サーバの性能が限界に達した場合、サーバを上位機種に交換したりより高性能の部品で交換する以外にパフォーマンス改善の手段がない)」という問題が残っています。

　では、それぞれの解決策について見ていきましょう。

CoffeeBreak　システムダウンのインパクト

　システムダウンが特に社会的インパクトを持つのは、やはり社会のインフラになっている金融や通信、それに交通といった分野です。ネットショッピングが一時的にできなくなる程度ならまだしも、金融の決済が遅れたり、鉄道や飛行機の運行が停止したりといった事態に陥ると、われわれの社会活動全体が麻痺してしまう危険があります。こうしたインフラを担うシステムにおいて、非常に高い可用性が求められることは言うまでもありません。

113

どうやれば「停止しない」システムが作れるか？

「システムダウン」……この言葉ほどエンジニアをドキリとさせる言葉もありません。大規模なシステム障害は、時に新聞の一面を飾ってしまうほど大きな社会問題になることもあります（表1）。

そんなとき、担当のエンジニアやプログラマは、その責任の重大さと復旧対応の大変さから心身ともに憔悴し、生きた心地がしません。

この業界に身を置いていれば、直接間接にそうした「火事場」エピソードの体験談には事欠きません。誰もが当事者にはなりたくないと、心から願っています。

システム障害が起きる原因は、多岐にわたります。ハードウェア障害、アプリケーションのバグ、運用中にエラーを見落としたという人間系の問題。多くの場合、どれか1つが原因というわけではなく、複数の要因が同時発生的に重なることで障害につながります[*3]。

アーキテクチャ設計において、堅牢なシステムにするために重要なポイントが、可用性です。皆さんがシステム障害の当事者にならないためにも、システムの可用性をどのように担保するか、その基本的な考え方をここで学習しておきましょう。

表1 近年の主なシステム障害

発生年	企業・組織	障害内容
2011年	JR東日本	新幹線の運休・遅延の発生
2011年	みずほ銀行	取引開始の遅延、ATMやインターネットバンキングの利用停止
2012年	東京証券取引所	一部銘柄の取引停止
2013年	KDDI	Eメール通信障害
2014年	JAL	国内線の一部欠航

可用性を上げる2つの戦略

可用性を上げることを考える際、私たちが取りうるアプローチは大きく2通りに分かれます。名付けて「心臓戦略」と「腎臓戦略」です[*4]（図5）。

[*3] 大規模な障害に結びつく原因について研究する分野に「失敗学」というものがあります。詳細は畑村洋太郎『失敗学のすすめ』などを参照してください。

114

①心臓戦略：高品質 - 少数戦略
　→システムを構成する各コンポーネントの信頼性を上げることで障害の発生率を低く抑え、可用性を上げる。少数精鋭路線

②腎臓戦略：低品質 - 多数路線
　→システムを構成する各コンポーネントの信頼性を頑張って上げるよりも、「物はいつか壊れるものだ」という諦念を前提に、スペアを用意しておく。これを徹底することを「物量作戦」と呼ぶ

◇心臓はなぜ2つないのか？

　人体もまた、「生命維持」と「幸福追求」という目的を満たすために24時間/365日無停止で動いている1つのシステム、または耐久消費財だと考えられます。

　その人体を構成するパーツにも、その重要性と機能の複雑さに応じて可用性を高めるための工夫が施されています。例えば腎臓は、よく知られているように片方が事故や病気で機能しなくなっても、もう一方が無事なら日常生活に支障ない程度に機能することが知られています（だから生体腎

図6 心臓戦略と腎臓戦略

心臓戦略：1つのコンポーネントの信頼性を上げていく

腎臓戦略：沢山のコンポーネントを並列する

*4 「心臓戦略」と「腎臓戦略」は、どちらも著者の造語です。

移植という医療が可能なのです）。

　一方で、心臓は10秒でも停止したら命に関わる、人間にとって最重要の急所ですが、1つしか存在しません。その代わりに、ちょっとやそっとでは停止しない強固な信頼性を備えています。

◇システムの世界も人体と同じ？

　この2つの戦略（心臓戦略と腎臓戦略）は、人体に限らず、耐久消費財の可用性を上げるために広く使われています。例えば眼鏡や家の鍵について、壊れたりなくしたときのためにスペアを持っている人は少なくないでしょう。

　一方、冷蔵庫や洗濯機のスペアを持っている人はなかなかいません。その代わり、こういう白物家電の信頼性は一般に極めて高く、普通の使い方をすれば無故障で10年は稼働することが期待されています。

　システムの世界においても、やはり「心臓戦略」と「腎臓戦略」の両方が存在します。いや、正確には存在していました。昔はこの2つの戦略のどちらがより効率的なのか、はっきりわかっていなかったので、両論併記というか、どちらの路線も追求されていたのです。

　しかし現在では、ほぼ「腎臓戦略」路線に軍配が上がっています。1つ1つの部品の信頼性を上げるより、低品質でもよいから数でカバー、という一種の物量作戦です。

◇クラスタリングとは何か

　腎臓戦略において、同じ機能を持つコンポーネントを並列させることを、「クラスタリング（Clustering）」と呼びます。

　「クラスタ」とは、物や人の集まりを指す言葉で、ブドウなどの「房」という意味もあります。そのイメージから、システムの世界では、「同じ機能を持つコンポーネントを複数用意して1つの機能を実現する」という意味で使います。いわば、「腎臓戦略」のシステムにおける名称だと考えてください。

116

4-1-3 データベースのアーキテクチャを考えよう②

CoffeeBreak 心臓戦略と腎臓戦略の関係

　「現在では腎臓戦略路線に軍配が上がっている」と紹介しましたが、心臓戦略の考えが完全に廃れたわけでもありません。例えば、ハードウェアレベルの信頼性を極めて高くしたサーバなどは、現在でも販売されています。

　代表的なのは、FTサーバ（Fault Tolerant Server）です。FTサーバは、1台の物理マシンの信頼性が非常に高く（そのぶん普通のサーバより値段も高い）、障害発生率を極めて低く抑えるよう作られています。これによって、クラスタ構成でどうしても発生せざるをえない切り替え時間を短くし、より無停止に近いサービス継続が可能になるというメリットがあります。

　しかし、面白いことに、こうしたFTサーバも内部ではCPU、メモリ、ネットワークインタフェースといった部品を冗長化することで信頼性を高めている設計になっていることが多いのです。ここにおいて、心臓戦略と腎臓戦略は入れ子になっているわけで、心臓戦略も実は腎臓戦略によって実現されているのです。

　また、クラスタ構成を組んでシステムの稼働率を高めることを、「冗長性（Redundancy）を確保する」または「冗長化」と言います。

　「冗長」という言葉は、普通の意味では、「無駄が多い」というマイナスのニュアンスが伴うことがありますが、システムの世界では、冗長であることは「より耐久性が高く堅牢である」というよい意味を持っています。

　同じ機能を持つサーバを増やせば増やすほど、システム全体としての障害発生率は低くなっていくわけで、この点において、コンポーネントの数が多いことは正義のように見えます。

　例えば、あるサーバの故障率を10%だとすれば、このサーバを増やしていったときのシステム全体の障害率は、すべてのサーバが同時に故障した場合にのみ起きるため、サーバを増やすことで、次のように逓減（ていげん）していくことがわかります。

サーバ1台：10%（0.1）
サーバ2台：1%（0.1×0.1）
サーバ3台：0.1%（0.1×0.1×0.1）

117

これは、「少なくとも1台が動いていればシステムとしてはサービス継続できているとみなす」というロジックに基づいた計算式です。

この障害率を100%から引けば、逆にシステムが無故障で動作する確率、すなわち「稼働率」が出ます。これをグラフにしてみると、次のような曲線を描きます（図6）。

このグラフから読み取れる重要なポイントは2つあります。1つは、「稼働率を100%にすることは原理的にできない」ということです。

コンポーネントをどれだけ並列的に追加しようとも、システム稼働率は100%にはなりません。もちろん、限りなく100%に近づいてはいくのですが、絶対に100%にはなりません。これは、すべてのサーバやネットワーク機器が同時多発的に故障する「グランドクロス」的偶然の可能性を、原理上排除できないからです。

もう1つのポイントは、台数が増えれば増えるほど、1台追加することによって得られる稼働率の向上幅は小さくなっていくことです。

1台から2台に増やしたときに得られるメリットは、90%から99%へのアップですから、プラス9%です。

これに対し、2台から3台に増やしたときに得られるメリットは、99%

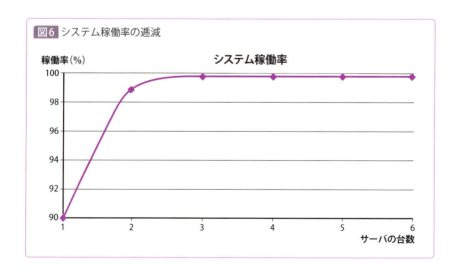

図6 システム稼働率の逓減

から99.9%ですから、プラス0.9%に減っています。これはつまり、お金をかければかけるほど、1台あたりから得られる効用が減っていくということを意味しています。

この現象を経済学では「収穫逓減の法則」と呼び、投資や消費行動においてかなり普遍的に見られることが知られています(「限界効用逓減の法則」とも言います)。「逓減」とは「徐々に減る」という意味で、もともとは「同じ面積の農地に蒔く種の量を2倍にしても、収穫高が2倍になるわけではない」ということから付いた名前のようです。

卑近な例を持ち出すなら、1杯目のビールよりも2杯目のビールのほうが美味しさが下がる(1杯あたりの値段は同じなのに)というのも、収穫逓減の一例です。

◇単一障害点（SPOF）とは何か

当然ながら、サーバやネットワーク機器など、システムを構成するコンポーネントを増やせばお金がかかります。したがって、すべての問題は予算制約内で解決せねばなりません。

多重化されておらず、そこが故障すればシステム全体のサービス継続性に影響を与えるコンポーネントのことを、「単一障害点(Single Point of Failure:略してSPOF)」と呼びます。「鎖の強さは最も弱い環の強度で決まる」という格言がありますが、これは「単一障害点の信頼性がシステム全体の可用性を決める」という事実を表現した言葉です。このSPOFをなくすために、二重化(最もコストパフォーマンスが高い)まではやることがほとんどですが、それ以上どの程度お金をかけて冗長化するかは、予算制約と求める信頼性水準とのせめぎ合いになります。

ときどき、「障害率0%を達成したい」という要望が持ち込まれることもあるのですが、これはどれだけコストをかけても達成不可能な「無限遠点」のような目標です。

CoffeeBreak 信頼性と可用性

　システムの世界では、「信頼性（Reliability）」と「可用性（Availability）」という似た言葉が登場します。文脈によってはほぼ同じ意味で使われることもあるのですが、信頼性が「ハードウェアやソフトウェアが故障する頻度（故障率）や故障の期間を示す概念」であるのに対して、可用性は「利用者から見て、システムをどの程度使用できるか」を示している、という違いがあります。総じて言えば、システムを構成するコンポーネントについて適用するのが信頼性、システム全体としてユーザ目線で考える場合が可用性、と思ってもらえればよいでしょう。

　したがって、本文で述べているように、信頼性が低いハードウェアやソフトウェアを使用していたとしても、うまく冗長化（クラスタ化）することによって、システム全体の可用性を上げることが可能です。

　可用性を表す数値指標が「稼働率」で、一般にパーセンテージを使って「このシステムの稼働率99.999%」という使い方をします。例えば、1年間という期間でシステムを使うことを考えた場合、表Aのようになります。私たちが日常生活を送る感覚としては、「99%」と言えばかなり高い印象を持ちますが、システムの世界において可用性が99%というのは、1%の時間は利用不可能な状態になるということなので、「1年間で3日と15時間36分はサービスダウンが起こりうる」ということを意味します。これは可用性としてはかなり低いレベルです（メンテナンスなどの計画停止を停止時間にカウントするかどうかは、場合によります。計画停止を含まない場合の稼働率を「実稼働率」と呼ぶこともあります）。

　ECサイトが1日ダウンすれば、それだけ顧客を逃す機会損失につながります。これは、実店舗が突如トラブルで閉店を余儀なくされた状況を想像してもらえればわかるでしょう。多くのシステムが「24時間365日無停止」を目標に掲げる理由もうなずけるというものです。

表A システムの稼働率

稼働率	サービス停止時間
99%	3日と15時間36分
99.9%	8時間46分
99.99%	52分34秒
99.999%	5分15秒
99.9999%	32秒

学ぼう！

〔4-1-4〕
DBサーバの冗長化
～クラスタリング～

◇DBサーバを冗長化する

　ここからは、DBサーバの冗長化に関するアプローチについて解説します。実はDBサーバは、冗長化に関して特有の難しい問題を抱えています。そのため、DBサーバというのは長らく、クラスタ化の難しいコンポーネントだとされてきました。

　現在でも様々な工夫が考案されてはいるのですが、割と簡単に並列して台数を増やせるWebサーバやAPサーバ（アプリケーションサーバ）に比べると、冗長化について悩むところがあります。その理由は、DBサーバがデータを保存する「永続層」であることに起因します。

◇データベースと他のサーバの違い

　データベースは、「データを長期間保存する」媒体を必要とします。これが、基本的にデータを一時的に処理するだけのWebサーバやAPサーバと異なるポイントです。

　WebサーバやAPサーバは、処理の最中に一時的にデータを保持することはあっても、処理が終わった後までずっとデータを保存する必要はありません。したがって、データを保持する媒体の信頼性や容量にあまり気を遣う必要がありません。

　一方、データベースは大量のデータを永続的に保存する必要があり、かつパフォーマンスも求められるため、データを保存する媒体に求める要件が高くなります。一般的には、サーバ内部のローカルストレージやメモリではこうした要件を満たさないため、専用の外部ストレージを用います。つまりDBサーバのアーキテクチャは、実はこういうふうに、「ストレージ」とセットで考えるべきなのです（**図7**）。

121

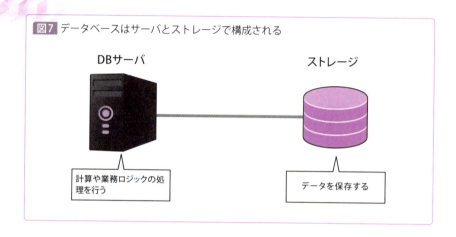

図7 データベースはサーバとストレージで構成される

これは一見すると、どうと言うことのない問題に見えるかもしれません。しかし実はDBサーバに永続層としての使命が課されていることで、冗長化の問題を決定的に難しくしています。

と言うのも、CPUやメモリといった処理に必要なコンポーネントを冗長化するのは簡単なのですが、データを冗長化しようとすると、話が急に面倒になるのです。なぜなら、データは常に更新が入るため、冗長性を保つうえでも「データ整合性」を意識しなければならないからです。

◇最も基本的な冗長化とは

まず、一番簡単な冗長化の構成を考えてみましょう。それは、DBサーバのみを冗長化して、ストレージは単一構成とするパターンです（図8）。

この場合、データが保存されるストレージは1か所なので、整合性を気にする必要はありません。それはデータベースがきちんと管理しています。

図8ではDBサーバは2台ありますが、同時に動作することを許すかどうかによって、「Active-Active」と「Active-Standby」に分かれます。両者の違いは以下の通りです。

4-1-4　DBサーバの冗長化

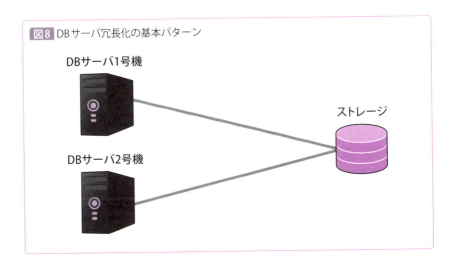

図8 DBサーバ冗長化の基本パターン

Active-Active
　クラスタを構成するコンポーネントが同時に稼働する

Active-Standby
　クラスタを構成するコンポーネントのうち、同時に稼働するのは
　Activeのみで、残りは待機（Standby）している

　クラスタを構成するコンポーネントのうち、Activeなものを「現用系」、Standbyのものを「待機系」とも呼びます。
　ストレージを共有したActive-Active構成が可能なDBMSは、現在のところOracleおよびDB2のみです。Oracleは「Real Application Clusters（略称RAC）」、DB2は「pureScale」という構成を取ることで、Active-Activeクラスタリングが可能です。他のDBMSでは、Active-Standbyのクラスタリングしか対応していません。

◆Active-Active構成のメリット

　Active-Active構成のメリットは2つあります。1つが、「ダウンタイム時

間の短さ」です。

　Active-Activeの場合、複数のDBサーバが同時に動いているため、そのうちの1つがダウンして動作不能に陥ったとしても、残りのサーバが処理を継続することで、システム全体が停止することを防止できます。これはWebサーバやAPサーバのクラスタ化によって得られるメリットと同じです。

　2つ目のメリットが、「パフォーマンスのよさ」です。DBサーバを増やしていくことで、同時に稼働するCPUやメモリが増加するため、パフォーマンスも向上が見込めます（図9）。

　ただし、ストレージ部分がボトルネックになることで、思ったほどの性能的なスケーラビリティが出ないこともよくあります[*5]。

　一方、Active-Standbyの場合、Standby側のデータベースは普段は使わ

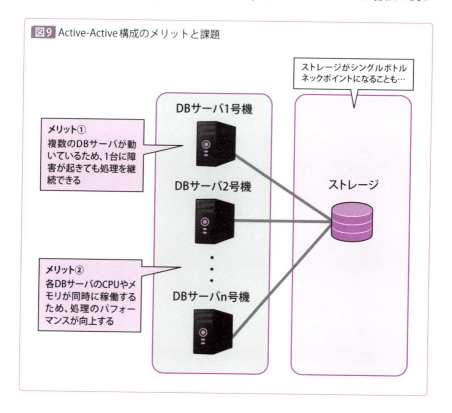

図9 Active-Active構成のメリットと課題

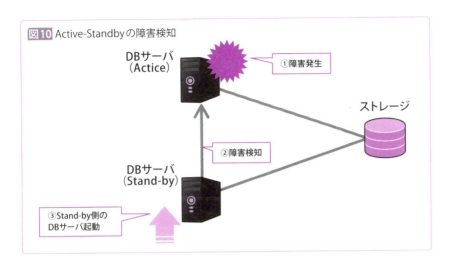

図10 Active-Standbyの障害検知

れず、現用系（Active側）に障害が起きたときだけ使われます（図10）。そのため、どうしても切り替わるまでのタイムラグ（通常は数十秒〜数分）が生じ、その間はシステムのサービス継続が不可能な状態、いわゆる「ダウン」状態になります。

CoffeeBreak　心臓の鼓動

　Active-Standbyにおいて障害が起きたとき、Stand-by側のDBサーバは、どうやってActive側のDBサーバに障害が起きたことを検知しているのでしょう。実はStand-by側のDBサーバは、一定間隔（普通は数秒から数十秒）で、相手側に異常がないかを調べるための通信を行っています。この通信を「Heartbeat(心臓の鼓動)」と言います。

　Active側に障害が発生するとこの鼓動が途絶えるため、Stand-by側は、Active側が「死んだ」ことを知るのです。人間関係では「便りがないのはよい便り」と言いますが、クラスタにおいては「便りがないのは悪い便り」なのです。

---

*5 この問題は、後に「シェアードディスク」と「シェアードナッシング」との対比を行う際に詳しく解説します（P.132参照）。

◈ Active-Standby構成の分類

　このActive-Standby構成は、さらに「Cold Standby」と「Hot-Standby」に分類されます。

　Cold-Standbyとは、待機系のデータベースを普段は起動させておらず、現用系のデータベースがダウンした時点で待機系を起動するタイプのもの。一方、Hot-Standbyは、普段から待機系のデータベースを起動させておくというものです。

　当然ながら、切り替え時間はHot-Standbyのほうが短いのですが、そのぶんライセンス料が高く設定されているのが普通です。

　要するに、「常に2台のデータベースサーバを使っている」とみなされるわけです。

　しかし実際に稼働しているのは現用系の1台だけであるため、切り替え時間を短くするためだけにライセンス料を多く払うという点で、Hot-Standbyは、かなり「贅沢」な構成と言えます（それでもActive-Activeに比べれば安いのですが）。

　まとめると、可用性と性能のよい順に構成を並べると以下のようになります（性能の観点において、Hot-StandbyとCold-Standbyの間に違いはありませんが）。

①**Active-Active**
②**Active-Standby（Hot-Standby）**
③**Active-Standby（Cold-Standby）**

　容易に想像が付くかもしれませんが、これはそのままライセンス料の「値段順」でもあります（こういうクラスタ構成の料金は、「オプション」という形で含まれることがほとんどです）。

学ぼう！

〔4-1-5〕
DBサーバと
データの冗長化
～レプリケーション～

◇レプリケーションとは何か

前節で解説したようなActive-StandbyとActive-Activeによるクラスタ構成は、実は「サーバ部分は冗長化できても、ストレージ部分は冗長化されない、したがってデータが冗長化されない」という共通の欠点を抱えています。すなわち、ストレージが壊れたときには、データが失われるということです。

もちろん、ストレージも内部のコンポーネントは冗長化されているのが普通ですが、データセンター全体が地震で崩壊したり津波で流されたら終

CoffeeBreak ディスクを冗長化するRAID

ストレージ内部のコンポーネント（ほとんどの場合はハードディスク）を冗長化する技術をRAIDと呼びます。RAIDにもいくつか種類があるのですが、基本的な考え方はクラスタリングと同じ「SPOF（単一障害点）をなくす」ことです。つまり、ディスクを並列的に並べていくことで1本のディスクが壊れただけではデータが失われないようにするのです。

CoffeeBreak レプリケーションの技術

レプリケーションの技術は、Oracleでは「Data Guard」、DB2では「HADR」という名称で商品化されています。またオープンソースでは、MySQLも早くからレプリケーションの技術に力を入れてきました。MySQLの場合、災害対策というよりは、負荷分散のためにレプリケーションを発達させてきたところがあると著者は考えています。（P.137のコラムも参照）

127

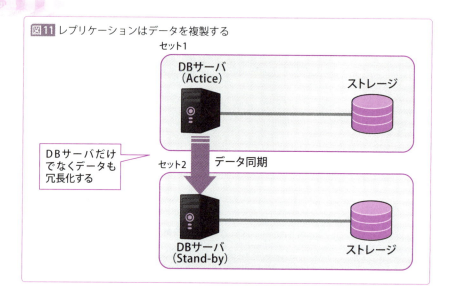

図11 レプリケーションはデータを複製する

　わりです。こういうケースに対応するためのクラスタ構成が「レプリケーション（複製）」です。要するに、データベースサーバとストレージのセットを複数用意するのです（図11）。

　このレプリケーションは、データベースサーバとストレージの両方が同時に使用不能に陥るようなケース、たとえば地震や津波でハードウェアの設置されている施設ごと破壊された場合にも、もう1セットが離れた拠点に置かれていればサービスを継続可能になるという点で、非常に可用性の高いアーキテクチャだと言えます[*6]。

　その堅牢さから、災害対策（ディザスタリカバリ）のために利用されることもあります。レプリケーションを構成していれば、たとえば東京のデータセンターが壊滅しても、大阪のデータセンターが無事なら処理継続が可能となります。これもスケールの大きな「卵を同一の籠に盛らない」対策です。

[*6] データを（距離的にも離れた）データベースにコピーする技術はレプリケーション以外にもあります。例えば、遠隔地のデータベースに対してリモートでSQL文を発行してテーブルデータをコピーする、といった方法で実装する手段もあります。この場合は、そうした機能を開発側で実装する必要があります。

4-1-5　DBサーバとデータの冗長化

金融や公共などのシステムは、重要な社会インフラとして、たとえ日本の半分が壊滅したときでも死守しなければならないレベルのものです。このレベルの重要なシステムでは、こうしたリスク分散が実施されることは珍しくありません。

東日本大震災が起きた際、福島第一原発の6系統あった全電源に障害が起きました（全電源喪失）。これが被害を拡大し、復旧を困難にしたことで、「リスク分散のアーキテクチャ設計が不十分だったのではないか」という批判がなされたことは、まだ記憶されている方も多いでしょう。

システムの分野においても、やはり東日本大震災以降、改めて災害対策の重要性が意識されたことで、遠隔地レプリケーションに対する需要が高まったのは事実です。

◇レプリケーションの注意点

レプリケーションにおいて重要なポイントは、Active側のストレージ内のデータは常にユーザから更新されていることです。そのため、Stand-by側のデータにも更新を反映することで最新化していかないと（この最新化処理を「同期（sync）」と呼びます）、Active側とのデータ整合性が取れなくなってしまいます。

平たく言うと、Stand-by側のデータがどんどん古くなっていくわけです。例えばこの同期処理を1日に1回、夜間帯に行うとすれば、Active側のストレージが壊れた場合、最大で1日ぶんのデータ更新が消失することになります。「1日」というのはあくまで例であり、これは極端に長い間隔ですが、ともあれレプリケーションでは、Active側のDBサーバで行われた更新差分のデータを、ある程度の間隔でStand-by側DBサーバにも書き込んでいきます。そのとき、Stand-by側の更新を「どの程度厳密に行うか」ということと「パフォーマンス」の間にトレードオフの関係が生じます。

つまり、厳密にはStand-by側DBサーバ側でも書き込みが成功したことを確認した段階で、Active側の更新も完了とすることがデータ保護の

129

観点では望ましいのですが、その確認処理をある程度省略することでパフォーマンスを向上させることもできるわけです（例えばOracleやDB2ではそうした同期処理のレベルをいくつか選択することが可能です）。また、このレプリケーション構成の場合、原理的には、次々と孫やひ孫のセットを作っていくことも可能となります。こういう構成を、その形から「ピラミッド型」と呼びます。ピラミッド型のレプリケーションが便利なのは、「データとしては鮮度が古くてもいい、かつ参照だけでよい」という処理を、孫やひ孫のセットで実施することで、親へかかる負荷を分散できるからです（図12）。

　ただし、そのぶん、DBサーバのライセンス料およびサーバ・ストレージのコストがかかることは言うまでもありません。また、システム構築にかかる労力も増えていきます。

CoffeeBreak　親は主人、子は奴隷?

　MySQLでは、同期する側の親（Active）のデータベースを「マスタ」、同期される側の子（Stand-by）のデータベースを「スレーブ」と呼びます。つまり、「主人と奴隷の関係」というわけです。

　この呼び方はMySQLに限らず、レプリケーションにおいてはかなり一般的に使われます。また、このマスタとスレーブによるレプリケーションを「マスタスレーブ方式」と呼びます。このような呼び方があるのは、「両方がマスタ」という双方向レプリケーションの仕組みも存在するからです（「マルチマスタ方式」と呼びます）。

　しかしかなり複雑な構成であまり見かけることはないため、まずはレプリケーションと言えば「マスタスレーブ方式」を念頭に置いてもらって構いません。

◇ 100%の障害対策はありえない

　「クラスタも組んだし、レプリケーションも行ってるし、ここまでやれば障害対策はバッチリだ」……そのように言い切ることができれば幸せなのですが、上述したように、確率的現象に100%という言葉は存在しません。アーキテクチャ設計で尽くせるだけの手を尽くしたとしても、「全電

源喪失」的な障害に遭遇する可能性はゼロにはならないのです。

　もしそのような場合、すなわちすべてのデータが失われてしまったとしたら？　残念ながら一時的なサービス停止は避けられません。

　次に考えるべきは、「短期間での復旧」です。復旧にかかる時間と社長が記者会見で頭を下げる時間は比例することが知られています。そこで必要になってくるのが、「データのバックアップとリカバリ」です。これについては、第9章で取り上げます。

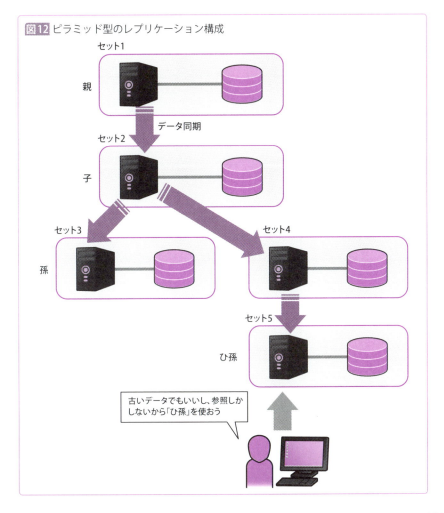

図12 ピラミッド型のレプリケーション構成

学ぼう！

【4-1-6】
パフォーマンスを追求するための冗長化
〜シェアードナッシング〜

◇シェアードディスクとシェアードナッシング

P.124で、Active-Active構成のDBMSでは、「ストレージ部分がボトルネックになることがある」と解説しました。これは、複数のサーバが1つのディスク（ストレージ）を共有する構成になっているために起こる問題です。この「複数のサーバが1つのディスクを使う」構成のことを「シェアードディスク型」と呼びます。

シェアードディスク型のActive-Active構成は、DBサーバを増やしていっても無限にスループット[*7]が向上するのではなく、どこかで頭打ちとなるポイントに達します。これは、ストレージが共有リソースとなるため、簡単に増やすことができないことと、DBサーバ数が増えるほどDBサーバ間の情報共有のためのオーバーヘッドが大きくなっていくことが理由です。この欠点を克服するためのアーキテクチャとして考えられたのが、「シェアードナッシング（Shared Nothing）」と呼ばれる構成です。

シェアードナッシングは、文字通り「何も共有していない」という意味で、ネットワーク以外のリソースをすべて分離する（＝何も共有しない）やり方です。このアーキテクチャには、サーバとストレージのセットを増やせば、並列処理によって線形に性能が向上するというメリットがあります。シェアードディスクとシェアードナッシングのイメージを比較すると、図13のようになります。図13のように、シェアードナッシング型では、DBサーバとストレージのセットで増やしていくことで、ストレージがシングルボトルネックポイントになることを防止しています。これによって、

[*7] **スループット**　スループット（Throughput）とは、「単位時間あたりの処理能力」のことで、パフォーマンスを測るための指標の1つです（詳しくはAppendixで解説します）。今は「スループットが高いほど同時にたくさんの処理をこなせる」ぐらいに考えておいてください。

132

4-1-6 パフォーマンスを追求するための冗長化

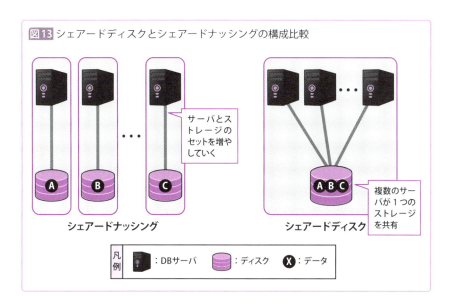

図13 シェアードディスクとシェアードナッシングの構成比較

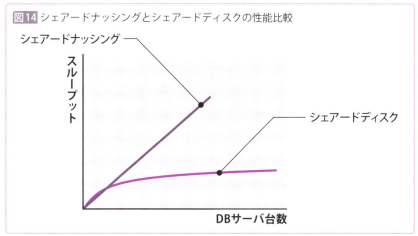

図14 シェアードナッシングとシェアードディスクの性能比較

シェアードナッシングでは、このセットに線形比例する形でスループットが伸びていくという利点が得られるのです（図14）。

シェアードナッシングという構成については、以前から研究が行われていたのですが、Google社が劇的なやり方でその有効性を証明したことで、

一気に実用の分野でも注目が集まりました。

なおGoogle社は、自社が開発したシェアードナッシングの仕組みをシャーディング（Sharding）と呼んでいます。

シェアードナッシング方式の利点は、「コストパフォーマンスのよさ」です。シェアードディスク方式は、複雑な同期処理の仕組みが必要であるため、構築する難易度も高くなります。一方シェアードナッシング方式は、同じ構成のデータベースを横に並べていくだけなので、仕組みがシンプルで、かつ原則としてデータベースのセット数に線形に比例してスループットが伸びていきます。

もっとも、こうしたわかりやすい長所の裏返しとして、シェアードナッシングにも欠点があります。

ディスク（ストレージ）を共有していないということは、つまり「それぞれのデータベースサーバが同じ1つのデータにアクセスできるわけではない」ということを意味します。例えば、都道府県単位で「データベースサーバ＋ストレージ」のセットを47個そろえたシェアードナッシングにおいては、東京都のデータを持つデータベースサーバがアクセスできるのは、当然ながら東京都のデータだけです。

同じことが、福岡県や北海道を担当するデータベースサーバについても言えます。このため、例えば都道府県別に保持されている人口のデータを合計して全国の人口を算出するような場合は、各セットから都道府県別の人口を集めてきて集計を行う「まとめ」サーバが必要になったりします。あるいは、東京都のDBサーバがダウンした際には、東京都のデータにアクセスできなくなる、といった問題も起きます。この問題に対処するためには、1つのDBサーバがダウンした際には、他のDBサーバが処理を引き継ぐことができるようにするといった「カバーリング」の構成を考える必要があります（MySQLは「MySQL Cluster」というシェアードナッシング型のクラスタ構成をとることができるのですが、その場合はこういう引き継ぎ機能も利用できます）。こうしたケースの対処まで考えはじめると、アイデアとしてはシンプルに見えたシェアードナッシングも、見た目より複雑な仕組みであることがわかります。

[4-1-7] 適切なアーキテクチャを設計するために

◇アーキテクチャのまとめ

　本章では、データベースを構築するうえで考慮すべきアーキテクチャの基本的パターンを見てきました。アーキテクチャの選択は、システムが満たすべき要件のレベルに応じて決定されるべきであるため、要件を決めなければアーキテクチャも決まりません。

　「可用性／信頼性」「災害対策」「性能」「セキュリティ」といったいわゆる非機能の要件にどの程度のレベルを求めるかに応じて、選択すべきアーキテクチャも変わってきます[*8]。ここで、データベースに関するアーキテクチャのパターンをツリー形式でまとめておきましょう（図15）。

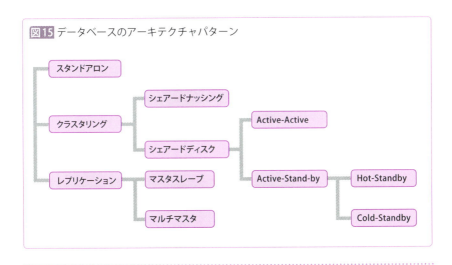

図15 データベースのアーキテクチャパターン

[*8] こうした非機能要件については、IPA（情報処理推進機構）が網羅的な一覧をとりまとめており、Web上で参照することができます。要件定義フェーズにおける観点の抜け漏れチェックのために利用すると便利です（http://www.ipa.go.jp/sec/softwareengineering/reports/）。

アーキテクチャは変更が難しい

　アーキテクチャは、一度決めて構築をはじめると、後から変更することが難しくなります。後からサーバを追加したり、クラスタ構成を変えたりといった作業は、非常に大きな手戻りになります。

　これは、ビルや橋の骨格を決めて作りはじめた後に「やっぱり別の形にしようか」と言って覆すのが難しいのと同じです。作った上物を全部取り払って、基礎工事からやり直すことに等しいからです。

コストや時間、人的リソース

　最近はVM（Virtual Machine；仮想マシン）やクラウドといった技術の進展で多少緩和されましたが、それでも物理的な変更を伴う作業にはコストと時間がかかります。

　これはつまり、最初の要件定義が不十分で、開発プロジェクトの後半に入ってから要件がブレたりすると手戻りが非常に大きくなり、時間もコストも無駄になる、ということです。ウォーターフォール型のプロジェクトの場合はもちろん、アジャイル的な開発を行っていたとしても、アーキテクチャを途中で大きく変えるのはリスクを伴います。

　かつ、高機能なアーキテクチャを採用しようとすればそれだけコストもかかるわけで、予算と時間、および人的リソースといった制約条件も考えなければなりません。

　エンジニアは、そうしたもろもろの条件をインプットにしたうえで、最適なアーキテクチャを考えなければならないのです。

CoffeeBreak　MySQLとレプリケーション

　特定の実装に依存する機能などについて取り上げることは本書の趣旨ではないのですが（そうした情報については各DBMSのマニュアルや、実装の使い方にフォーカスした書籍などを参照してください）、本章で学んだレプリケーションと、以後本書の学習用環境として利用するMySQLの関係について、少し興味深い点があるので触れておきたいと思います。

　MySQLは、Webサイトを構築するシステムにおいて、よく利用されています。Webサイトを構築するのに適したオープンソース製品群を称する言葉に「LAMP」というものがありますが、これは「Linux（OS）」「Apache（Webサーバ）」「MySQL（DBMS）」「Perl、PHP、Python（プログラミング言語）」の頭文字からなる造語です。MySQLがWebサイトを提供するシステムに好んで利用された理由としては、「レプリケーションを比較的早くからサポートしていたため、処理の負荷分散を実施しやすかった」という点が挙げられます。

　レプリケーションの機能自体はOracleやDB2などのベンダによって開発されたDBMSも備えてはいるのですが、利用するためにはより上位のエディションやオプションを購入する必要があり、DBMSのセットが増えれば増えるほどライセンス料金もかかっていきます。MySQLは、レプリケーション機能がエディションによらずDBMS本体の機能として利用できたため、レプリケーション用のDBサーバのセットを構築するためのイニシャルコストを、低く抑えることができました。

　また、OSSのもう一方の雄であるPostgreSQLがレプリケーション機能を備えたのは、比較的最近（バージョン9から）だったので、その点でもMySQLに人気が集まったわけです。

　このように、どのような製品に人気が出るかというのは、その機能とコストの「バランス」によって決まるのです。

　「そんなの当たり前の話だろう」とは思わないでください。ソフトウェアも市場で流通する商品の1つです。よって、一般的な経済の力学に従う点では、私たちが日常利用する様々な商品と変わらないのです。

第4章のまとめ

- データベースにおいて可用性を上げる技術は、「クラスタリング」と「レプリケーション」に大別できる
- クラスタリングには「Active-Active」と「Active-Standby」がある
- Active-ActiveはDBサーバの負荷分散も行うことができるが、ストレージがシングルボトルネックポイントになる
- どうしてもストレージというボトルネックポイントが作られてしまうのが、WebサーバやAPサーバと違うところ。これがデータベースが最も性能問題を引き起こしやすい理由である
- ストレージのボトルネックを解消するための技術として、「シェアードナッシング型」のクラスタという選択肢もあるが、利用できるケースは限られる
- レプリケーションはデータを物理的に遠隔保管することで可用性を高めるための技術だが、負荷分散として利用することでパフォーマンス向上のためにも使える
- しかし、クラスタリングもレプリケーションも、作るにはそれなりのコストと工数が必要となり、トレードオフが発生する

練習問題

Q1 Web3層モデルを構成するコンポーネントでないものは、以下のうちどれでしょう？
- A DBサーバ
- B ファイルサーバ
- C アプリケーションサーバ
- D Webサーバ

Q2 DBサーバをActive-Active型のクラスタ構成で構築した場合のメリットではないものはどれでしょうか？
- A システムの可用性が高くなる
- B データベースのパフォーマンスが向上する
- C DBサーバ障害時のダウンタイムが短くなる
- D Active-Stand-by型に比べてコストが安くなる

Q1. B Q2. D

Chapter
05

DBMSを操作する際の
基本知識
〜操作する前に知っておくこと〜

ここからは、実際にDBMSを操作してみましょう。本書では、DBMSとして「MySQL」を使用します。ここでは、MySQLのインストール方法と、MySQLを操作するうえで知っておくべき基礎知識を解説します。

やってみよう！

【5-1】
MySQLをインストールしてみよう

ここからは、実際にDBMSを操作しながら、データベースの概要を学んでいきます。本書では、DBMSに「MySQL」を使用します。そこで、さっそくMySQLをインストールしてみましょう。なお、MySQLのインストール方法や細かな設定については、読者の環境によって異なりますので、ここでは基本的な手順のみを解説します[*1]。また、すでにMySQLの環境がある場合は、この実習は不要です。

Step1 ▷ インストーラをダウンロードしよう

まずはMySQLのインストーラ（MySQL Installer）をダウンロードします。インストーラは、Oracle社のサイト（http://dev.mysql.com/）から入手できます。

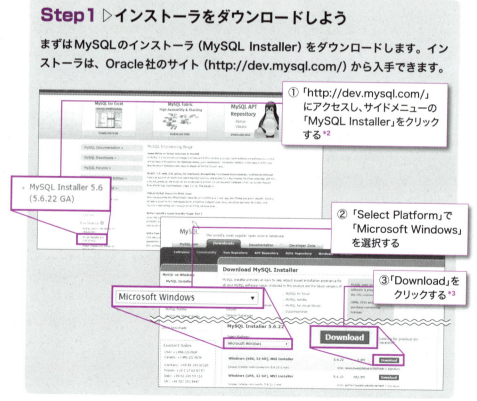

5-1 MySQLをインストールしてみよう

④「No thanks, just take me to the downloads!」をクリックしてインストーラをダウンロードする[*4]

*1 本書ではMySQL Installerを利用したWindows 7へのインストール方法を紹介します。MySQLはUNIXやLinux、Mac OSにもインストールできますが、その場合、本書で利用するworldデータベースがないため、world database (MyISAM version) を「http://dev.mysql.com/doc/index-other.html」から入手し、設定してください。

*2 インストーラのバージョンは頻繁にアップデートされますのでご注意ください。なお、最新版は時として正常に作動しない場合もあります。その場合は、手順2の画面上部にある「Archives」(アーカイブ)から旧バージョンのインストーラを入手してください(本実習では5.6.20を利用しています)。

*3 Downloadボタンは2つありますが、インストール中に必要なバイナリをWebから取得するときは上のDownloadボタン(容量が軽いほう)、すべてのバイナリをダウンロードするときは下のDownloadボタン(容量が重いほう)を選択します。インストール中にインターネットに接続可能なマシンであれば上の「Download」ボタンを、インターネットに接続されていないマシンでインストールを行う場合は、下の「Download」ボタンを選択してください。

*4 すでにユーザ登録している場合は、「Login」をクリックし、ログインしてからダウンロードしても構いません。

Step2 ▷ MySQLをインストールする

ダウンロードした「mysql-installer-*community-5.6.*.msi」をダブルクリックすると、インストーラが起動します。指示に従ってインストールを進めましょう。インストールのステップが多いので、ここでは、ポイントとなる手順のみ解説します[*5]。

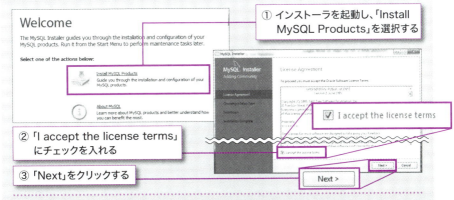

① インストーラを起動し、「Install MySQL Products」を選択する

②「I accept the license terms」にチェックを入れる

③「Next」をクリックする

*5 基本的にはデフォルトのまま、「Execute」ボタンや「Next」ボタンをクリックしてインストールを進めて構いません。ライセンスとしてGPLに同意してインストールすることになります。

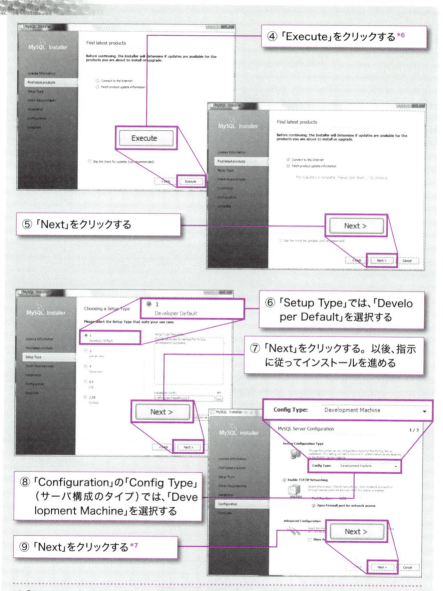

*6 「Execute」をクリックすると、最新の製品情報を更新することができます。

*7 その他はデフォルト設定のままでOKですが、MySQLサーバとクライアントだけで利用し、そのマシンの外から接続しない場合（本書の例もこれに該当する）、TCP/IPネットワークを無効にすることも可能です。その場合は、「Enable TCP/IP Networking」欄にある「Open Firewall port for network access」のチェックをオフにします。

5-1 MySQLをインストールしてみよう

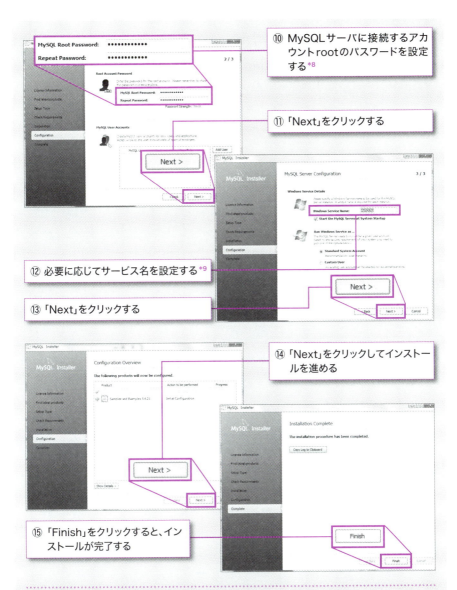

*8 ここで設定したパスワードはインストール後のMySQLサーバ操作で利用するので、決して忘れないでください。

*9 Windowsではメモリに常駐して機能を実行するものを、「サービス」という形で実行します。デフォルトではサービス名が「MySQL○○」、Windows起動時にスタートする（Start the Mysql Server at System Startup）設定になっています。メモリなどのリソースが少なかったり、マシンが非力な場合は設定を外し、MySQLの演習を行うときにStep3の方法で起動してください。

Step3 ▷ MySQLサーバを起動する

MySQLサーバの起動と停止は、Windowsツールバーに常駐している「MySQL Notifier」から行えます[*10]。

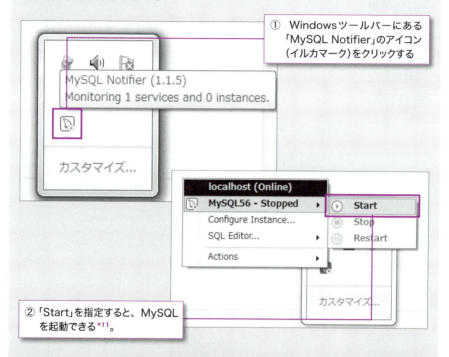

① Windowsツールバーにある「MySQL Notifier」のアイコン（イルカマーク）をクリックする

② 「Start」を指定すると、MySQLを起動できる[*11]。

Step4 ▷ MySQLサーバにログインする

「スタートメニュー」から、「すべてのプログラム」→「MySQL-MySQL Server」→「MySQL Command Line Client」と選択すると、MySQLサーバに接続できます。起動するとコマンドプロンプトに「Enter password」という表示が表れるので、P.143の手順⑩で設定したパスワードを指定し、ログインしてください。

[*10] Step2を実行したのにMySQL Notifierがない場合、次の手順でインストールします。MySQL Installerを起動後、「Add」をクリックしてAvailable ProductのApplicationsからMySQL Notifierを選び、「→」をクリックしてインストール対象にしてから「Next」「Execute」をクリックしてください。

[*11] 起動すると、表示が「MySQL56 - Running」に変わります。「Stop」で停止、「Restart」で再起動を行えます。

5-1 MySQLをインストールしてみよう

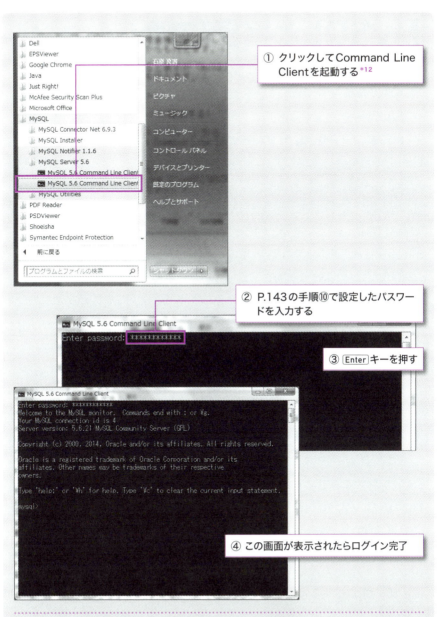

*12 Command Line Clientは2つありますが、SQL文に日本語を利用しない場合（本書もこちらのケース）は、どちらを起動しても構いません。日本語を利用する場合はmy.iniの[mysql]にdefault-character-set=cp932を指定してUTF8でないほうを起動してください。

学ぼう！

〔5-1-1〕
MySQLと接続（コネクション）を作ろう

◇ログインすることの意味

　次章からは、データベースに対する理解を深めるために、MySQLを実際に操作しながら、DBMSの扱い方について学んでいきます。しかしその前に、DBMSを扱うための基本的な概念や全体像を理解しておくことにしましょう。

　それによって、今回初めてDBMSに触れるという読者が感じるであろう違和感や疑問を極力解消しておきたいと思います。

　MySQLのインストールを済ませたら、最初にMySQLにログインしてみてください[1]。成功すると、次のような「Welcome」で始まるメッセージ群が続いて、最後に「mysql>」という文字列が表示されます。

```
Welcome to the MySQL monitor.  Commands end with ; or \g.
Your MySQL connection id is 11
```

```
mysql>
```

　これでログインは成功しました。「ログインが成功した状態」というのは、MySQLというDBMSに対して、「ユーザがコマンドを実行することで操作が可能になった状態」ということを意味します。

　「mysql>」という文字列は、「プロンプト（prompt）」と言って、MySQLがユーザからのコマンド入力を受付可能な状態であることを示すマークです。逆に言うと、このプロンプトが表示されていない状態では、MySQL

---

[1] ログインの詳細はP.144を参照してください。

146

は一切のコマンドを受け付けてくれません。

　第6章では、SQL文を入力してMySQLに様々なことをやらせていきますが、その際も必ずこのプロンプトが表示されていないと、MySQLはこちらの言うことを聞いてくれません。このプロンプトの表示は常に確認する習慣を付けましょう。慣れると、無意識のうちにやれるようになります。

◇「コネクション」とは何か

　ログインすることによってプロンプトが表示されるようになったということは、ログイン前とログイン後で、我々ユーザとMySQLの関係が変化したことを意味します。

　一言で言えば、我々とMySQLの間に接続が確立された、つまり「つながり」ができたのです。このつながりのことを、システムの世界では「コネクション（connection）」と呼びます。「コネ」という日本語の語源にもなっている言葉です。

CoffeeBreak　promptの意味

　「prompt（プロンプト）」という単語は、「（人に）何かをするよう促す」とか「早く早く」という催促に使われる言葉です。

　つまり、「mysql>」とは、MySQLがユーザに向かって「早くコマンドを入力してよ！」と催促しているイメージです（じーっと見ていると「>」という右向きカッコが「はいどうぞ」と促しているように見えてきます。見えてきますよね）。

　なお、他のDBMSにおいても、ユーザのコマンドを受付可能な状態では、常に（文字列は違いますが）プロンプトが表示されます。また、プロンプトの文字列は少々DBMSの設定をいじれば、ユーザの好きな文字列に変えられます。P.225で実際に変える手順を紹介しますので、試してみてください。

学ぼう！

〔5-1-2〕
データベースに電話を
かけよう

◇コネクションのイメージは「電話」

コネクションのイメージとしては、電話を思い浮かべるとわかりやすいでしょう。誰かと電話で話すためには、以下のような3つのステップを踏まなければなりません。

①相手の電話番号を入力する
②コールをかける
③相手がコールに出る

この3ステップを踏むことで作られたつながりが「コネクション」です。コネクションが保たれている間は、いつでも相手と電話で会話することができます。同じように、データベースにおいても、コネクションが保持されている限りユーザはデータベースとやりとりすることができます。

言ってみれば、「ログイン」という行為は、相手にコールする行為に相当するわけです（図1）。

MySQLにログインしたときに表示されるメッセージをよく見てみると、そこにも次のようなコネクションが確立されたことを示す一文が含まれていることに気付くでしょう。

Your MySQL connection id is 11

「connection id」というのは、MySQLが私たちとのコネクションに付けた番号です。後でも触れますが、MySQLは同時に複数のコネクションを持つことができる（＝同時に複数のユーザとつながることができる）ので、こういう番号で管理しないと、「どのコネクションがどのユーザに向

けたものか」がわからなくなってしまうのです。

　このコネクションを確立する行為のことを、俗に「コネクションを張る」と表現することもあります。

　私たちは、このコネクションの開始と終了までの間に、DBMSと様々なやりとりをすることになるわけですが、そのやりとりの開始と終了までの単位を「セッション (session)」と呼びます。

　このコネクションとセッションは、よく似た概念なので、同じ意味で使われることも多いようです。しかしイメージとしては、コネクションが確立された上にセッションが作られる、という関係になります（図2）。

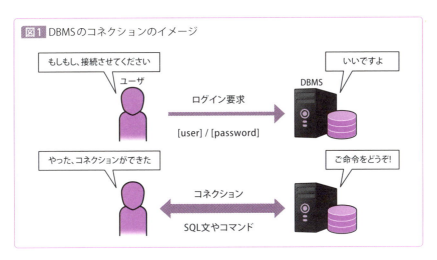

図1 DBMSのコネクションのイメージ

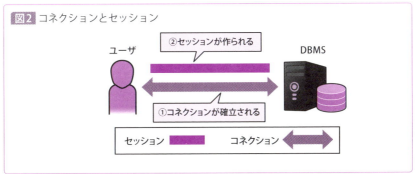

図2 コネクションとセッション

この両者があまり区別されないのは、基本的にはコネクションとセッションは1対1に対応しており、コネクションが張られると同時に暗黙にセッションも開始され、セッションを切断すればコネクションも切断されることが多いためです。

コネクションと電話の類似点

コネクションが電話と似ている点は他にもあります。例えば、私たちは時々、電話が相手につながらないという経験をすることがあります。

また間違った電話番号を入力すると、「おかけになった電話番号は現在使われておりません」というアナウンスを受けますが、データベースにログインするときも、間違えた情報を入力すると同じ目に合います。例えば、パスワードの入力を間違えると、次のようなエラーメッセージが表示されます。

```
ERROR 1045 (28000) : Access denied for user 'root'@'localhost' (using password: YES)
```

このメッセージの意味を平たく言うと、「MySQLがあなたとつながることを拒否しました」ということです。MySQLにログインできないケースは、これ以外にも何パターンか理由がありますが、一番代表的なのが、この「間違った電話番号を入力する」に相当するタイプミスです。

コネクションと電話の相違点

一方で、データベースと電話では異なる点もあります。それは、電話が基本的に「1対1」のコネクションを作るのに対して、データベースは同時に複数のユーザとコネクションを作ることができる点です。

電話で相手が通話中だと、「ツーツーツー」という電子音を聞くことになりますが、データベースは複数のユーザが同時にコネクションを確立して、並行で処理を行うことができます。

150

CoffeeBreak　なぜ複数コネクションを提供する電話がないか

最近では電話会議室のように、3人以上が同時に参加できるコネクションを提供するサービスも存在します。しかしこれも、各ユーザから見たコネクションは1つで、1人のユーザが複数のコネクションを張れているわけではありません。

電話において同時に複数のコネクションを提供するサービスが存在しないのは、仮にあったとしても、人間の側が複数のセッション（会話）を同時進行させるのは能力的に無理があるからでしょう。かつて聖徳太子はそれをこなしたそうですが、凡夫たる私たち向きのサービスではありません。

◆コネクションの状態を調べるコマンド

ほぼすべてのDBMSには、コネクションの状態や数を調べるためのコマンドが用意されています。MySQLの場合、「show status」というコマンドで確認することができます（他のDBMSではコマンドも異なります）。

```
mysql> show status like 'Threads_connected';
```

もしユーザが1人しかログインしてない状態であれば、次のような結果が表示されるはずです。

もし、もう1人誰かがMySQLにログインしてきたとすれば、この「Threads_connected」の値は「2」になる、ということです。

このように複数のユーザが同時に（他のユーザのことを意識せずに）作業

を実行できるというのが、データベースを利用するメリットの1つです[*2]。このとき、データベースがどうやって複数の処理を、整合をとりながら実行しているかという問題については、第6章で主に取り上げます。

◇電話を切る「ログオフ」

電話をかけるのが「ログイン」ならば、きちんと電話を切るのに相当する行為もあります。それが「ログオフ」です。これによってMySQLとのコネクションが切断されます。ログオフのコマンドは簡単で、プロンプトが出ている状態で「quit」(「やめる」という意味です)と入力して、「リターン」キーを押すだけです。

```
mysql> quit
Bye
```

MySQLは愛想がよいので、きちんと「Bye(それじゃ)」と挨拶してくれます。これでコネクションが切断されました。もう一度接続したければ、もちろん再度ログインを行えばOKです。基本的に、6章以降の作業はMySQLにログインした状態で行うので、必ず作業を始める前にログインすることを忘れないようにしましょう。

[*2] P.102で紹介した「スタンドアロン」構成は、このメリットをまったく活かせない非効率な構成であることがわかります。

152

〔5-1-3〕
SQLと管理コマンドの違い

◇「管理コマンド」とは何か

　リレーショナルデータベースのデータを操作するための道具として、「SQL」という言語が用意されているということは第2章で触れました。

　しかし実は、DBMSは、SQL以外にも様々な用途のコマンドを用意しています。これを「管理コマンド」と呼びます[*3]。

　例えば、P.151で利用した「show status」というコマンドがそうです。先ほどはMySQLとつながっているコネクションの数を調べるために使いましたが、このshow statusコマンドは、「ステータスを見る」という意味の通り、他にもMySQLの状態について様々な情報を調べるために使うことができます。例としては、次のような情報を調べられます。

◆ MySQLが起動してからの経過時間（秒）

```
mysql> show status like 'Uptime';
```

◆ 結果の例

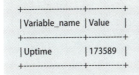

◆ MySQLが実行したSQL文の数

```
mysql> show status like 'Queries';
```

◆ 結果の例

◇管理コマンドで覚えておくこと

　こうした管理コマンドは、DBMSが正常に動作しているかを監視したり、DBMSが異常な動作をしたときに問題解決のため情報収集をしたり、といった用途に使われます。

　コマンドの一覧は、DBMSのマニュアルに記載されていますし、リファレンス用の書籍も販売されているので、それらを読めばどんな情報がどういうコマンドで取得できるかはわかります。ただ、非常に数が多いので、いきなり全部覚えようしなくても大丈夫です（ほとんどは滅多に使いません）。管理コマンドに関して、重要なポイントは次の2点です。

①DBMSは、SQL文以外にも「管理コマンド」を用意している
②「管理コマンド」の種類や文法は、DBMSによって異なる

　特に重要なのは②です。SQL文は標準的な構文を利用している限り、MySQL以外のDBMSでも共通に使うことができますが、管理コマンドは共通するもののほうが少ないぐらいです。

　したがって、P.151で紹介した「show status like 'Threads_connected';」や「show status like 'Uptime';」は、OracleやSQL Serverでは使うことができません。実行してもエラーメッセージが返されるだけです。

　ではSQL文と管理コマンドはどうやって見分けるのでしょう？　ものすごく簡単に言ってしまうと、次のルールで見分けられます。

SQL文は必ず「SELECT」「INSERT」「DELETE」「UPDATE」のいずれかの単語から始まる。それ以外の単語から始まったら管理コマンドである

　細かい話をすると例外もあるのですが、最初は上のルールで覚えてもらえれば9割は当たります。

---

*3「管理コマンド」というのは著者の造語です。DBMSによって呼び方が異なったり、名前が付いていなかったりするので、便宜的に本書ではSQL以外のDBMSに対して実行するコマンドをこのように総称します。

学ぼう！

〔5-1-4〕
リレーショナルデータベースの階層

◇データベースは階層に分かれている

「DBMSに格納されているテーブルを、SQLを使って操作する」……ざっくり言えば、私たちがデータベースを使ってやりたいことはこういうことです。しかし、実際に操作を始める前に、DBMSの構造を、少し詳しくのぞいてみましょう。と言うのも、ここは経験を積んだDBエンジニアであっても、割と混乱したりきちんと理解していなかったりするポイントであり、最初に正しい理解をしておいてもらいたいからです。

実は、データベースの中のテーブルは、ベタッと1つの階層に並べられているわけではなく、いくつかのグループに分けて管理されています。

言ってみれば、PCでファイルを分類するために使う「フォルダ（ディレクトリ）」に相当するものが、データベースの中にもあると考えてもらえばいいでしょう。

時々、すべてのファイルをPCのデスクトップ上に並べている人がいますが、データベースの世界ではそういう乱雑なことをやると、すぐにデータを管理できなくなります。

◇フォルダに相当する「スキーマ」

この「フォルダ」に相当するのが「スキーマ（Schema）」です。見慣れない単語かもしれませんが、「枠組み」という意味です。

テーブルは、実際には「いくつかのスキーマの中に格納される」という形をとっています。スキーマも、フォルダのようにユーザが自由に作れるので、用途別に分けたり、見られたくないユーザからはアクセスできないようにセキュリティを制限したスキーマを作ったり、といった権限管理を

155

行うことも可能です。

さらに、スキーマの上位には、もう1つの階層として「データベース (Database)」があります。「あれ、データベースってデータを管理する機能の集合のことじゃなかったっけ?」と思った読者は、よい記憶力をお持ちです。そう、確かに第2章ではそのように説明しましたし、これまではその用途でDBMSと対比して使い分けてきました。しかし実は、「データベース」というのは、「階層」を示す意味もあるのです (紛らわしいことですが)。

◇最上位にある「インスタンス」

そして最後に、データベースのさらに上位に「インスタンス (Instance)」という概念があります。

これは物理的な概念で、DBMSが動くときの単位です。したがって、OSからは「プロセス」として見えます (Windowsであれば「タスクマネージャ」から確認できます)。実際、DBMSによってはこれを「サーバプロセス」とか単に「サーバ」と呼ぶ場合もあります。

図3 MySQLのインスタンスはOS上ではプロセスとして見える

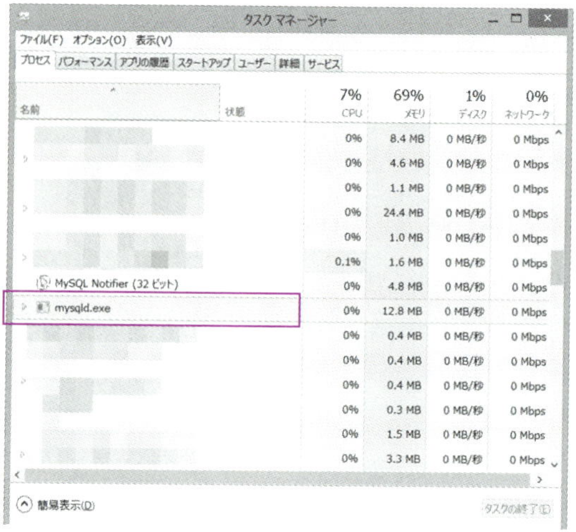

5-1-4 リレーショナルデータベースの階層

　ここでのインスタンスは、メモリやCPUを消費することでOS上に存在する「実体」という意味です。Javaなどの「オブジェクト指向言語」で使われるときと同じニュアンスを持っていると考えると、わかりやすいでしょう（図3）。
　まとめると、リレーショナルデータベースの世界は、図4のような階層構造を持っています。
　図4にある通り、1つのインスタンスの下には複数のデータベースが存在することができ、1つのデータベースの下には複数のスキーマが存在することができ、1つのスキーマの下には、複数のテーブルが存在することができます。きれいなツリー構造になっているわけです。

CoffeeBreak　第4層に格納されるもの

　最下層の第4層には、テーブル以外にも格納されるものがあります。例えば、第9章で取り上げる「インデックス」や、様々な関数や処理をひとまとめにした「ストアドプロシージャ」などです。これらデータベースに保存される物を、総称して「オブジェクト（Object）」と呼びます。テーブルも、もちろんオブジェクトの一種です。
　なお、中には「インスタンスは複数存在することはできないの？」という疑問を持った方もいるかもしれません。実はそれも可能で、その場合は「マルチインスタンス」という構成を用います（P.161参照）。

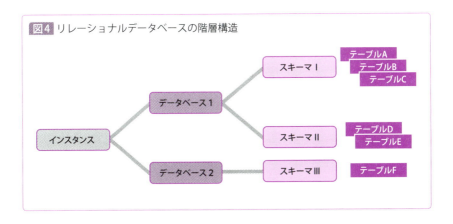

図4 リレーショナルデータベースの階層構造

◇階層構造の理解が難しい理由

　ここまで読んだだけだと、「これのどこが難しい話なの？ むしろシンプルな構造では？」と感じる方も多いかもしれません。実にその通りなのですが、話がややこしくなるのはここからです。

　実は、この階層構造は、原則としてはここまで解説した通りなのですが、これはあくまで原則であって、現実には実装ごとに少しずつ違いがあるのです。まず、この階層の原則をきちんと守っているのが、「PostgreSQL」「SQL Server」「DB2」。一方で、スキーマとデータベースのどちらかの階層を省略しているのが「MySQL」と「Oracle」です。

　図5を見てください。これは、PostgreSQLの階層構造をGUIの管理ツール（pgAdmin）で表示した様子です。

　PostgreSQLでは、インスタンスのことを「サーバ」と呼んでいます。図5を見ると、インスタンス「PostgreSQL9.3」の下に「postgres」というデータベースが存在し、その下に「public」というスキーマが存在し、その下に全部で14個のテーブルが存在することがわかるはずです。

図5 PostgreSQLの階層構造

◆ MySQLとOracleの階層構造

　一方、MySQLは、データベースとスキーマを「同一」とみなして、階層の差を設けていません。つまりデータベースとスキーマは、MySQLにおいては同義語であるわけです[*4]。したがって、MySQLの階層は図6のような3層構造になっているわけです[*5]。

　なお、Oracleはまた事情がちょっと違っていて、一応4層構造ではあるのですが、「インスタンスの配下に1つしかデータベースを作れない」という独自制約を設けているため、実質的にデータベースを意識することがなく、3層構造と変わりません。実際、Oracleを使ってみるとわかるのですが、データベースという階層の影が薄く、あたかもインスタンスの直下にスキーマ層が存在するような印象を受けます（図7）。

　まとめると、リレーショナルデータベースの階層構造には、以下のような2派の争い（?）があるわけです。

3層派（Oracle／MySQL）VS 4層派（SQL Server／DB2／PostgreSQL）

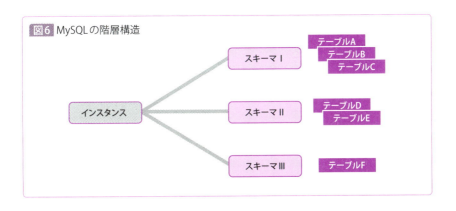

図6　MySQLの階層構造

[*4] このことは、MySQLのマニュアルにも明記されています（http://dev.mysql.com/doc/refman/5.6/en/create-database.html）

[*5] MySQLでデータベース（スキーマ）の一覧を表示したり、その中に入っているテーブルを確認する手段は、第6章で紹介します。

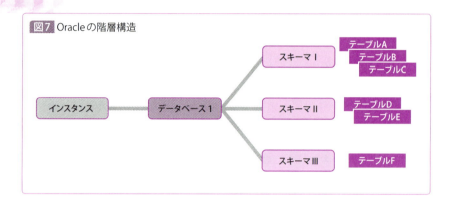

図7 Oracleの階層構造

◇3層と4層、どちらが正しい？

　3層派と4層派で「どちらが正しいのか」というと、これは4層派です。なぜなら、ANSI（アンシー[*6]）が定める標準SQLで決められているからです。

　ただ、独自路線の3層派の仕様で何か不便があるかというと、別にそういうことでもなく、これはこれでうまくいっています。そういう意味では、どちらがよいとか悪いという問題でもありません。

　ただ、こうした実装間の仕様の不一致であることから、DBMSを乗り換えたときに余計なところでエンジニアの混乱を引き起こします。Oracleに慣れ親しんだユーザがSQL Serverに触れると「あれ、何だこのデータベースってのは？」となりますし、PostgreSQLに慣れ親しんだユーザがMySQLを触ると、「なんでデータベースとスキーマが同じなんだ！」となります。

　さらに、こうした実装の仕様は開発側の意向によって将来変わる可能性もあります。上記は、あくまでも本書執筆時点（2015年1月）の状況であることに注意してください。

[*6] ANSIは米国の規格団体です。詳しくはP.221を参照してください。

CoffeeBreak マルチインスタンスと仮想化

　データベースの階層構造において、インスタンスは最上位に位置する概念です。では、このインスタンスを1つのOS内に複数存在させることは可能でしょうか？原理的には可能で、そのような構成を「マルチインスタンス」と呼びます。

　ただ、「原理的には」と書いたのは理由があります。インスタンスは、OSから見ればメモリやCPUなどの物理資源を消費するプロセスであるため、複数のインスタンスを存在させられるだけの余力がリソースになければ、マルチインスタンスをやりたくてもできないからです。特に、CPUパワーが不足するだけなら処理が遅くなる程度ですが、メモリが不足した場合は、インスタンスの起動すらできずに、エラーになってしまうこともあります（これは、DBMSは一般的に起動時に最低限のメモリ空間を確保しようとするので、メモリ不足でそれが失敗することがあるためです）。

　では逆に、このようなマルチインスタンスの構成を採用するケースというのは、どのような場合でしょうか。正直なところ、最近はこのマルチインスタンスを使うケースはそれほど多くありません。せいぜい、「テスト環境を複数用意したいけど、物理サーバの台数が足りない」という場合ぐらいでしょう。

　ただ、そうした用途であれば、1つのインスタンス内にデータベースを複数作るか、最近では仮想化環境を使うケースが増えています。今後も、マルチインスタンスを利用する機会は年々減っていくと著者は予測しています。

第5章のまとめ

- データベースを操作するには、まず「ログイン」が必要となる
- ログインが成功してコネクションとセッションが確立されると、プロンプトが表示される
- データベースを操作する手段は、SQLの他に「管理コマンド」がある
- データベースの世界は4層または3層に構造化されている
- 階層は、上から順にインスタンス→データベース→スキーマ→オブジェクトである
- 3層の場合は、データベースとスキーマの階層を実質的に省略している（OracleとMySQL）

練習問題

Q1

データベースに関する以下の文章のうち、間違っているものはどれでしょうか?

A データベースにSQLを実行するためには、その前にデータベースに対してコネクションを確立することが必要

B データベースの階層構造は「インスタンス－フォルダ－スキーマ－テーブル」という形で階層化されている

C データベースに対する管理コマンドは、DBMSごとに異なっていることが多い

D データベースとコネクションを確立するためには、ログオンが必要

Q2

データベースがユーザからのコマンド受付可能なことを示す
「mysql>」のような文字列を何と呼ぶでしょうか?

A プロンプト
B プロント
C プロプトン
D プロトン

解答 Q1. C Q2. A

Chapter

06

やってみよう!

【6-1】SELECT文でテーブルの中身をのぞいてみよう

MySQLをインストールすると、MySQLサーバにアクセスすることができます[*1]。MySQLサーバには、デフォルトで様々なサンプルデータが格納されています。ここでは、実際にMySQLを操作し、データベースの中身をのぞいてみましょう[*2]。

Step1 ▷ 登録してあるデータベースを見てみよう

MySQLコマンドラインクライアントを起動し、ログインしてください[*3]。「show databases;」と入力すると、MySQLサーバにあるデータベースの一覧が表示されます[*4]。

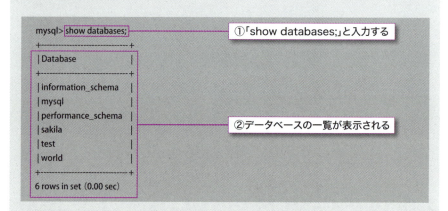

[*1] MySQLをインストールしていない場合は、P.140を参考に、インストールを行ってください。
[*2] MySQLではスキーマはデータベースと同じですので、本章以降では「データベース」と表記します。
[*3] MySQLコマンドラインクライアントの起動およびログイン方法は、P.145を参照してください。
[*4] 本書ではworldデータベースを利用しますが、worldがない場合、MySQL Installer起動後「Add」をクリックし、AvailableProductのDocumentaionから「Samples and Examples」を選択→「Next」「Execute」をクリックしてインストールしてください(要rootパスワード)。

Step2 ▷ 利用するデータベースを選択してテーブルを一覧しよう

ここでは、Step1で表示されたサンプルデータベースのうち、「world」を選択します。worldは世界の国、都市、利用言語を格納しているデータベースです。データベースを指定するには、「use データベース名;」を指定します。また、テーブルの一覧を表示するには「show tables;」を入力します。

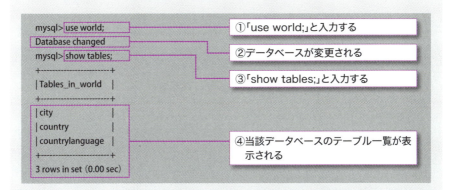

Step3 ▷ テーブルを指定してデータを出力しよう

Step2で表示された「city」(都市)、「country」(国)、「country language」(言語)の3つのデータベースのうち、ここではcity (都市) テーブルのデータをすべて選択 (SELECT) してみましょう。

```
mysql> select * from city;
+------+----------+-------------+-----------+------------+
| ID   | Name     | CountryCode | District  | Population |
+------+----------+-------------+-----------+------------+
|    1 | Kabul    | AFG         | Kabol     |    1780000 |
|    2 | Qandahar | AFG         | Qandahar  |     237500 |
~~~~~~~~~~~~~~~~~~~~~~~~~~~~~~~~~~~~~~~~~~~~~~~~~~~~~~~~~~
| 4077 | Jabaliya | PSE         | North Gaza|     113901 |
| 4078 | Nablus   | PSE         | Nablus    |     100231 |
| 4079 | Rafah    | PSE         | Rafah     |      92020 |
+------+----------+-------------+-----------+------------+
4079 rows in set (0.03 sec)
```

①「select * from city;」と入力する
②「city」のテーブルのデータが一覧表示される

Step4 ▷ 条件を指定して出力してみよう①

Step3では、世界中の都市名を表示させたので、膨大な量の結果が表示されます。そこで、日本の都市名のみに絞って出力してみましょう[*5]。WHERE句を指定し、「WHERE 条件」の形で入力すれば、条件で絞ることができます。

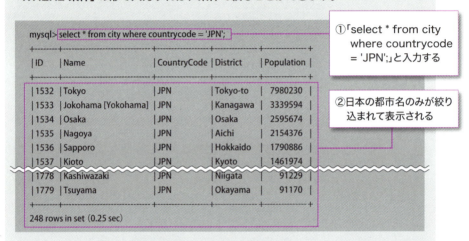

① 「select * from city where countrycode = 'JPN';」と入力する

② 日本の都市名のみが絞り込まれて表示される

Step5 ▷ 条件を指定して出力してみよう②

Step4では、日本の都市名のみに絞り込んだ表示させましたが、それでも表示結果は膨大な量です。そこで、「京都府の都市名」に絞り込んでみます。都市名を示す英語は「DISTRICT」ですので、WHERE句として「district = 'kyoto'」と入力すれば、京都府の都市名を抽出できます。

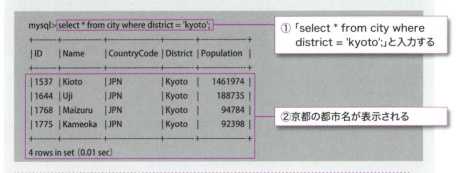

① 「select * from city where district = 'kyoto';」と入力する

② 京都の都市名が表示される

[*5] cityテーブルでは、国のコード（CountryCode）は英語3文字です。日本は「JPN」となります。

Step6 ▷ 不要な列を削除して表示しよう

Step5までは、「ID」や「CountryCode」「District」などの情報が表示されましたが、これらの情報を削除し、表示を都市名（Name）と人口（Population）に絞り込んでみましょう。「select」の後に列名を「,」（カンマ）で区切って入力すれば、指定した列名で絞り込むことができます。

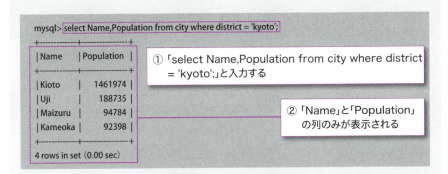

Step7 ▷ 様々な条件を付加してみよう①

Step6で出力した京都府の都市名と人口のうち、人口（Population）が10万人（100000）より大きい都市だけを表示させることもできます。その場合は、AND演算子を用います。コマンドの末尾に「 and population> 100000」と入力してみてください。

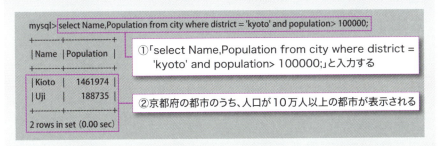

Step8 ▷様々な条件を付加してみよう②

「DISTINCT」句を使えば、重複行を省いて表示させることができます。この DISTINCT句を用いて、日本の都道府県名（district: 地域）のみを表示させてみましょう。Step4で「日本の都市名（city）」のみを表示させたときは「248」の結果が得られましたが、都道府県のみに絞る（重複行を省く）と、正しく「47」の検索結果が得られるはずです[*7]。

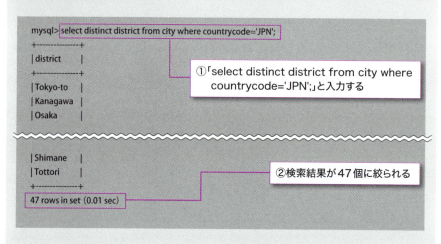

①「select distinct district from city where countrycode='JPN';」と入力する

②検索結果が47個に絞られる

[*7] 本実習で使用したコマンドのテキストファイルをご覧になりたい場合は、以下のWebサイトからダウンロードしてください。
URL http://www.shoeisha.co.jp/book/download

学ぼう！

〔6-1-1〕
SELECT文の基本を学ぼう

◇テーブルを操作するSQL

SQLは、主にDBMSに格納されている「テーブル」を操作するために利用するものです。第5章で説明した通り、テーブルは「スキーマ」（「フォルダ」に相当するもの。P.155参照）に格納されています。MySQLではスキーマとデータベースは同じですので、本章以降データベースと表記します（MySQL以外のユーザの方はスキーマと読み替えてください）。フォルダと同様にデータベース全ても複数作成でき、テーブルを見るためにはデータベースを選択する必要があります。

1つのデータベースには、複数のテーブルが格納できます。MySQLの場合データベースの一覧取得には「show databeses;」、デフォルト（カレント）データベースを決めるには「use データベース名;」、データベース内のテーブルの一覧取得する際は「show tables;」のコマンドを利用します。

なお、この「show」や「use」はSQLではなく、管理コマンド[*1]です。

SQLコマンドとして最初に学習するのは、本書の実習でも使用した「SELECT」文です。

SELECT文の基本は、「どこから（FROM テーブル名）」「何を持ってくる（SELECT 列名）」という記述です。1行で書くと次のようになります。

SELECT 列名 FROM テーブル名 ;

列名は「*」（アスタリスク）を用いれば、「FROM テーブル名」で指定したテーブルのすべての列を指定することもできますし、任意の列を「,」（カンマ）で区切って複数指定することも可能です。

またテーブル名は表自体の名前だけを書き、暗黙的にデフォルトで利用

....

*1 管理コマンドについてはP.153を参照してください。

169

しているデータベース内のものを指すこともできますし、明示的に「データベース名.テーブル名」という形で指定することも可能です。同じフォルダに同じ名前のファイルを作ることはできませんが、異なるフォルダには、同じ名前のファイルを作ることが可能です。それと同様、データベースが異なれば同じ名前のテーブルを作ることが可能です。この場合に、テーブル名だけだと、どのデータベースのテーブルであるかわかりにくい場合があるのです。(表1)。

表1 SELECT文の例

コマンド	概要
select * from city;	デフォルトデータベース内の「city」をSELECTする
select * from world.city;	「データベース名.テーブル名」の形で、明示的にworldデータベースの「city」をSELECTする

◇ 「WHERE 条件」が必要な理由

データベースのテーブルの場合、列の数はテーブルを作成(定義)したときに決定し、その後明示的に変更しない限り増えません。しかし、行の数は、追加すればするほど、際限なく増やすことができます。そのため必要なデータを効率よくクライアントに持ってくるためにも、SELECTする行数を絞る必要があります。

その際にはWHERE句を指定して、「WHERE 条件」の形でSELECT文の末尾に付加します。1行で書くと次のようになります。

SELECT 列名 FROM テーブル名 WHERE 条件 ;

「条件」はテーブルのそれぞれの行で評価され、合致した行だけがSELECTされます。なお条件には「比較演算子」と、後述する「AND演算子」「OR演算子」がよく使われます(表2)。

例えば、地区を示す「district」カラムのうち、京都を示す「kyoto」という値と同じ行をSELECTするには、次のようなSQLを発行します。

6-1-1 SELECT文の基本を学ぼう

表2 比較演算子

演算子	意味
=	等しい
<>	等しくない
>=	以上
>	より大きい
<=	以下
<	より小さい

```
SELECT * FROM city WHERE district = 'kyoto';
```

また人口 (population) が10万人 (100000) より大きな都市だけを
SELECTするには、次のようなSQLを発行します。

```
SELECT * FROM city WHERE population > 100000;
```

上記2つは「district = 'kyoto'」「population > 100000」のように条件が
1つだけですが、2つ以上の条件を記述することもできます。

例えば上記両方の条件を満たす行をSELECTするには、次のように条件
と条件の間に「AND演算子」を付加して、SQLを発行します

```
SELECT Name,Population FROM city WHERE district = 'kyoto' AND population > 100000;
```

逆に「どちらかの条件」を満たせばいい場合は、AND演算子の代わりに
「OR演算子」を指定します。

◇演算子の優先順位

演算子には優先順位があり、MySQLの場合は次のようになっています。
上から優先順位が高く、下に行くほど優先順位が低くなります（**表3**）。
なお、同じ行の演算子は同じ優先順位となります。

今回の条件「district = 'kyoto' AND population > 100000」では、条件

171

表3 演算子と優先順位（MySQLの例）

演算子
INTERVAL
BINARY, COLLATE
!
- （単項減算）, ~ （単項ビット反転）
^
*, /, DIV, %, MOD
-, +
<<, >>
&
= （比較のイコール）, <=>, >=, >, <=, <, <>, !=, IS, LIKE, REGEXP, IN
BETWEEN, CASE, WHEN, THEN, ELSE
NOT
&&, AND
XOR
||, OR
= （代入のイコール）, :=

優先順位高 ↑ 優先順位低

1と条件2に使われている「=」と「>」が、ANDよりも優先順位が高いため、SQLを書いた意図通りの動作をしてくれました。

　ただし、条件が複雑になったりすると思わぬ順に評価されてしまい、意図しない結果が得られたりします。それを避けるためには「()」（かっこ）を使って優先順位を明確にする必要があります。

　イメージは、小学生のころに習った計算式のかっこと同じです。例えば、「1＋2×3」という計算式を例に考えてみましょう。

　四則演算の演算子（＋－×÷）では、「×」「÷」は「＋」「－」よりも優先順位が高いため、この計算式では「2×3」が先に行われます。つまり「1+6」となり、「7」が正答になります。

　もし「1＋2」を先に行いたいときには「(1＋2) ×3」とする必要があります。こうすれば「3×3」となり、「9」が正答になります。

　SQLでは、**表3**のように多くの演算子があるため、優先順位を明確にするために、冗長なかっこをおくこともあります。例えば「1＋(2×3)」の表記はもともとの表記「1＋2×3」と同じ結果が出ますが、かっこを付

けることで、「2×3を先にする」ということが明確になります。

◇ SQLの基本的な記述ルール

SQLはグラフィカルなインターフェース（GUI）を用いて、マウス操作で行うこともできますが、基本はここまでの解説のように文字ベースで記述するものです（GUIにて操作された内容も、DBMSに問い合わせるときには文字列に変換されています）。

SQLを記述する際には以下のようなルールがあります。これに合わないものはエラーになってしまいますので、注意してください。

- SQL文の最後にデリミタ（文の区切りを意味する記号）を付ける（ほとんどの場合デリミタは「;」（セミコロン））
- キーワード（例えばSELECTやFROMなど）の大文字・小文字は区別されない。つまりselectもSELECTもSelectも同じである
- 定数の書き方は決まりがある。文字列や日付時刻は「'」（シングルクォーテーション）で囲む。つまり数値として値を指定する場合は100000だが、文字列として指定する場合は「'100000'」となる
- 単語（ワード）は半角スペースや改行で区切る。全角スペースは使えない

◇ 「DISTINCT」による重複排除

選択した行の値に重複があり、それを省きたい場合には、「DISTINCT」キーワードを指定します。例えば「国」を条件として行を選択すると、Name（街の名前）はユニーク（一意）に選択されますが、その街が属する地域（district）は重複して表示されます（1つの地域には複数の街が属するため）。これを重複しないようにするためには、SELECT句で「DISTINCT」というキーワードを使うのです。

次の例は、日本（countrycode='JPN'）でSELECTして得られた重複し

173

た都道府県 (district: 地域) から「重複行」を省いて求めるSQLです。

```
select distinct district from city where countrycode='JPN';
```

各都道府県には様々な都市が存在しますが、上記の例はそれらの重複をすべて取り除く、すなわち「都道府県名のみ」を抽出するという意味となるわけです。最後に、本節で解説した内容を 図1 にまとめますので、確認してください。

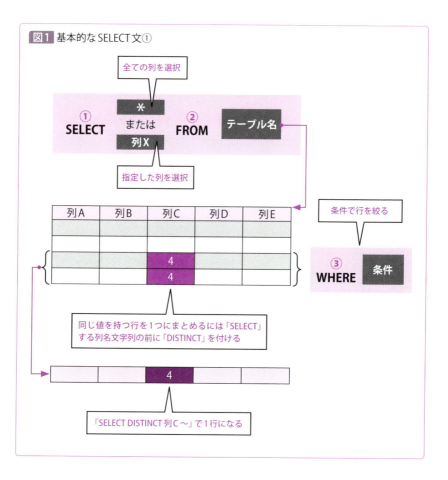

図1 基本的なSELECT文①

【6-2】SELECT文を応用してみよう

ここでは、SELECT文の応用操作を試してみましょう。引き続きMySQLを操作し、検索結果の並べ替えやテーブルの集約、グループ単位の切り分けを行ってみてください。

Step1 ▷ 検索結果を並べ替えよう

P.166で日本（contrycode='JPN'）の各都市を出力しましたが、今度は各都市を人口の少ない順（昇順）に並べてみましょう。検索結果の並べ替えには、「ORDER BY」を利用します。

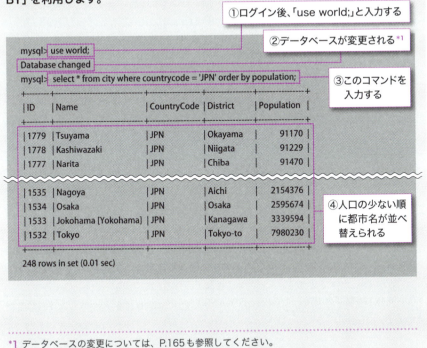

*1 データベースの変更については、P.165も参照してください。

Step2 ▷ テーブルを集約してみよう

MySQLを使っていると、SELECTの結果に行数（例えば「248 rows in set」）という表示が出力されますが、これはMySQLコマンドラインクライアントが独自にカウントしているもので、データとしてDBMSから戻されているものではありません。実際に行数をカウントするには、「select count (*)」と入力します。

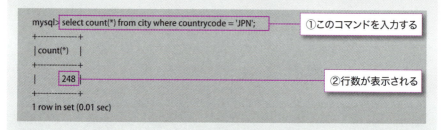

次に、日本の各都市の人口について、最小 (min)、最大 (max)、総数 (sum)、平均 (avg) を出力してみましょう。「min (population)」のような集約例を「,」カンマで区切って指定することで、それぞれの値を出力することができます。

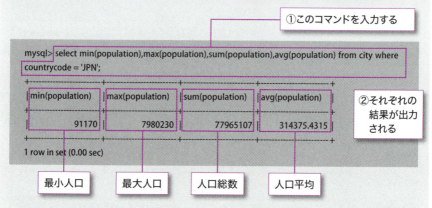

ここまで、行全体（行数）や数値列（population）の集約を行いましたが、「文字列」も集約することができます。ここでは、地域が「京都」の都市のみを検索してみましょう。AND演算子を用い、コマンドの末尾に「and district='kyoto'」と付け加えてみてください。

6-2 SELECT文を応用してみよう

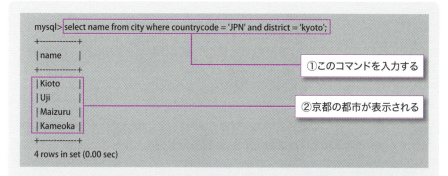

上の実習で地域が「京都」の都市を出力しましたが、これを1行に集約することも可能です。その際は、「group_concat」というコマンドを用います[*2]。

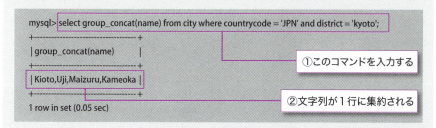

Step3 ▷ テーブルをグループに切り分けてみよう

次に、地域（district）ごとのグループに切り分けて、都市が何個登録されているかを確認してみましょう。テーブルをグループに切り分けるには「GROUP BY」を利用します。

```
mysql> select district, count(*) from city where countrycode = 'JPN' group by district;
+----------------+----------+
| district       | count(*) |
+----------------+----------+
| Aichi          |       15 |
| Akita          |        1 |
| Aomori         |        3 |
```

[*2] 文字列は決まった演算の方法がないので、ここではカンマをセパレータとして連結（concat）するために、「group_concat」を用いています。

```
| Yamagata  |    4 |
| Yamaguchi |    6 |
| Yamanashi |    1 |
+-----------+------+
47 rows in set (0.00 sec)
```

次に、条件を指定してグループを切り分けてみましょう。例えば、京都の都市名は4つでしたが[*3]、同様に「都市名が4つ」の都道府県を調べてみましょう。その場合は「HAVING」というコマンドを利用します[*4]。

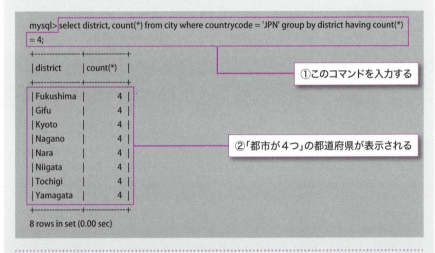

```
mysql> select district, count(*) from city where countrycode = 'JPN' group by district having count(*)
    -> = 4;
+-----------+----------+
| district  | count(*) |
+-----------+----------+
| Fukushima |        4 |
| Gifu      |        4 |
| Kyoto     |        4 |
| Nagano    |        4 |
| Nara      |        4 |
| Niigata   |        4 |
| Tochigi   |        4 |
| Yamagata  |        4 |
+-----------+----------+
8 rows in set (0.00 sec)
```

①このコマンドを入力する

②「都市が4つ」の都道府県が表示される

[*3] 前ページの実習で、「Kioto,Uji,Maizuru,Kameoka」の4つの都市名が表示されたように、京都の都市名は4つです。また、Step3の1つ目の実習でも、京都の都市名は「4つ」と表示されるはずです。

[*4] 本実習で使用したコマンドのテキストファイルをご覧になりたい場合は、以下のWebサイトからダウンロードしてください。
URL http://www.shoeisha.co.jp/book/download

学ぼう！

〔6-2-1〕
SELECT文の応用操作を学ぼう

◇検索結果を並べ替える

通常SELECT文を発行すると、その結果はデータは「列（カラム）」と「行（レコード）」からなる二次元の表として表示されます。列の順番は「SELECT 列1, 列2, ...」のように、明示的に指定しない限りは表作成時の順番になります。

一方、行の順番は、「ORDER BY」というコマンドで指定する必要があります[1]（指定しない場合は「未定」、つまりランダムに表示されるのがSQLの仕様です）。

SELECT文の結果について行の順番を指定するには、以下のような書式でORDER BYを指定します。

SELECT 〜 ORDER BY 列1[, 列 2, ...]

冒頭の演習では、「population」（人口）で並べ替えましたが、このようにORDER BYに書く列名のことを「ソートキー」と呼びます[2]。また、演習では「人口の少ない順（昇順）」に並べ替えましたが、「人口の多い順（降順）」に並べ替えることもできます。その場合は、次のように列の指定の後に「DESC」というキーワードを付加します。

```
mysql> select * from city where countrycode = 'JPN' order by population desc;
+------+-------------------+-------------+-----------+------------+
| ID   | Name              | CountryCode | District  | Population |
+------+-------------------+-------------+-----------+------------+
| 1532 | Tokyo             | JPN         | Tokyo-to  |   7980230  |
| 1533 | Jokohama [Yokohama]| JPN        | Kanagawa  |   3339594  |
| 1534 | Osaka             | JPN         | Osaka     |   2595674  |
```

[1] 「ORDER BY」を指定しなくても毎回同じような並びで表示されることもありますが、それは仕様として定められた動作ではなく、「たまたま」そうなっていると理解してください。

[2] ソートキーをカンマで区切り、複数の列を指定することもできます。

179

一方、「ASC」というキーワードを付加すれば、昇順に並べることも可能です[*3]。ASCとDESCはそれぞれASCend（登る）、DESCend（降りる）の意味のキーワードです[*4]。

◇並べ替えを行う場合の注意点

「ORDER BY」による並べ替えを行う場合に注意する点としては、行の順番を確実に同じにするには、行をソートキーで一意（Unique: ユニーク）に特定する必要があるということです。

言い換えれば、ソートキーが同じ値の行が複数ある場合には、その複数行の順序は不定となります。例えば以下のように都道府県（district）をソートキーにして並べ替えた場合、愛知（Aichi）は15行あるので、その15行内の順番は不定になります。

```
mysql> select * from city where countrycode='JPN' order by district;
+------+------------------+-------------+-----------+--------------+
| ID   | Name             | CountryCode | District  | Population   |
+------+------------------+-------------+-----------+--------------+
| 1535 | Nagoya           | JPN         | Aichi     | 2154376      |
| 1583 | Toyohashi        | JPN         | Aichi     |  360066      |
| 1584 | Toyota           | JPN         | Aichi     |  346090      |
| 1588 | Okazaki          | JPN         | Aichi     |  328711      |
| 1605 | Kasugai          | JPN         | Aichi     |  282348      |
| 1609 | Ichinomiya       | JPN         | Aichi     |  270828      |
| 1668 | Anjo             | JPN         | Aichi     |  153823      |
| 1682 | Komaki           | JPN         | Aichi     |  139827      |
| 1696 | Seto             | JPN         | Aichi     |  130470      |
| 1697 | Kariya           | JPN         | Aichi     |  127969      |
| 1725 | Toyokawa         | JPN         | Aichi     |  115781      |
| 1734 | Handa            | JPN         | Aichi     |  108600      |
| 1758 | Tokai            | JPN         | Aichi     |   99738      |
| 1759 | Inazawa          | JPN         | Aichi     |   98746      |
| 1766 | Konan            | JPN         | Aichi     |   95521      |
| 1594 | Akita            | JPN         | Akita     |  314440      |
```

[*3] デフォルトの値がASCになっているので、冒頭の演習では省いています。

[*4] 「ASC」「DESC」は、それぞれ別の文脈のキーワードとしてASCiiの省略形やDESCribeの省略形として利用されることもあるので、それらとは区別してください。

この15行の並びを一意にするには、例えば以下のように「,」で区切って name列も指定し、行が一意になるソートキーを指定する必要があります。

```
mysql> select * from city where countrycode='JPN' order by district, name;
+--------+-----------------+-----------------+-----------+--------------+
| ID     | Name            | CountryCode     | District  | Population   |
+--------+-----------------+-----------------+-----------+--------------+
| 1668   | Anjo            | JPN             | Aichi     |     153823   |
| 1734   | Handa           | JPN             | Aichi     |     108600   |
| 1609   | Ichinomiya      | JPN             | Aichi     |     270828   |
| 1759   | Inazawa         | JPN             | Aichi     |      98746   |
```

◇テーブルを集約する「関数」

SQLで、データに対して何らかの操作や計算を行うには「関数」という 道具を使います。例えば「テーブル全体の行数を合計する」という計算を 行う場合には、「COUNT関数」を用います。

関数には大きく分けて以下の2種類の関数があります。

①複数の行（や行の値）に対して集計を行う関数
②単一の行の値に対して操作や計算を行う関数

COUNT関数は前者に該当します。このような集計用の関数を「集約関 数（集合関数)」と呼びます。多くの集約関数が提供されていますが、まず は次の5つを覚えておきましょう[5]。

COUNT　：テーブルの行数を数える関数
SUM　　：テーブルの数値列のデータを合計する関数
AVG　　：テーブルの数値列のデータを平均する関数
MAX　　：テーブルの任意列のデータの最大値を求める関数
MIN　　：テーブルの任意列のデータの最小値を求める関数

....
[5] ここで紹介した5つの関数は初期のSQL標準で定義されているため、SQL標準に準拠している すべてのDBMSで利用できます。

181

これらの集約関数は、基本的にNULL[*6]を除外して集計します。ただしCOUNT関数のみは、「COUNT (*)」と表記することで、NULLを含めた全行を集計します。

　また、「SUM」「AVG」以外の集約関数は、数値データ以外にも利用できます。ただし、文字を表現する内部コードに依存するために、利用できるケースは限られるでしょう。例えば都市 (city) の名称 (name) の最大値 (max) は、「Z」で始まる「Zama (座間)」、最小値 (min) は「A」で始まる「Abiko (我孫子)」となります。

都市の名称の最大値 (max)

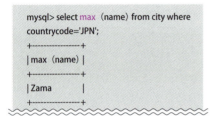

都市の名称の最小値 (min)

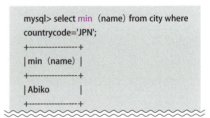

◆文字列を集約する「GROUP_CONCAT」

　文字列に対する集約関数はSQL標準にはありませんが、MySQLには「GROUP_CONCAT関数」(LIST関数[*7]) があります。

　SUM関数が「数値」に対する集計を加算で行うのに対して、GROUP_CONCAT関数は「文字列」に対する集計を、「文字列の結合」(CONCATinate)で行います。よって、結果としてカンマで区切られた長大なデータを返します。

　SUM関数では結果が想定外の大きさになることは稀ですが、GROUP_CONCAT関数では容易に想定外の長さの結果を返すことがあります。そ

[*6] 「NULL」(ヌル/ナル) はプログラミング言語やデータベースの表現の1つで、「何もない (不明、適用不可)」を示すものです。詳しくはP.211を参照してください。

[*7] もともとこの機能はSybase SQL AnywareでLIST関数として提供され、MySQLを含めいくつかのDBMSで実装されています (Firebird 2.1:LIST関数、PostgreSQL 9.0:STRING_AGG関数、Oracle 11g:LISTAGG関数)」。

のため、SQLを発行するアプリケーションを作成する場合に、アプリケーション側でGROUP_CONCAT関数の結果を格納したり、表示したりする場合には注意が必要です[8]。

◇ 「DISTINCT」で重複を回避する

P.173でDISTINCTキーワード（選択した行の値に重複があり、それを省きたい場合に利用する）を紹介しましたが、これは集約関数にも利用できます。例えば都道府県（district）を単純にGROUP_CONCATすると、東京都（tokyo-to）は、結果の中に複数回登場することになります。

都道府県を単純にGROUP_CONCATした場合

```
mysql> select group_concat （district）from city where countrycode='JPN';
```

| Tokyo-to,Kanagawa,Osaka,Aichi,Hokkaido,Kyoto,Hyogo,Fukuoka,Kanagawa,Hiroshima,Fukuoka,Miyagi,Chiba,Osaka,Kumamoto,Okayama,Kanagawa,Shizuoka,Kagoshima,Chiba,Osaka,Tokyo-to,Niigata,Hyogo,Hyogo,Shizuoka,Saitama,Ehime,Chiba,Ishikawa,Saitama,Chiba,Saitama,Tochigi,Oita,Nagasaki,Kan

一方、重複を省くために、「DISTINCT district」のようにDISTINCTキーワードを付加すると、各都道府県は1回だけ表示されるようになります。

DISTINCTキーワードで重複回避した場合

```
mysql> select group_concat(DISTINCT district)from city where countrycode='JPN';
```

| Tokyo-to,Kanagawa,Osaka,Aichi,Hokkaido,Kyoto,Hyogo,Fukuoka,Hiroshima,Miyagi,Chiba,Kumamoto,Okayama,Shizuoka,Kagoshima,Niigata,Saitama,Ehime,Ishikawa,Tochigi,Oita,Nagasaki,Gifu,Wakayama,

上記のコードに「group_concat(DISTINCT district)」とある通り、DISTINCTは集約関数のかっこの中に記述します[9]。

....
[8] MySQLのGROUP_CONCATはシステム変数（group_concat_max_len）で上限が決められており、それ以上の文字列は切り捨てられます。上限のデフォルト値は1024バイトです。

[9] GROUP_CONCAT関数以外の集約関数でも、同様にかっこによる指定が可能です。

◇テーブルをグループに切り分ける「GROUP BY」

　これまでの集約関数の利用対象は、対象となるデータ全体を範囲として集約してきましたが、対象となるデータをいくつかのグループに切り分けて集約することも可能です。切り分けには切り分けのキーとなる列を指定します。例えば「都道府県（地域:district）」ごと、「国（country）」ごとに集約するといった具合です。このようなグループの切り分けに利用するのが「GROUP BY」で、次のように記述します。

SELECT 〜 FROM テーブル名 GROUP BY 列名 1[, 列名 2, ...]

　GROUP BYに指定する列のことを「集約キー」や「グループ化列」と呼びます。これらはORDER BYと同様、複数の列をカンマ区切りで指定することが可能です。
　次の2つのクエリの結果を比較すると、「GROUP BYなし」の場合は対象データ全体で集約して1件の結果を返すのに対して、「GROUP BYあり」の場合は指定したグループ化列ごとに集約して、グループ化列で切り分けたグループ数の結果を返すことがわかります。

GROUP BYなしの場合

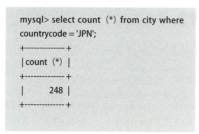

GROUP BYありの場合

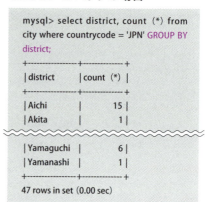

◇切り分けたグループに条件を付加する

　では、このグループに切り分けて集約した値（count（*））に対して条件を設定するには、どうしたらいいでしょうか。

　前ページの例では、集約した値は「各都道府県に属している都市の数」でした。このとき、例えば「属している都市の数が4の都道府県を選択したい」という場合、どうしたらよいでしょう。

　「条件」ということであれば、P.170で紹介した通り、「WHERE」句に条件を追加（AND演算子を用いて）したいところです。しかしこのクエリは、残念ながらエラーになります。

「and count （*）」で条件を追加した場合

```
mysql> select district, count （*) from city where countrycode = 'JPN' and count （*) = 4 group by
district;
ERROR 1111 (HY000) : Invalid use of group function
```

　実はCOUNTなど集約関数を記述できる場所は「SELECT」「ORDER BY」、そして次に説明する「HAVING」だけです。そして今回のように、条件として記述するには「HAVING」に指定する必要があります。

◇集約した結果に条件を指定する

　グループごとに集約した値を条件にして選択したい場合には、HAVINGの後に条件を次のように指定します。

SELECT ～ FROM ～ GROUP BY ～ HAVING グループの値に関する条件

　例えば京都（kyoto）と同様に都市数が4つの地域を選択するには、HAVINGの後に条件である「count （*）=4」を指定します。

「having count (*)」で条件を追加した場合

```
mysql> select district, count (*) from city where countrycode = 'JPN' group by district having count (*)
= 4;
+---------------+--------------+
| district      | count (*)    |
+---------------+--------------+
| Fukushima     |            4 |
| Gifu          |            4 |
| Kyoto         |            4 |
| Nagano        |            4 |
| Nara          |            4 |
| Niigata       |            4 |
| Tochigi       |            4 |
| Yamagata      |            4 |
+---------------+--------------+
8 rows in set (0.00 sec)
```

　なお前述の通り、「SELECT」「ORDER BY」にも、集約関数を記述できます。「ORDER BY」に記述する場合、ORDER BYの後に記述します。

　例えば都市数が4より大きい（count (*) >4）グループを、都市数の多い順にソート（ORDER BY count (*) DESC）するには、次のクエリを実行します。大阪（Osaka）が22個の都市を持ち1位で、以下埼玉、千葉と続くことがわかります。

ORDER BY に集約関数を記述した場合

```
mysql> select district, count (*) from city where countrycode = 'JPN' group by district having count (*)
> 4 order by count (*) desc;
+---------------+--------------+
| district      | count (*)    |
+---------------+--------------+
| Osaka         |           22 |
| Saitama       |           21 |
| Chiba         |           19 |
| Tokyo-to      |           18 |
| Aichi         |           15 |
| Kanagawa      |           15 |
| Hyogo         |           11 |
| Hokkaido      |           10 |
```

```
| Shizuoka  |    9 |
| Yamaguchi |    6 |
| Mie       |    6 |
| Gumma     |    5 |
| Ibaragi   |    5 |
| Fukuoka   |    5 |
| Hiroshima |    5 |
+-----------+------+
15 rows in set (0.00 sec)
```

　本節で学んだ「ORDER BY」「GROUP BY」「HAVING」の記述順序は以下のようになります。記述する場合は、必ずこの順番で記述する必要があります。

①SELECT　　　　②FROM　　　　　③WHERE
④GROUP BY　　　⑤HAVING　　　　⑥ORDER BY

　最後に本節で解説した内容を図2にまとめます。P.174の図1と合わせ、参考にしてください。

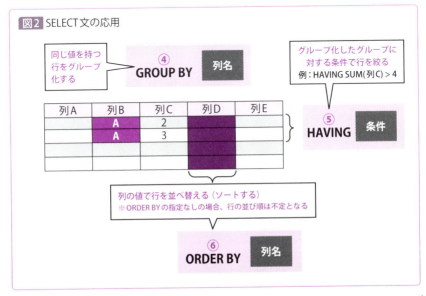

図2 SELECT文の応用

やってみよう！

【6-3】
データを更新・挿入・削除してみよう

ここでは、MySQLのデータの更新・挿入・削除を試してみましょう。データの更新は「UPDATE」、挿入は「INSERT」、削除は「DELETE」を用います。

Step1 ▷データを更新（update）してみよう

P.166で「京都府の都市名（district='Kyoto'）」を検索しました。その際、「京都市」の都市名（name）の綴りが「Kioto」になっていました。ラテン系言語の表記としては許容されているものですが、日本では「Kyoto」が一般的な表記のはずです。

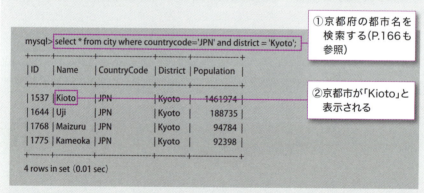

①京都府の都市名を検索する（P.166も参照）

②京都市が「Kioto」と表示される

こちらを、正しいものに更新しましょう。更新するには、「UPDATE文」を利用します。

①このコマンドを入力する

②データが更新される

もう一度京都の都市名を検索します。すると、都市名が正しく「Kyoto」と表示されます。

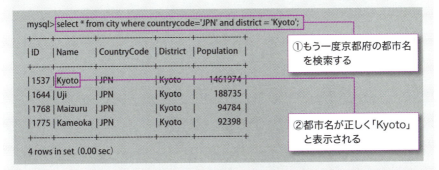

Step2 ▶ データを挿入 (insert) してみよう

ここでは、新しい市町村を挿入してみましょう。「愛媛県」の都市名を普通に検索すると、主要都市である「松山(Matsuyama)」「新居浜(Niihama)」「今治(Imabari)」の3つしか表示されません。ここに、「島民15人で猫100匹」の猫の島として有名な「青島」がある大洲市を挿入してみましょう。データを挿入するには「INSERT文」を利用します。なお、大洲市のホームページを見ると[*1]、大洲市のローマ字表記は「Ozu」で、人口は「45020」となっています。このデータを利用して、データを挿入してみてください。

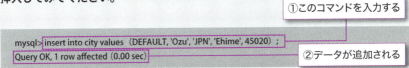

続いて、愛媛の都市名を検索します。すると、松山、新居浜、今治に加えて「大洲市 (Ozu)」が追加表示されることが確認できます。

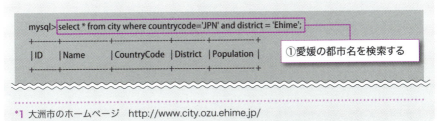

*1 大洲市のホームページ　http://www.city.ozu.ehime.jp/

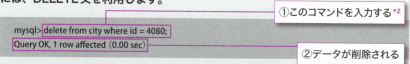

Step3 ▷ データを削除 (delete) してみよう

最後に、Step2で追加した「大洲市 (Ozu)」の行を削除してみましょう。行の削除には、DELETE文を利用します。

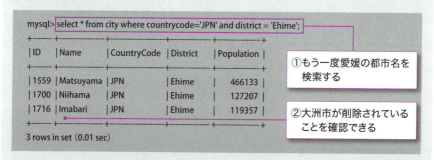

もう一度愛媛の都市名を検索します。すると、「大洲市 (Ozu)」が削除されていることを確認できます[*3]。

本節では広い意味での更新 (UPDATE/INSERT/DELETE) を取り上げます。これまでの実習で扱った選択 (select) は既存のデータを読み込むだけなので、データが変更されたり、壊れたりはしないのですが、UPDATE/INSERT/DELETEはデータの書き込みを伴いますので、注意が必要です。ただし、本書で扱っているデータベースは、公開されているものですので、壊れた場合でも再度インストールすれば初期状態に戻ります。

[*2] 「delete from city where district = 'Ehime' and name = 'Ozu';」と入力しても、同様に行を削除できます。

[*3] 本実習で使用したコマンドのテキストファイルをご覧になりたい場合は、以下のWebサイトからダウンロードしてください。
URL http://www.shoeisha.co.jp/book/download

【6-3-1】
データの更新と挿入

学ぼう！

◇データを変更するUPDATE文

既存のデータを変更する場合には「UPDATE文」を利用します。基本的な構文は以下の通りです。

```
UPDATE テーブル名 SET 列名 = 値 ;
```

ただし、この構文では、「SET」で指定した列以外は変更されません。また、指定したテーブルのすべての行に対して、列に同一の値が適用されるため、この構文が利用されるケースはあまり多くありません。通常は、更新する対象を「WHERE句」で絞った以下の構文がよく使われます。

```
UPDATE テーブル名 SET 列名 = 値 WHERE 条件 ;
```

WHEREに指定する条件は各行に対してのもので、これはP.170で解説したSELECT文のWHEREと同様です。

更新はWHERE句に合致した行すべてについて行われるため、1行をピンポイントで更新するためには、WHERE句で対象行をユニークに特定できる必要があります。行をユニークに特定するには、複数の列の値をANDで指定したり、ユニークであることが自明な列を条件として指定します[*1]。

◇複数列の同時更新も可能

更新は1つの列だけではなく、複数の列をカンマ区切りで指定する（SET 列名1＝値1[,列名2＝値2, ...]）ことにより、同時に更新ができます。

....

[*1] 冒頭の実習では、「and name = 'Kioto'」と入力することで、更新する行をユニークに指定しました。

191

例えば実習ではname列（「Kioto」の列）だけを更新しましたが、「Population（人口）」の列も同時に更新したい場合、京都市の人口は1469069人なので***2**、次のようなクエリを入力します。

```
mysql> update city set name = 'Kyoto', population = 1469069 where countrycode='JPN' and district =
'Kyoto' and name = 'Kioto';
```

なお、更新する列にデフォルト値がある場合には、値の代わりに「DEFAULT」キーワードを指定すると、デフォルト値に更新できます。

列にデフォルト値があるかどうかはテーブルの定義を見る必要があります。詳しくは次のINSERTの解説で紹介します。

◇データを挿入するINSERT文

テーブルにデータを挿入するには「INSERT文」を利用します。INSERTは行単位で行うため、行を構成する列の定義情報を含んだ「テーブル定義」を正確に知る必要があります。

MySQLでは、テーブル定義は以下のコマンドを使って知ることができます。（「¥G」は「;」の代わりに使えるデリミタで、結果を縦に見やすくします）

```
show create table テーブル名¥G
```

今回データを挿入したcityテーブルの定義は次のようになります。

```
mysql> show create table city¥G
*************************** 1. row ***************************
     Table: city
Create Table: CREATE TABLE `city` (
  `ID` int (11) NOT NULL AUTO_INCREMENT,
```

---

*2 京都市の人口は、同市のホームページで調べることができます（http://www.city.kyoto.jp/sogo/toukei/Population/）

```
 `District` char（20）NOT NULL DEFAULT '',
 `Population` int（11）NOT NULL DEFAULT '0',
  PRIMARY KEY（`ID`）
）ENGINE=MyISAM AUTO_INCREMENT=4081 DEFAULT CHARSET=latin1
1 row in set（0.00 sec）
```

またはテーブル定義自体ではなく、単に列の情報を知りたい場合には、Oracle互換コマンド「desc テーブル名」でも確認できます。

```
mysql> desc city;
+-------------+----------+------+-----+---------+----------------+
| Field       | Type     | Null | Key | Default | Extra          |
+-------------+----------+------+-----+---------+----------------+
| ID          | int(11)  | NO   | PRI | NULL    | auto_increment |
| Name        | char(35) | NO   |     |         |                |
| CountryCode | char(3)  | NO   |     |         |                |
| District    | char(20) | NO   |     |         |                |
| Population  | int(11)  | NO   |     | 0       |                |
+-------------+----------+------+-----+---------+----------------+
```

とりあえず、これまでの情報から次のことがわかります（これ以外の部分については気にしないでください）。

①列数は5（ID、Name、CountryCode、District、Population）
②ID列とPopulation列のデータ型は「INT型」、その他の列は「CHAR型」
③ID列は主キーの設定がしてあり、auto_incrementの属性が付いている

　②の「INT型」とは、「INTEGER（整数）」の略です。整数を入れる列に指定するデータ型（数値型）であり、小数は入れられません。「（11）」のように（n）の表記がありますが、これはMySQL独特の「画面表示用の幅」を示すもので、CHAR型のように「列のサイズ」を示すものではありません。
　一方「CHAR型」は「CHARACTER（文字）」の略で、文字列を入れる列

193

に指定するデータ型（文字列型）です。「char（35）」や「char（3）」のように、列の中に入れることのできる文字列の長さ（最大長）を「かっこ（）」で指定します。最大長を超える長さの文字列は格納できません。

「char（n）」のように「n」で長さを指定した場合、長さの単位はDBMSやバージョンにより異なります。MySQLの場合4.0まではバイト長で、4.1以降（本書で利用している5.6を含む）では文字数です。

主キー（Primary Key）はテーブルの行を一意に特定できるユニークな値を格納する列に付加できるもので、テーブルに1つしか定義できません。

主キーが設定してある列はユニークであることが保証されるため、UPDATEやDELETEで、ピンポイントで行を指定して更新するのに便利です[3]。データ自体にデータを特定するユニークな情報があれば、それを主キーにすればよいのですが、そういった情報がなく単に機械的にユニークな番号を割り当てたい場合には、「auto_increment属性」を利用することもできます。これは挿入された行に対して、自動でユニークな番号を添付する属性です。

◇ INSERT文の基本構文

では、このようにデータを挿入するテーブルの前提条件がわかったところで、具体的なINSERT文に戻りましょう。

INSERT文の基本構文は次の通りです。

INSERT INTO テーブル名（列1[, 列2, ...]）VALUES（値1[, 値2, ...]）；

テーブル名の後の列のリストと、VALUESの後の値のリストは、数とデータ型が合致している必要があります。

またテーブルに定義された全列に対して、VALUESで値が設定されている場合は、テーブル名の列リストを省略することができます（この場合VALUESの後の値のリストは、テーブルの列定義順に並べる必要がありま

---

[3] 主キーはテーブル設計においても重要な役割を果たすため、第8章でさらに詳しく解説します。

す）。なお、実習で使用した以下のINSERT文は、5つの列全部に設定する値が指定されているために、テーブル名の列リストを省略しています。

```
mysql> insert into city values（DEFAULT, 'Ozu', 'JPN', 'Ehime', 45020）;
```

　上記のINSERT文では、1列目には「値」ではなく「DEFAULT」キーワードを指定しています。テーブルの定義にデフォルト値を設定している場合、「INSERT時にそのデフォルト値を利用する」という指定になります。
　現在利用している都市（city）テーブルでは、1列目以外ではDEFAULT値という形式でデフォルト値が設定してあります。1列目は「auto_increment」というMySQL独自の設定で、挿入のたびにユニークな連番がデフォルト値として設定されます。
　デフォルト値で行を挿入する方法には、ここで取り上げたDEFAULTを明示的に値として指定する方法や、列リストから外して、暗黙的に指定する方法があります。
　例えば次のように列リストから1列目の「ID」を外し、値リストからもIDに指定する値を外した場合、IDにはデフォルト値が利用され、結果、実習で実行したINSERT文と同等のデータが挿入されます。

```
mysql> insert into city（name, countrycode, district, population）values（'Ozu', 'JPN', 'Ehime', 45020）;
```

　なお都市（city）テーブルでは、5つの列すべてにデフォルト値が設定してあるので、すべてDEFAULT値の行を作成できます。ただし暗黙的にデフォルト値を設定する方法の場合、最低でも1つは列リストを指定する必要がありますので、ID列にDEFAULTを入れる次のようなINSERT文を実行します。

```
mysql> insert into city（id）values（DEFAULT）;
```

　追加内容を確認すると、確かにすべてデフォルト値（IDはユニークな連

番、文字列型は空文字、数字型は0）の行が挿入されています。

```
mysql> select * from city order by id desc limit 3;
+------+-------+-------------+----------+------------+
| ID   | Name  | CountryCode | District | Population |
+------+-------+-------------+----------+------------+
| 4081 |       |             |          |          0 |
| 4080 | Ozu   | JPN         | Ehime    |      45020 |
| 4079 | Rafah | PSE         | Rafah    |      92020 |
+------+-------+-------------+----------+------------+
3 rows in set（0.00 sec）
```

◇データの挿入によく使われる構文

また、よく使われる構文に「INSERT INTO テーブル1 SELECT *
FROM テーブル2」があります。これはVALUESの代わりに、挿入する値
（レコード）としてSELECT文の結果を使う方法です。この方法を利用す
ると、既存のデータを元にして、1行で複数のレコードの挿入が可能です。

MySQLでは「CREATE TABLE テーブル名1 LIKE テーブル名2」とい
う独自の構文で、テーブル名2と同じ構造のテーブル（データはなし）が
作成できますので、それでcitycopyテーブルを作成し、cityテーブルと同
じデータをINSERT文で挿入してみましょう。

citycopyテーブルの作成

```
mysql> create table citycopy like city;
Query OK, 0 rows affected（0.09 sec）
```

cityテーブルと同じデータの挿入

```
mysql> insert into citycopy select * from city;
Query OK, 4081 rows affected（0.05 sec）
Records: 4081  Duplicates: 0  Warnings: 0
```

ここで利用するSELECT文は、SELECT結果がINSERT対象の列の列定義と同じになるなら、本章で学習したように各種の句を付けて実行可能です。例えばWHERE句で条件を付けたり、LIMIT句で行数を指定したりすることもできます（LIMIT 3とすると3行だけ戻ります）。

また、MySQLでは複数行インサート（multi row insert）[4]というINSERT文1つで、新規の複数行を挿入できる機能があります。

例えば、次のような複数のレコードを挿入するには、1行ごとにINSERT文を書く必要があります（挿入データは愛媛県のWebサイトから、まだ格納されていない上位の3つの市町村を選んでいます[5]）。

```
INSERT INTO city （name, countrycode, district, population） VALUES （'Saijo','JPN','Ehime',109598）；
INSERT INTO city （name, countrycode, district, population） VALUES （'shikokuchuo','JPN','Ehime',
87959）；
INSERT INTO city （name, countrycode, district, population） VALUES （'uwajima', 'JPN', 'Ehime', 79269）；
```

これをVALUES後のカッコ（）をカンマで連結し、次のように1文で書くことができます。

```
INSERT INTO city （name, countrycode, district, population） VALUES （'Saijo','JPN','Ehime',109598），
（'shikokuchuo','JPN','Ehime', 87959），（'uwajima','JPN','Ehime', 79269）；
```

このように記述すると見た目がわかりやすいですし、INSERT文の走査・処理を1度にまとめことができるため、INSERT文を1行ずつ複数回実行するよりも処理時間が短くなることが期待できます。

◇データを削除するDELETE文

既存のデータを削除する場合にはDELETE文を利用します。基本的な構文は以下の通りです。

---

[4] この記法はMySQLの独自実装でしたが、便利なので他のDBMSでも採用され現在はDB2, SQL Server, PostgreSQLでも利用できるようになっています。（Firebird, Oracleでは利用できません）

[5] 出典：http://www.pref.ehime.jp/toukeibox/datapage/suikeijinkou/saishin/suikeijinkou-p01.html

```
DELETE FROM テーブル名；
```

ただ、この例の場合、指定したテーブルのすべての行が削除されるため、利用されるケースはあまり多くはありません。通常は、更新する対象をWHERE句で絞った以下の構文を使います。

```
DELETE FROM テーブル名 WHERE 条件；
```

WHEREに指定する条件は各行に対してのもので、これは先に解説したSELECT文のWHEREと同様です。また削除はWHERE句に合致した行すべてについて行われるため、冒頭の実習で実行したように、1行をピンポイントで削除するためには、WHERE句で対象行をユニークに特定する必要があります。行をユニークに特定するには複数の列の値をANDで指定したり、ユニークであることが自明な列を条件として指定します。

最後に本節で解説したこと 図3 にまとめますので、確認してください。

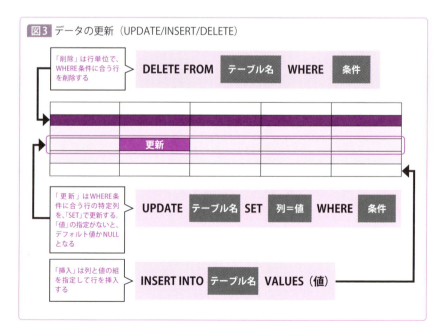

図3 データの更新（UPDATE/INSERT/DELETE）

CoffeeBreak　SQL標準語と方言の違い

SQLの記述方法には標準語となるSQL標準に基づいているものと、各社が独自に実装した、いわゆる方言的なものがあります。

SQL文自体は当初標準がなく、各社が独自に仕様・実装を進めていましたが、1980年代中盤以降、徐々に標準化が進み、各社実装依存の例外は残るものの、基本的な部分はかなり共通化はされてきています。しかしながら、まだ次のような部分で方言が残っていますので、注意が必要です。

①用意されているデータ型や関数の機能や範囲が違う
②特定のデータ型、比較演算子でNULLの扱いが違う。例えばOracleのVARCHAR2型では空文字（長さ0の文字）がNULL扱い、SQL Serverでは「ANSINULL=OFF」で「=NULL」が「TRUE」や「FALSE」を返すなど
③内部結合（inner join）や外部結合（outer join）に、SQL標準以外の古い表記やベンダー独自表記がある。例えば内部結合で「INNER JOIN」のキーワードは利用せず、FROM句の後に表を2つ列挙してWHERE句に結合条件を書く、外部結合の「LEFT OUTER JOIN」結合条件でOracleは「A = B(+)」、SQL Serverは「A *= B」など
④データベース特有のユーザ管理をしない、もしくはOSユーザと連携できる
⑤ストアドルーチン（プロシージャ、ファンクション）やトリガーの有無、またある場合の記述言語（PL/SQL、T-SQL、SQL/PSM）の違い
⑥比較的新しいSQL標準の機能（Window関数、SQL/MEDなど）の有無

新規で開発するにはSQL標準を使えばいいのですが、既存のコードを読むときにはこれらの存在を知っておくと便利です。

なお、SQLの標準化については次の記事に概略があります。下記の記事は2002年に書かれたもので、すでに20年経過していますので、皆さんが目にするときにはすでに30年以上は経過していることになります。

SQLの20年 http://kikaku.itscj.ipsj.or.jp/topics/sql.html

やってみよう！

【6-4】ビューの作成と複数のテーブルからのSELECT

ここでは、ビュー（View）の作成に加え、複数のテーブルから行を選択（SELECT）する手順を試してみましょう。

Step1 ▷ ビュー（View）を作成してみよう。

cityテーブルから愛媛県（countrycode='JPN' and district='Ehime'）のid, name, populationを表示するビュー（本例の名称は「cityehime」ビュー）を作成してみましょう。ビューの作成には、「CREATE VIEW」を用います。

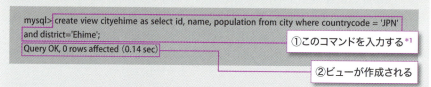

```
mysql> create view cityehime as select id, name, population from city where countrycode = 'JPN' and district='Ehime';
Query OK, 0 rows affected (0.14 sec)
```
①このコマンドを入力する*1
②ビューが作成される

次に、作成したビューを選択します。いったん作成したビューは、SQL文からすると通常のテーブルと変わりません。

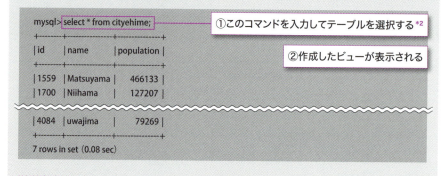

```
mysql> select * from cityehime;
+------+-----------+------------+
| id   | name      | population |
+------+-----------+------------+
| 1559 | Matsuyama |     466133 |
| 1700 | Niihama   |     127207 |
```
①このコマンドを入力してテーブルを選択する*2
②作成したビューが表示される

```
| 4084 | uwajima   |      79269 |
+------+-----------+------------+
7 rows in set (0.08 sec)
```

*1 ビューの名称（本例では「cityehime」）は、任意に変更してください（cityehime00など）。すでに同名のビューがある場合は、「already exists」というエラーメッセージが表示されます。
*2 「任意のビュー名」には、先の手順で設定したビュー名（本例では「cityehime」）を入力します。

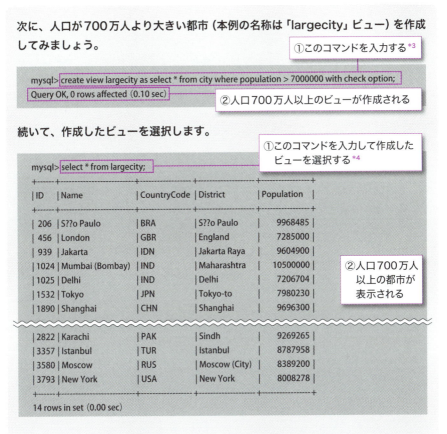

Step2 ▷ 副問い合わせ（Sub query）を実行しよう

次に、日本の都市だけをまとめたビュー（本例の名称は「cityjapan」ビュー）を作成してみましょう。

```
mysql> create view cityjapan as select id, name, district, population from city where countrycode = 'JPN';
Query OK, 0 rows affected (0.11 sec)
```

①このコマンドを入力する[*5]

②日本の都市名だけを持つビューが作成される

[*3] ビューの名称（本例では「largecity」）は、任意に変更してください（largecity00など）。すでに同名のビューがある場合は、「already exists」というエラーメッセージが表示されます。

[*4] 「任意のビュー名」には、先の手順で設定したビュー名（本例では「largecity」）を入力します。

[*5] ビューの名称（本例では「cityjapan」）は、任意に変更してください（largecity00など）。すでに同名のビューがある場合は、「already exists」というエラーメッセージが表示されます。

次に、日本の都市のうち、人口 (Population) が平均以上の都市数を数えてみましょう。

```
mysql> select count (*) from cityjapan where population > (select avg (population) from cityjapan) ;
+----------+
| count(*) |
+----------+
|       63 |
+----------+
1 row in set (0.01 sec)
```

①このコマンドを入力する[*6]

②平均以上の都市数が表示される

次に、各都道府県それぞれで人口の平均を取り、各都道府県内で人口が平均より多い都市をピックアップします(「平均*より*多い、で結果1件しか登録されていない都道府県は除外される」)。このような処理を都道府県ごとに行うクエリは次の通りです。

```
mysql> select district, name, population from cityjapan as c1 where population > (select avg (population) from cityjapan as c2 where c1.district = c2.district group by district) ;
+-----------+--------------------+------------+
| district  | name               | population |
+-----------+--------------------+------------+
| Tokyo-to  | Tokyo              |    7980230 |
| Kanagawa  | Jokohama [Yokohama]|    3339594 |
～～～～～～～～～～～～～～～～～～～～～～～～
| Tottori   | Tottori            |     147523 |
+-----------+--------------------+------------+
73 rows in set (35.90 sec)
```

①このコマンドを入力する

②各都道府県内で人口が平均より多い都市が表示される

本来であれば、上記の処理を行うには、「まず県内の都市名をピックアップし」「次にそれぞれの都市の人口平均を取り」「その人口平均より大きい都市をピックアップする」という処理を、都道府県ごとに行う必要があります。しかし上記のクエリを使えば、その処理をすべての都道府県に対して一括で行うことができます[*7]。

[*6] 「任意のビュー名」には、先の手順で設定したビュー名(本例では「cityjapan」)を入力します。

[*7] 個別に行う場合、例えば東京都であれば「select * from cityjapan where district='tokyo-to';」で東京都の都市名をピックアップし、続いて「select avg (population) from cityjapan where district='tokyo-to';」で東京都の都市人口の平均を求め (6135553.72222となる)、「select * from cityjapan where district='tokyo-to' > 6135553.72222;」でビューを作成し、「select * from cityjapan where district='tokyo-to' and population > 6135553.72222;」でそのビューを選択して表示する必要があります。

6-4 ビューの作成と複数のテーブルからのSELECT

Step3 ▷ 結合（内部結合・外部結合）を実行してみよう

各国で使われている言語（countrylanguage）テーブルには、それぞれの国で使われている言語が登録してあります。まず、日本で利用されている言語を見てみましょう。

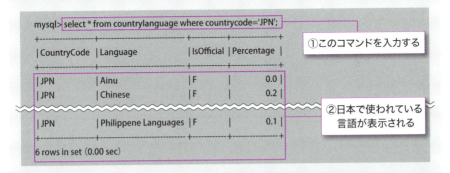

次に、世界の国のうち、日本語を使っている国を調べてみましょう。

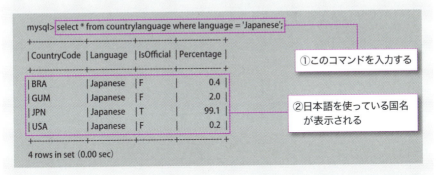

先の手順では国コード（countrycode）が表示されました。「JPN」「USA」はわかりますが、「BRA」「GUM」がどこの国を指すのかわかりづらいですね。そこで、国コードから国名を検索して追加してみましょう。

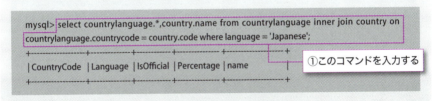

203

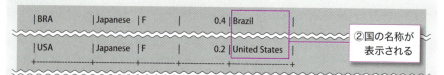

②国の名称が表示される

これで、「BRA」はブラジル（Brazil）、「GUM」はグアム（Guam）を示すことがわかります。ところで、countrylanguageテーブルには、実はいくつか登録されていない言語があります。ここでは、エスペラント語[*8]という言語を登録してみましょう。

①このコマンドを入力する

```
mysql> insert into countrylanguage (language) values ('Esperanto');
Query OK, 1 row affected (0.00 sec)
```

②エスペラント語が登録される

次に、先に利用したクエリを使い、エスペラント語が実際に使われている国があるかどうかを調べてみましょう。エスペラント語は人工言語なので、どの国も使用していないことがわかります。

①このコマンドを入力する

```
mysql> select countrylanguage.*,country.name from countrylanguage inner join country on countrylanguage.countrycode = country.code where language = 'Esperanto';
Empty set (0.01 sec)
```

②結果が戻らず、どの国も採用されていないことがわかる

上の手順では「Empty set」と表示され、結果が戻りませんでした。一応の結果を戻したい場合は、以下のクエリを使います[*9]。

①このコマンドを入力する

```
mysql> select countrylanguage.*,country.name from countrylanguage left outer join country on countrylanguage.countrycode = country.code where language = 'Esperanto';
+-------------+-----------+------------+------------+------+
| CountryCode | Language  | IsOfficial | Percentage | name |
+-------------+-----------+------------+------------+------+
|             | Esperanto | F          |        0.0 | NULL |
```

②結果は戻るが、やはりパーセンテージはゼロ

[*8] エスペラントは1887年ポーランド（当時ロシア領）のユダヤ人眼科医ザメンホフ（L.L. Zamenhof）が提案した国際共通語（人造語）です。

[*9] 本実習で使用したコマンドのテキストファイルをご覧になりたい場合は、以下のWebサイトからダウンロードしてください。
URL http://www.shoeisha.co.jp/book/download

学ぼう！

〔6-4-1〕
ビューの作成と
副問い合わせ、結合

◇ビューを使う利点

「ビュー（View）」は、SQLの観点から見ると「テーブルと同じ」ですが、テーブルのようにデータは持たず[*1]、テーブルに対するSELECTを持っています。テーブルの代わりにビューを使う利点には、次のものがあります。

①複雑なSELECT文をいちいち毎回記述する必要がなくなる

②必要な列、行だけをユーザに見せることができる。また更新時にも、ビュー定義に沿った更新に限定することができる

③上記①と②の利点を、データ格納なしに（記憶装置の容量を使わずに）実現できる。またビューを削除（DROP VIEW）しても、参照しているテーブルは影響を受けない

◇ビューを作成するCREATE VIEW文

ビューを作成するにはCREATE VIEW文を使います。一般的な構文は次の通りです。

```
CREATE VIEW ビュー名（列名 1[, 列名 2, ....]) AS SELECT 文 ;
```

なお、元のSELECT文で指定された列のすべてを指定する場合、ビュー名の後のカッコ（）と列リストは省略できます。冒頭の実習のCREATE VIEWはこの構文です。

．．

[*1] OracleやPostgreSQLで提供されているマテリアライズドビュー（Materialized View）は、「ビュー」という名前が付いていますが、実際にデータを持ちます（データは元となるテーブルから一定時間ごとに反映される仕組みです）。DB2はMQT、SQL Serverはインデックス付きビューという類似の機能を持ちますが、MySQLやFirebirdにはありません。

205

◇ビューへの挿入・更新の制限

　ビューへの挿入・更新にはいくつかの制限が付きます。基本的には「どの行が対応しているかわからない」または「何の値を入れたらいいかわからない」場合に更新できません[*2]。

　例えば「GROUP BY」で集約された数値や、「distinct」で求められた値に対して更新をする場合には、結果の元となったテーブルにあるn行の行のうち、どの数値を更新していいのかわかりません。また、2つ以上のテーブルを結合して作成したビューを更新する場合、どちらのテーブルを更新したらよいのかわからない場合があります。さらに、ビューで元テーブルの一部のカラムだけが選択されている場合、データを挿入しようとしても、選択された列以外の列でデフォルト値（DEFAULT値）もない、NULLも許されない（NOT NULL）状態では、そのカラムに入れることができる値がなく、実質的にビューへの挿入はできないことになります。

◇副問い合わせの実行とは

　通常、SELECTの結果は、「選択した列と行からなるテーブル形式」になります。さらにその特殊な形として、1つの列と1つの行からなるテーブル、つまり「単一の値」になる場合があります[*3]。

　SQL文では、このようなSELECT文の結果を、あたかもテーブルのようにして扱ったり、数値のように扱って条件文に利用したりすることができます。このようなクエリを、メインのクエリに対比させて「サブクエリ（副問い合わせ）」と呼びます（図4）。冒頭の実習では、利用した人口の平均値を求めて、その単一の値を条件に利用しています（これをスカラ・サブ

[*2] PostgreSQL 9.2以前のように、「デフォルトで更新ができない」という実装や、システムの設定で特定の更新を禁止するという実装もあります（MySQLのシステム変数updatable_views_with_limit）。

[*3] このような単一の値をスカラ値と呼びます。スカラ（scalar）は「単一の」という意味です。例えば「SELECT COUNT(*) FROM テーブル名;」の結果は単一の数字になります。

クエリと呼びます)。サブクエリは、通常のクエリの中でテーブルや単一の値がおける場所のほとんどで利用することが可能ですし、さまざまなバリエーションがあるので、詳細はお使いのDBMSのマニュアルやSQLの入門書、学習書を参照してみてください。

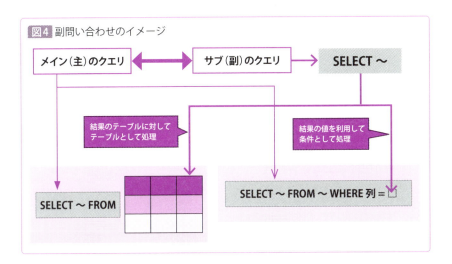

図4 副問い合わせのイメージ

◇結合とは

ここまで、「副問い合わせ」以外は、1つのテーブルに対するクエリについて解説してきました。しかしながら、SQLは単一のテーブルだけに対するものではなく、2個以上のテーブルを対象にして発行することも可能です。その場合によく利用されるのが「結合(JOIN)」です。

結合は、単純に説明すると1つのテーブルだけの列ではデータが足りない場合に、列を持ってくる操作です。ただ闇雲に持ってくるわけにはいきませんので、2つのテーブルの行を付け合わせるための条件を「結合条件」として指定します。結合にも様々なバリエーションがありますが、まずは「内部結合」と「外部結合」を抑えておけば大丈夫です[4]。

---

[4] 結合は2つ以上、つまり3つや4つのテーブルの結合も可能ですが、ここでは話を単純にするために2つのテーブルで説明します。

◇内部結合（inner join）とは

結合では、2つのテーブルから必要な列を持ってくる際に、行を付け合わせるための条件を「ON」で指定します。内部結合ではこのONで指定した結合条件に一致する行だけを、2つのテーブルから持ってきます（図5）。冒頭の実習で利用したクエリは次のようなものでした。

```
mysql> select countrylanguage.*,country.name from countrylanguage INNER JOIN country ON
countrylanguage.countrycode = country.code where language = 'Japanese';
+-------------+-----------+------------+------------+----------------+
| CountryCode | Language  | IsOfficial | Percentage | name           |
+-------------+-----------+------------+------------+----------------+
| BRA         | Japanese  | F          |        0.4 | Brazil         |
| GUM         | Japanese  | F          |        2.0 | Guam           |
| JPN         | Japanese  | T          |       99.1 | Japan          |
| USA         | Japanese  | F          |        0.2 | United States  |
+-------------+-----------+------------+------------+----------------+
```

ここでは「CountryCode」（国コード）を結合の条件として、countrylanguageテーブルから「すべての列（*）」を、countryテーブルからは「name列」を持ってきています。

このように2つのテーブルの列をどちらのテーブルのものか区別する場合には、テーブル名で修飾します。つまり「テーブル名.列名」のように指定するのです。これは、例えば2つのテーブルに同じ名前の列がある場合には必須になりますし、逆にどちらかのテーブルにしか存在しない列名だと、省略しても大丈夫です（WHERE句のlanguage = 'Japanese'のlanguageはcountryテーブルにしかないので省略しています）。

またクエリにもあるように、結合した結果に対しては、普通の単一のテーブルに対する操作と同じように「WHERE」「ORDER BY」「LIMIT」や、「GROUP BY」「HAVING」を指定することも可能です。なお、内部結合の書式は以下の通りです。

SELECT 選択したい列のリスト FROM 1 つ目のテーブル名 INNER JOIN 2 つ目のテーブル名 ON 結合条件 ;

6-4-1 ビューの作成と副問い合わせ、結合

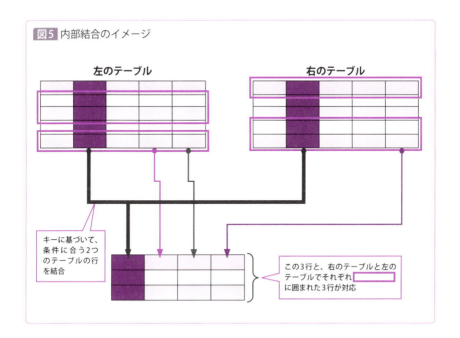

図5 内部結合のイメージ

◆外部結合（outer join）とは

　内部結合では、2つのテーブルから結合条件に一致したものだけを取得していました。しかしながら、実務では「どちらか片方のテーブルを基準としてすべての行を表示し、もう片方のテーブルは値があれば表示したい」ということがよくあります。

　例えば行数（＝基準とするテーブルの行数）を固定して画面に表示したい場合や、ビジネスのフローとして、まず起票（＝基準となるテーブルにデータを登録）して、詳細はもう片方のテーブルから順次格納したい場合などです。このような場合には、「外部結合」が利用できます。書式は以下の通りです。

SELECT 選択したい列のリスト FROM 1 つ目のテーブル名 LEFT OUTER JOIN 2 つ目のテーブル名 ON 結合条件；

内部結合と比較すると、キーワードの「INNER」が「LEFT OUTER」に差し替えられているだけです。これによりLEFT、つまり2つのテーブルのうち左側のテーブル（1つ目のテーブル）のすべての行が表示され、もう1つのテーブルの行データは結合条件に合致するものがある場合はその値が取得され、合致するものがない場合には「NULL」が取得されます。冒頭に実習ではこの特性を用いて、1つ目のテーブルにしかない行を表示しています。外部結合のイメージは図6を参照してください。

　外部結合は1つ目の表ではなく、2つ目の表を基準とする「RIGHT OUTER JOIN」という指定もできます。これは「基準となるテーブルが2つ目の表になる」ということ以外は、LEFT OUTER JOINと同じです。しかし、特に理由がない（例えばクエリの自動生成で1つ目の表、2つ目の表のクエリ内での順番が変更できないなど）限りは、LEFT OUTER JOINのほうがわかりやすく、よく使われているように思います。

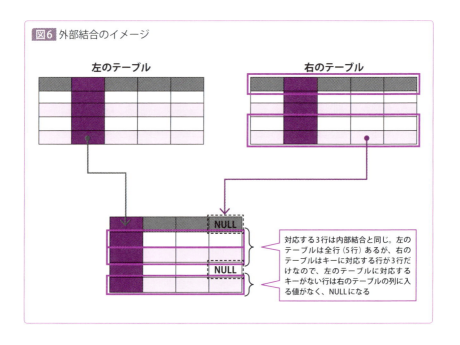

図6　外部結合のイメージ

6-4-1　ビューの作成と副問い合わせ、結合

CoffeeBreak　DBMSの闇？「NULL」

　NULLはDBMSの中で、「不明（UNKNOWN）」「適用不可（N/A：Not Aplicable）」を表すために使われます。データの中にはこれらが存在する可能性があるので、列の定義をするときには「NOT NULL」ではなく、「NULLABLE（NULLの格納が可能。NULLに関する定義をしなかった場合のデフォルト値）であるほうが、一見便利な気がします。しかしDBMSの世界では、NULLの利用はあまり推奨されていません。特に問題となるのは、「①SQLのコーディングにあたり、人間の直感に反する3値論理（true、falseに加え、NULLによりもたらされるunknown）を考慮しなければならない」「②四則演算またはSQL関数の引数にNULLが含まれると『NULLの伝播』が起こる」という2点です。特に①について、「IS NULL」ではなく「= NULL」と書いて思い通りの結果が得られなかったというのは、よくある事態です。

　これはNULLに「=」を適用した結果が必ず「unknown」になるからです。このように原則としてNULLは利用すべきでないですが、既存のテーブル定義にあると、変更が難しいケースもあります。実は一部のDBMSには、NULLを含めた比較演算子が実装されています。例えばMySQLでは<=>という独自の演算子があり、A、BどちらにNULLが含まれても、「A <=> B」で正しく比較することができます。つまり通常の演算とは違って「NULLの伝播」が起こりません。またSQL標準では、NULL込みの比較が行える「IS DISTINCT FROM」が定められています。これが実装されているDBMSでは「A IS DISTINCT FROM B」で、同様の結果を得ることができます。

第6章のまとめ

- 利用されるSQLのほとんどはSELECT文である
- クライアントから利用されるのは、SQL（DML/DCL/DDL）と管理コマンド・SQLは各ベンダーで同一の表記ができる標準化が進み互換性があるが、一部方言が残り、管理コマンドには互換性がない。
- DML（データ操作言語）は、SELECT文と広義の更新（UPDATE/INSERT/DELETE）からなる
- SELECTは1つのテーブルに限らず、2つ以上のテーブルを処理対象にすることができる。また、よく使われるのは「内部結合」と「外部結合」
- SELECTは「ビュー（VIEW）」というデータを持たない仮想表として定義できる

練習問題

Q1 以下のうち SQL の分類種別では「ない」ものはどれでしょう？

A DML

B DDL

C DCL

D MML

Q2 以下のキーワードのうち DML に分類されるものはどれでしょう？

A SELECT

B UPDATE

C INSERT

D DELETE

E A～Dのすべて

Q3 SELECT文で対象データをグループ化利用する際に利用「しない」キーワードはどれでしょう？

A SHUKEI

B GROUP BY

C HAVING

D A～Cのすべて

Q4 1つのクエリで2つ以上のテーブルを扱うことができるでしょうか？

A できる

B できない

Q5 クエリの結果をあたかもテーブル、もしくは値として、その外側のクエリで扱うようなクエリを何と言うでしょう？

A 子問い合わせ

B 相棒問い合わせ

C 副問い合わせ

D 仮問い合わせ

解答 Q1. D Q2. E Q3. A Q4. A Q5. C

Chapter 07

トランザクションと
同時実行制御

~複数のクエリをまとめる~

本章では、一般的なDBMSでアプリケーションのロジックを構成する際に利用する「トランザクション」や「ロックの仕組み」について解説します。少し難度の高い内容も含まれますが、データベースを学ぶうえで欠かせない要素ですので、しっかりと理解してください。

やってみよう！

[7-1] トランザクションを扱えるテーブルを作成しよう

データベースを利用する実際のシステムやアプリケーションでは、単独のクエリのみで操作することはほとんどなく、複数のクエリを連続的に用い、一貫性のある形でひとまとまりにして扱う必要があります。このようなひとまとまりのクエリの処理単位を「トランザクション」と呼びます。ここでは、トランザクションを扱えるテーブルを作成してみましょう。

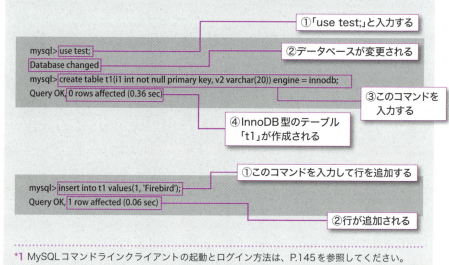

Step1 ▷ トランザクションを扱えるテーブルを作成しよう

スタートメニューからMySQLコマンドラインクライアントを起動してログインし[*1]、testデータベースにInnoDB型[*2]のテーブル「t1」を作成して、1行追加します。

*1 MySQLコマンドラインクライアントの起動とログイン方法は、P.145を参照してください。
*2 「InnoDB型」の詳細はP.216を参照してください。

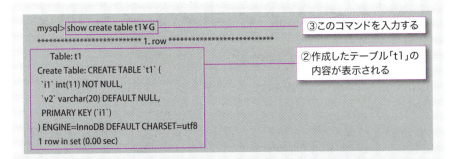

Step2 ▷ 他のコネクションからStep 1で挿入された値を見てみよう

スタートメニューから、MySQLコマンドラインクライアントをもう1つ起動して、同じパスワードでログインしてください。実はMySQLコマンドクライアントは複数起動でき、それぞれ違うクライアント、違うコネクションとしてMySQLサーバから認識されます。さらに、Step1で作成したtestデータベースのt1テーブルのすべての行を選択して見てみましょう[*3]。

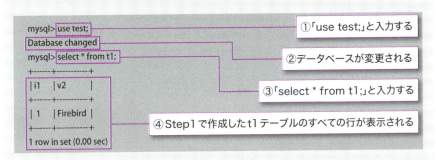

*3 本実習で使用したコマンドのテキストファイルをご覧になりたい場合は、以下のWebサイトからダウンロードしてください。
URL http://www.shoeisha.co.jp/book/download

学ぼう！

【7-1-1】
「トランザクション」って何？

◇ トランザクションとは

本章では、一般的なDBMSでアプリケーションのロジックを構成する場合に利用するトランザクションやロックの仕組みを勉強します。前章ではテーブルの更新を行うために、「INSERT/DELETE/UPDATE」を利用しました。しかしながら、更新は単独のクエリのみで構成されることは少なく、複数のクエリを連続的に行うことがほとんどです。

また、更新の元データとしてSELECTを利用する場合は、それを含めて複数のクエリを一貫性のある形でひとまとまりにして扱う必要があります。トランザクションとは、このような複数のクエリをひとまとまりにしたものだと考えてください。

MySQLでは、トランザクションを利用できないシンプルな仕組みの「MyISAM型」と、一般的なDBMSと同様にトランザクションの仕組みが利用できる「InnoDB型」の2種類のテーブルが利用できます。前章までで利用したテーブルは、すべてMyISAM型でした。冒頭の実習では、トランザクションを利用するためにInnoDB型のテーブルを作成しています。

トランザクションは次の4つの特性により定義され、そのイニシャルによって「ACID特性」と呼ばれます。

① Atomicity（原子性）
② Consistency（一貫性）
③ Isolation（分離性もしくは隔離性、独立性）
④ Durability（持続性）

Atomicity（原子性）

「原子性」とは、データの変更（INSERT/UPDATE/DELETE）を伴う一連のデータ操作が「全部成功」するか「全部失敗」するかを保証する仕組みです。例えば、東京から新幹線で新大阪まで行って一泊し、翌日東京まで戻ってくる場合を考えましょう。このような場合、「①東京→新大阪の指

7-1-1 「トランザクション」って何?

定席をとる」「②新大阪での宿泊予約をとる」「新大阪→東京」の指定席をとる」「④これら①〜③の代金を支払う」という手順を行うはずです。

これらがすべてうまく行く場合、トランザクションでは①〜④の処理の後に、「COMMIT」を発行して処理を確定させます。この場合、それぞれのデータ操作は永続的となり、結果が失われない状態になります。

では、もし処理の途中でエラーになった場合はどうでしょうか？ 例えば③で「指定席がとれない」とか、④で「手持ちのお金が不足している」という場合です。このような場合は、「ROLLBACK」を発行することにより、①〜④の処理の途中から、①の直前の状態まで戻すことができます。

また、このようにシステムが正常動作していた上でのエラーではなく、クライアントからサーバへの通信が途絶えてしまったり、サーバがダウンしてしまった場合でも、COMMITされたもの以外はROLLBACKする仕組みになっています（図1）。

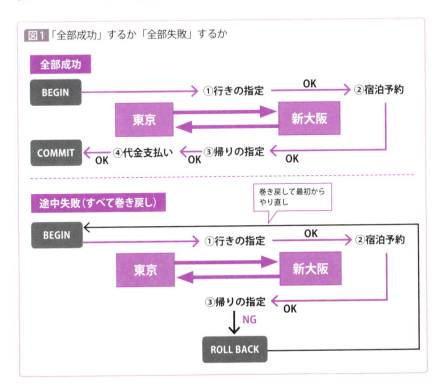

図1 「全部成功」するか「全部失敗」するか

Consistency（一貫性）

　データベースには、データベースオブジェクト（テーブルをはじめとするデータベース内に定義できるオブジェクト）に対して、各種整合性制約を付加することができます。これは、一連のデータ操作の前後でそれらの状態を保つことを保証する、すなわち「一貫性」を保つための仕組みです。

　例えばシステムに利用ユーザを登録する場合、そのユーザを一意に識別するために、連番をユーザに振って（ユーザ番号）、それに対してユニーク制約（一意制約）を設定した場合、重複するようなユーザ番号を格納することはできません。これは複数のユーザが同時にユーザ番号を取得しようとした場合も同じです。

Isolation（分離性もしくは隔離性、独立性）

　「分離性（隔離性、独立性）」とは、一連のデータ操作が、複数のユーザから同時に行われる際に、「それぞれの処理が矛盾なく行えることを保証する」ことです。

　例えば、新大阪の指定ホテルの残りシングル部屋数が10部屋だったとしましょう。実際に宿泊をとる流れをプログラム的に表現すると、次のようになります。

①現在のシングル部屋残数を確認する（SELECT）
②確認した残数から1を引き、結果をシングル部屋残数に書き戻す（UPDATE）

　これをユーザAとユーザBが同時に行うどうなるでしょうか？　2人が部屋を確保したなら、本来、部屋の残数は2つ減らなければなりませんが、もし同じ部屋を同時に確保してしまった場合、部屋の残数は1つしか減っていないことになります（図2）。

　このような状態が起こるのを防ぐために、データベースにはデータベースオブジェクトである表に対して「ロック」をかけて、後続の処理をブロックする仕組みがあります。

　ロックの単位には「表全体」「ブロック単位」「行単位」などがありますが、

MySQLでトランザクション処理を行う場合は、主に行単位のロック機能を利用します。具体的には、上述の①の処理で「SELECT 〜 FOR UPDATE」を実行することにより、SELECTした行にロックがかかります。すると、後続の処理は、そのロックが解放される（COMMITまたはROLLBACK、今回COMMIT）まで待たされ、正しく処理を継続することができるという仕組みです（図3）。

なお、InnoDB型のテーブルは「MVCC」という仕組みで動作しているため、今回の例でユーザBが単純に値を参照する、といった場合には、SELECTにFOR UPDATEは不要であり、その場合読み取りはブロックされません。そのため、更新するユーザが少数で、参照するユーザが多い場合には、ユーザの同時実行・並列実行性が高くなります[*1]。

ところで、「分離性」についての解説で、「それぞれの処理が矛盾なく行えることを保証する」と述べました。では、どのような状態が「矛盾なく」と言えるのでしょうか？

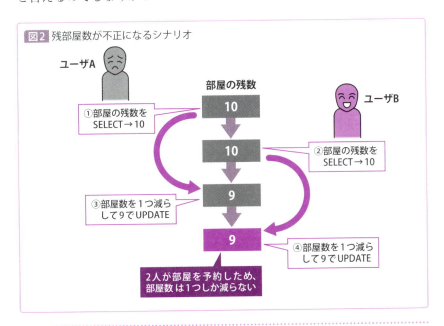

図2 残部屋数が不正になるシナリオ

[*1] MVCCについては次節で詳しく説明します。

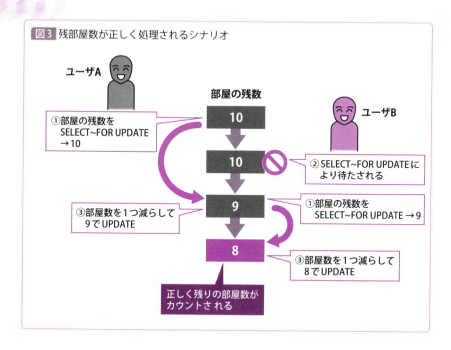

図3 残部屋数が正しく処理されるシナリオ

　これに対する答えは、「複数のトランザクションが順次実行された場合と同じ結果が得られる状態」ということになります。
　これは、「並行で実行される処理」を考えるから話が複雑になるので、よりシンプルに「並行でない（＝直列に）」状態で実行される場合の結果を考え、「それと同じなら保証できている」という考え方です。
　これを分離性のレベルとしてDBMS側で実装・提供しているものが「シリアライザブル（Serializable:直列化可能）」という仕様です。
　しかしながら、「シリアライザブル」の分離度では、常に同時に動作しているトランザクションは1つのイメージとなってしまい、パフォーマンス的に実用に耐えません。そのため、シリアライザブルから分離の厳格性を緩めて、シリアライザブル以外に、自分以外のトランザクションの影響を受けることを許容する3つのレベルが「ANSI[*2]」という規格団体によって定義されています。
　ANSIが定義する分離レベルは次の通りです[*3] [*4]。

①非コミット読み取り（Read Uncommitted：リードアンコミッテッド）
②コミット済み読み取り（Read Committed：リードコミッテッド）
③再読み込み可能読み取り（Repeatable Read：リピータブルリード）
④直列化可能（Serializable：シリアライザブル）

　①～④のうち、④のシリアライザブルが一番厳格で、数字が若いほど緩くなり、①の「リードアンコミッテッド」が一番緩い分離レベルとなります。ただし、分離レベルが1つ緩くなるにつれて、シリアライザブルでは起こらなかった現象が起こりえます。その現象とは **表1** の3つです。また、これら3つの現象と分離レベルの関係は **表2** の通りです。

表1 分離レベルの緩和によって起こる3つの現象

現象名	概要
①ダーティリード （Dirty Read）	あるトランザクションがコミットされる前に、別のトランザクションからデータを読み出せてしまう現象。例えばユーザAが値を変更し、まだコミットしていない場合でもユーザBが変更後の値を読み出してしまうことを指す。ユーザAが部屋の残数「10」であるレコードを「9」に変更した場合、コミット前でもユーザBがSELECTした結果が「9」になる。確定前の「汚れた（Dirty）」データを読み出し（Read）てしまうことから付いた名前
②曖昧な読取 （Fuzzy Read）	あるトランザクションが以前読み込んだデータを再度読み込んだとき、2回目以降の結果が1回目と異なる現象。例えば最初にユーザAが部屋の残数「10」を読み出し、その後ユーザBが値を「9」に変更しコミットも行ったとする。続いて、ユーザAがSELECTを再度実行すると、最初にSELECTできた「10」ではなく、変更後の「9」が読み出されてしまう。ユーザAが最初に読み出し（Read）た値「10」が、2回目以降のSELECTで保証されず曖昧（Fuzzy）になることから付いた名前。DBMSのマニュアルでは「繰り返し不可能な読み出し」（Non Repeatable Read）と紹介されることもある

*2 ANSI（アンシー）は米国国家規格協会（American National Standards Institute）の略称で、米国内における工業分野の標準化組織です。

*3 Read Committedは「RC」、Repertable Readは「RR」と省略されて利用されることがあります。

*4 この分離レベルはMySQLのものであり、どの分離レベルをサポートするかはDBMSによって違いがあります。分離レベルの名称がANSI SQLとは異なることもあります（DB2、Firebirdなど）。

③ファントム (Phantom)	あるトランザクションを読み込んだとき、選択できるデータが現れたり消えたりする現象。最初にユーザAが範囲検索（例えば部屋の残数が10以上のホテル）を行い、3行のレコードを読み出したとする。続いてユーザBがちょうどその範囲に収まるデータを1行INSERTし、コミットも行った。続いてユーザAが再度同じSELECT文を実行すると最初にSELECTできた3行ではなく、選択されるレコード数が4行になる。このように現れたり、消えたり（DELETEやUPDATEで消える）するデータが「幽霊（Phantom）」に似ていることから付いた名前

表2 3つの現象と分離レベルの関係

分離レベル	ダーティリード	曖昧な読取	ファントム
リードアンコミッテッド	○	○	○
リードコミッテッド	×	○	○
リピータブルリード	×	×	○
シリアライザブル	×	×	×

Durability（持続性）

　「持続性」は、一連のデータ操作（トランザクション操作）を完了（COMMIT）し、完了通知をユーザが受けた時点で、その操作が永続的となり結果が失われないことを示します。

　これはシステムの正常時だけにとどまらず、データベースサーバやOSの異常終了、つまりシステム障害に耐えるということです。MySQLを含め、多くのデータベースの実装では、トランザクション操作をハードディスクの上に「ログ」として記録し、システムに異常が発生したらそのログを用いて異常発生前の状態まで復旧することで、持続性を実現しています。

　持続性については第9章でも説明します。まずは「ACID」というものが大まかにどのようなものを指すかだけを覚えておいてください。

学ぼう！

〔7-1-2〕
「他のコネクションから どう見えるか」を考えよう

◇他のコネクションからテーブルを見る

P.214の実習では、1つのコネクションから作成したテーブル、そしてそのテーブルに挿入したデータを、他のコネクションから見て選択する、という操作を行いました。基本的にはDDLによるテーブルの作成、DMLによるデータの挿入は、トランザクションがコミットされるまで他のコネクションから見えません[5]。にもかかわらず、他のコネクションから見えているのには理由があります。

① DDLによる暗黙のコミット

MySQLやOracleでは、「CREATE TABLE」のようなDDL発行時に、暗黙のコミットが発行されます。そのため、1つのコネクションで行われたCREATE TABLEが成功すると、それ以降は他のコネクションでも参照できるようになります。

② 自動コミットの設定

トランザクションの開始（「BEGIN TRANSACTION」や「START TRANSACTION」、「SET TRANSACTION」など）が明示的に指定されない場合に、トランザクションの区切りはどうなるかというと、次の2つのパターンがあります。

A. 「1つのSQL文で1つのトランザクション」という区切りになる[6]

B. ユーザがCOMMITまたはROLLBACKを実行するまでが、1つのトランザクションとなる

---

[5] 「DDL」や「DML」については、P.224を参照してください。

[6] これを自動コミット（auto commit）モードと言います。

一般的なDBMSでは、どちらのモードも選択可能になっています。また デフォルト設定が自動コミットモードになっているDBMSには MySQL、PostgreSQL、SQL Serverなどがあります。

今回の実習では①かつ②のAであったため、他のコネクションでも INSERT後、すぐにテーブルとデータが確認できたというわけです。

CoffeeBreak　DML・DCL・DDL

SQLは、いくつかのキーワードと、テーブル名や列名などを組み合わせて1つの文 とし、操作の内容を記述します。

キーワードは、最初から意味や使い方が決められている特別な英単語です。SQL 文はDBMSに与える命令の種類により、次の3つに分類されます。

①DDL (Data Definition Language：データ定義言語)
②DML (Data Manipulation Language：データ操作言語)
③DCL (Data Control Language：データ制御言語)

DDLはデータを格納する入れ物であるスキーマ（データベース）や、テーブルな どを作成したり、削除したりします。DDLに分類される命令には、第6章で紹介し た「CREATE（データベースやテーブルの作成）」の他に、「DROP（CREATEで作成 したものの削除）」「ALTER（CREATEで作成したものの変更）」などがあります。

一方DMLは、テーブルの行を検索したり変更したりするのに用いられます。 DMLに分類される命令には「SELECT（行の検索）」「INSERT（行の追加）」「UPDATE （行の更新）」「DELETE（行の削除）」などがあります。　最後の「DCL」は、データベー スに対して行った変更を確定したり取り消したりするのに用いられます。本章で紹 介した「COMMT（変更の確定）」や「ROLLBACK（変更の取り消し）」は、DCLの 一種です。なお、実際も実務で使われるSQL文のほとんどはDMLです。ここでは、 「SQLの命令はDDL、DML、DCLの3つに分類されること」「SQL文のほとんどは DMLであること」のみを覚えておいてもらえれば結構です。

【7-2】
複数のコネクションから読込と書込を行おう

複数のMySQLコマンドラインクライアントを起動し、それぞれのクライアントから読込や書込をして、どう見えるかを確かめてみましょう。

Step 1 ▷ MySQLコマンドラインクライアントを2つ起動しよう

P.215で行ったように、MySQLコマンドラインクライアントを2つ起動してください。また両者を区別できるように、先に起動したMySQLコマンドラインクライアントのプロンプトを「Transaction A」に変更します。以下に示すように、「Transaction A」の後に「>」、つまり半角大なりと半角スペースを続けるのがポイントです。またpromptはMySQLコマンドラインクライアントの独自コマンドのため、行末の「;」は不要です。そのままENTERキーを押してください。

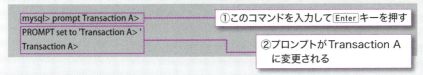

同じ手順でもう1つMySQLコマンドラインクライアントを起動し、こちらは「Transaction B」に変更します。

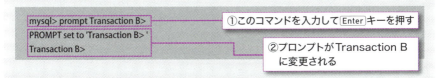

次に、以下の順に実行してみましょう。「Transaction A>」「Transaction B>」は、それぞれのMySQLコマンドラインクライアントでの実行を表します[*1]。

[*1] 両者のコマンドラインクライアントで類似の操作を行うため、ここではまとめて紹介します。

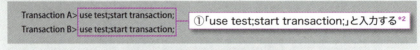

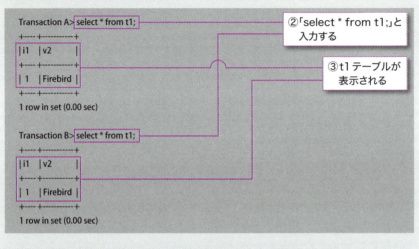

*2 クエリはこのように「;」（セミコロン）で区切って複数指定できます。複数指定されたクエリは順番に実行されます。

Step2 ▷ 2つのコネクションからの読込・書込を見てみよう

起動したままの2つのMySQLコマンドラインクライアントを使って、次の2つのシナリオを確認してみましょう。Step1と同様に、「Transaction A>」「Transaction B>」は、それぞれのMySQLコマンドラインクライアントでの実行を表します。

- ●シナリオ①：他トランザクションでの更新（INSERT）が、自トランザクションの読込（SELECT）でどう見えるか
- ●シナリオ②：他トランザクションでの更新と自トランザクションの更新はどう競合するか

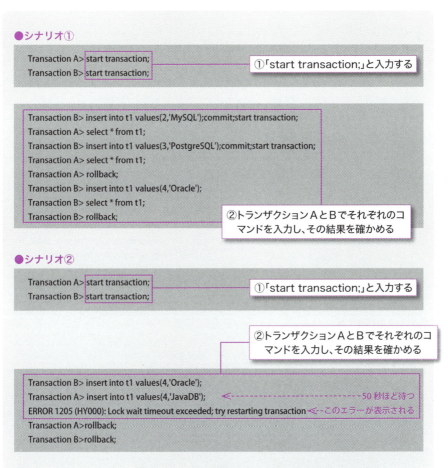

Step3 ▷ トランザクション分離レベルを変えてみよう

次に、3つ目のMySQLコマンドラインクライアントを起動してください。P.225と同様の操作を行い、3つ目は「Transaction C」に変更しましょう。次に、1つのコネクションからの書込を、トランザクション分離レベルの違う2つのコネクションからどのように見えるか調べてみましょう。ここでは、Transaction Aのトランザクション分離レベルをREPEATABLE READ（リピート可能な読込）、Bを「READ COMMITTED（コミット済み読取）」に変更し、Transaction Cから

の書込がそれぞれどう見えるか確認します。なお、「Transaction A>」「Transaction B>」「Transaction C>」は、それぞれのMySQLコマンドラインクライアントでの実行を表します。

① Transaction A> set transaction isolation level repeatable read;start transaction;
Transaction B> set transaction isolation level read committed;
Transaction C> use test;start transaction;

トランザクションA、Bの分離レベルをそれぞれ変更し、スタートする

トランザクションCをスタートする

② Transaction C> update t1 set v2='MySQL' where i1 = 1;commit;start transaction;

トランザクションCでコマンド入力する

③ Transaction A> select * from t1 where i1 = 1;
Transaction B> select * from t1 where i1 = 1;

トランザクションA、Bでそれぞれコマンド入力する

④ Transaction C> update t1 set v2='PostgreSQL' where i1 = 1;
commit;start transaction;

トランザクションCでコマンド入力する

⑤ Transaction C> update t1 set v2='Oracle' where i1 = 1;
Transaction A> select * from t1 where i1 = 1;
Transaction B> select * from t1 where i1 = 1;
Transaction C> select * from t1 where i1 = 1;

トランザクションC、A、Bでそれぞれコマンド入力する

⑥ Transaction A> rollback;
Transaction B> rollback;
Transaction C> rollback;

トランザクションA、B、Cでコマンド入力する

学ぼう！

【7-2-1】
トランザクション分離レベルによる見え方の違い

◇ MVCCによるMySQLの特性

MySQL（InnoDB型テーブル）は、現在DBMSの主流となっている「MVCC（Multi Versioning Concurrency Control）」という技術を用いています。MVCCの利用により、MySQLは以下のような特性を持ちます。ここでは、特に①と④を理解してください（図4）。

① 「更新」と「読込」は互いにブロックしない（「読込」と「読込」もお互いブロックしない）

② 「読込」内容は分離レベルにより内容が変わる場合がある

③ 「更新」の際はロックを取得する。ロックは基本的に行単位で取得し、トランザクションが終了するまで保持する。分離レベルやInnoDBの設定により、実際にロックする行の範囲が異なる場合がある

④ 「更新」と「更新」は、後から来たトランザクションがロックを取得しようとしてブロックされる。一定時間待ち、その間にロックが取得できない場合には、ロック待ちタイムアウト（ロックタイムアウト）となる

⑤ 「更新」した場合、更新前のデータを、UNDOログとして「ロールバックセグメント」という領域に持つ。このUNDOログは用途が2つあり、1つは更新したトランザクションのロールバック時に更新前に戻す、もう1つは複数のトランザクションから分離レベルに応じて、対応する更新データを参照するために利用される（同じ行を更新するたびにUNDOログが作成され、同じ行に対して複数のバージョンが存在することにより①と②を実現している）

229

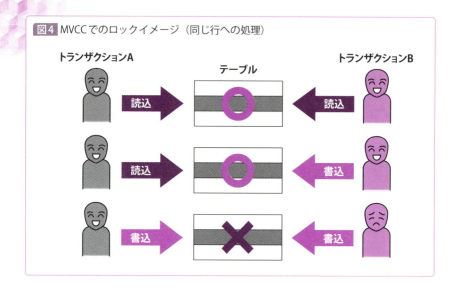

図4 MVCCでのロックイメージ（同じ行への処理）

　冒頭の実習では、まずStep1で、①の「複数の読込がそれぞれブロックしないこと」を、Step2のシナリオ1で、同じく①の「読込と更新がブロックしないこと」を確認したわけです。そして、Step2のシナリオ2で、④の「更新と更新がブロックされたこと」を確認したことになります。

◇ トランザクション分離レベルごとの見え方

　前ページで、「②読込内容は分離レベルにより内容が変わる場合がある」と紹介しました。ここでは、分離レベルごとに見え方について解説しましょう[1]。

　なお、MySQLデフォルトのトランザクション分離レベルは「リピータブルリード（RR：Repeatable Read）」、つまり「再読込み可能読取」です[2]。冒頭の実習のStep3では、Transaction Aで分離レベルを明示的にRRとして、Transaction Bで分離レベルを「リードコミッテッド（RC：Read Committed）」に変更し、Transaction Cでの変更について、それぞれへの見え方を確認したことになります。

---

[1] 分離レベルについては、P.221を参照してください。

[2] 冒頭の実習のStep1やStep2では特にトランザクション分離レベルを指定しなかったため、RRで動作していました。

7-2-1　トランザクション分離レベルによる見え方の違い

◇リピータブルリード（RR: Repeatable Read）

　リピータブルリード（リピート可能な読込）は、まず初回クエリを発行した時点でコミットされているデータを読み込みます。この時点では、リードコミッテッドと同じです。同じクエリを複数回実行すると、初回の読込内容で結果セットが返されます。複数回のクエリの間に、他トランザクションがコミットしていても、その内容は反映されません（Transaction A）。

③　select * from t1 where i1 = 1; の結果は 1 と 'MySQL'
⑤　select * from t1 where i1 = 1; の結果も 1 と 'MySQL'

◇リードコミッテッド（RC: Read Committed）

　リードコミッテッド（コミット済み読込）は、クエリを発行した時点でコミットされているデータを読み込みます。同じクエリを複数回実行すると、その間に他トランザクションにコミットされる場合があり、その場合は、最新のクエリの実行開始時点でコミットされたデータを読むことになります（Transaction B）。

③　select * from t1 where i1 = 1; の結果は 1 と 'MySQL'
⑤　select * from t1 where i1 = 1; の結果は 1 と 'PostgreSQL'

◇更新を行うトランザクション自身

　更新を行っているトランザクション（Transaction C）自身は、トランザクション分離レベルやCOMMIT/ROLLBACKにかかわらず、自分が行った更新を即座に見ることができます。⑤の「select * from t1 where i1 = 1;」では、結果として「1」と「'Oracle'」が戻ります。

231

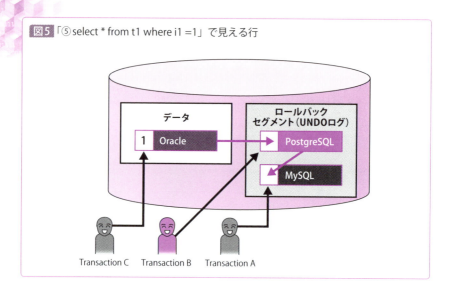

図5 「⑤ select * from t1 where i1 =1」で見える行

◇リードアンコミッテッドが使われない理由

　ところで、P.221で紹介したトランザクション分離レベルのうち、ここでは「リードアンコミッテッド（非コミット読取）」は取り上げていません。これはMVCCではあまり必要性がなく、使われるケースが少ないからですが、これには理由があります。

　現在は主流とも言えるMVCCですが、OracleやFirebirdが実装した時点ではまだ少数派でした。その当時の多くのデータベースでは、ロックをある単位（テーブル、ブロック、行）で取得する方式でトランザクションの分離性を担保していました。この場合、読込のタイミングによっては読込がブロックされる場合があり、例えば「不正確でもいいので、その瞬間の値のスナップショットがほしい」という場合でも、待たされてしまうことがありました。この場合、非コミット読取を利用すると、読込はブロックされず、その瞬間の大まかな値が知りたい場合には大変便利です。しかしMVCCを利用する場合、読取がブロックされることはないため、先ほどの例の場合でも非コミット読取が必要とされません。そのため、Oracle、PostgreSQLやFirebirdでは、非コミット読取はサポートされていないわけです。

　MySQLも、それらと同様にMVCCをサポートしているため、通常非コミット読取を利用する必要はないわけです。

やってみよう！

[7-3]

ロックタイムアウトと
デッドロックを試そう

データベースを利用する際によく起こるのが、「ロックタイムアウト」や
「デッドロック」です。ここでは、この両者の動作を理解するために、あ
えてロックタイムアウトとデッドロックを起こしてみましょう。

Step1 ▷ ロックタイムアウトを起こしてみよう

ここでは、タイムアウト値を調整し、ロックタイムアウトを起こしてみましょう[*1]。
P.225の手順に従って「Transaction A」「Transaction B」を作成し、以下の操
作を試してみてください。なお「Transaction A>」「Transaction B>」は、それ
ぞれのMySQLコマンドラインクライアントでの実行を表します。

```
Transaction A> set innodb_lock_wait_timeout = 5;
Transaction A> start transaction;
Transaction B> start transaction;
Transaction B> insert into t1 values(4,'Oracle');
Transaction A> insert into t1 values(4,'JavaDB'); <-------------------------- 5秒ほど待つ
ERROR 1205 (HY000): Lock wait timeout exceeded; try restarting transaction <--このエラーが表示される
```

Step2 ▷ デッドロックを起こしてみよう

次に、デッドロックを起こしてみます。以下の操作を試してみてください。Step1
と同じように、「Transaction A>」「Transaction B>」は、それぞれのMySQL
コマンドラインクライアントでの実行を表します

```
Transaction A> create table a(i1 int not null primary key, v2 varchar(20)) engine = innodb;
Transaction A> create table b(i1 int not null primary key, v2 varchar(20)) engine = innodb;
Transaction A> set innodb_lock_wait_timeout = 50;start transaction;
Transaction B> start transaction;
Transaction A> insert into a values(1,'Firebird');
Transaction B> insert into b values(1,'MySQL');
Transaction A> insert into b values(1,'Firebird');
Transaction B> insert into a values(1,'MySQL');
                                                          このエラーが表示される
ERROR 1213 (40001): Deadlock found when trying to get lock; try restarting transaction <----
```

[*1] ロックタイムアウトは、実はP.226の実習（Step2のシナリオ2）でも起こっており、すでに体
験済みです。そこで、ここではタイムアウト値を調整し、再度ロックタイムアウトを起こしています。

····· 233 ·····

学ぼう！

【7-3-1】

ロックタイムアウトと
デッドロックが起こる理由

◇ロックタイムアウトとデッドロック

P.229で、MySQLのMVCCが備える5つの特性を紹介しましたが、ここでは④の項目に出てきた「ロックタイムアウト（Lock Timeout）」と、Sそれがたすきがけになって起こる「デッドロック（Deadlock）」について、もう少し詳しく解説します。

◇ロックタイムアウトとは

「更新」と「参照」は互いにブロックしませんが、「更新」と「更新」がぶつかった場合には、後から来た更新がロック待ちの状態になります。ロック元がいつロックを解放するのかを知る手段は、ロック解放を待っている側にはわかりませんので、一般的なDBMSではロックを待つ・待たない、さらに待つ場合にはどの程度待つか（秒数指定や、無限に待つ）を設定できるようになっています。

MySQLの場合は、「innodb_lock_wait_timeout」というシステム変数で以下のように設定できます。

```
mysql> set innodb_lock_wait_timeout=1;
```

ただし、「waitしない」という設定はできず、有効なのは「1」（秒）以上です。

なおロック待ちでタイムアウトが出た場合、DBMSによりロールバックされる単位が違うことがあり、そのトランザクション全体をロールバックしてしまうものと、クエリだけをロールバックするものがあります。

MySQLでは、ロック待ちでタイムアウトが出た場合、デフォルトの動作でロールバックされるのはエラーが出たクエリのみです。トランザクション全体をロールバックするためには以下の方法があります。

234

- タイムアウトエラーの後、明示的にROLLBACKを発行する
- innodb_rollback_on_timeoutシステム変数を設定する

◇デッドロックとは

　例えばTransaction Aが「テーブルa」のロックを取得し、Transaction Bが「テーブルb」のロックを取得したとします（図6）。そのロックを保持したまま、お互いにロック済みのリソースに対してロックが必要な処理（INSERT/UPDATE/DELETE）を行ったとき、いくら待っても状況が変わらない状態になります。これを「デッドロック」と言います（図7）。

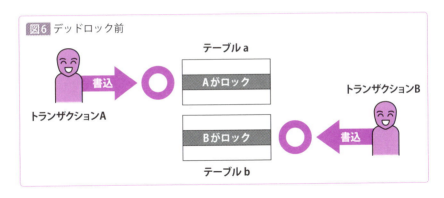

図6 デッドロック前

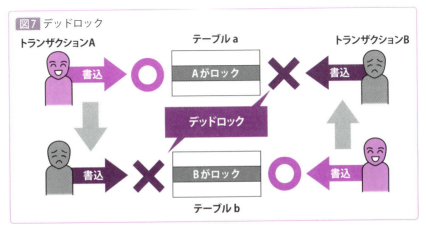

図7 デッドロック

◆デッドロックの頻度を下げる対策

ロックタイムアウトの場合、一定時間待つことにより状況が改善される（＝ロック元がロックを解放する）可能性がありますが、デッドロックの場合は状況が改善される可能性がありません。そのため、一般的なDBMSの場合、これを独自に検知してデッドロックを報告します。

MySQLの場合も、デッドロックが起きた場合にはすぐに検知し、システムに対して影響が少ないほうのトランザクションをトランザクション開始時点までロールバックします。

デッドロックは一般的なデータベースでは起きる可能性があり、すべてなくすことはできません。そのためアプリケーション側では常に、トランザクションがデッドロックを起こしてロールバックされた場合に、トランザクションを再実行できるようなつくりにしておく必要があります。

デッドロックの頻度を下げるためには次のような考慮が必要です。

●DBMS全般の対策

① トランザクションを頻繁にコミットする。それによりトランザクションはより小さくなりデッドロックの可能性を下げる

② 決まった順番でテーブル（そして行に）アクセスするように心がける。例えば先のデッドロックの例ではTransaction Aはテーブルa→テーブルbの順番にアクセスし、Transaction Bはテーブルb→テーブルaの順にアクセスしているが、それをどのトランザクションからもテーブルa→テーブルbのように同じ順番でアクセスする

③ 必要がない場合にはロック読取（SELECT ... FOR UPDATEなど）の利用を避ける

④ クエリによるロック範囲をより狭いものにしたり、ロックの粒度をより小さなものにする。例えば行ロックが利用できる場合は利用する。MySQLの場合はトランザクションの分離レベルを可能であれ

ばREAD COMMITTEDにする(InnoDBのデフォルト分離レベル
はRepertable Read)

⑤1つのテーブルの複数の行に対して、複数のコネクションから順不
同に更新するとデッドロックが起こりやすくなる。同時に多くのコ
ネクションから更新してデッドロックが頻繁に起こるようであれば、
テーブル単位のロックを取得して更新を直列化するようにすると同
時実行性は落ちるが、デッドロックは回避でき、処理のトータルで
はよいケースもある

●MySQL (InnoDB) の対策

⑥テーブルに適切なインデックスを追加して、クエリがそれを利用す
るようにする。インデックスが利用されない場合、必要最小限の行
レベルロックではなく、スキャンした行全体にロックが取得される
ことになる

　なおデッドロックは、クライアント側ではロールバックされたトランザ
クションのエラーとして、サーバ側ではエラーログやコマンド[1]で確認
できます。
　「デッドロックが起こるのはDBMSのバグ」とか「アプリのつくり上、
トランザクションの再実行はできない」と言ってはばからないプログラマ
は、驚くことに実在します。しかし、クライアント・サーバ型のDBMSで
は、「タイムアウト」「デッドロック」「コネクション・ネットワークエラー」
「一時的な状態エラー」などは起こりうるものと自覚し、上限回数を決め
たリトライなどで、処理やトランザクションの再実行を行い、トラブルの
解決に努めなくてはなりません。

[1] MySQLでは「SHOW ENGINE INNODB STATUS;」や「INNODB MONITOR」が該当します。

学ぼう！

[7-3-2]
やってはいけない トランザクション処理

◇ トランザクションべからず集

最後に、よくみかける「やってはいけない」トランザクションの処理をまとめました。参考にしてみてください。

◇ 注意① オートコミット

MySQLのデフォルト値では、新しいコネクションはみなオートコミットが「オン」になっています。「オートコミット」とは、クエリごとにコミットする設定です。この設定はMySQLコマンドラインクライアントのように、対話型のツールを使って簡単なクエリの実行・テストをやるような場合には便利ですが、通常のアプリケーションのロジックを実行するには、コミットの負荷が高すぎます。

一定数以上の更新 (UPDATE/INSERT/DELETE) を行う処理や、トランザクションの機能 (複数のクエリをまとめてコミット・ロールバックする、複数回発行するSELECTで曖昧読取やファントムを防ぐ) ような場合は、適切な単位とトランザクション分離レベルでトランザクションを利用し、オートコミットを利用しないようにしましょう。

◇ 注意② ロングトランザクション

長いトランザクション (ロングトランザクション) は、データベースのトランザクションの同時実行性や、リソースの有効利用性を低下させます。更新を含むトランザクションは、同じテーブル、行を更新しようとする他のトランザクションをブロックし、それが長時間に及ぶと、ブロックされ

238

たトランザクションをタイムアウトさせます。また、このロックとブロックが「たすき掛け」で起こるとデッドロックが起こり、長時間をかけたトランザクションのどちらかが、すべてロールバックされることになります。

これらを避けるためには、P.236で紹介した対策を行う必要がありますが、他に以下の観点にも注意するとよいでしょう。

大量処理を1つのトランザクションで行う

大量の更新処理を1つのトランザクションで行うと、トランザクションとしてその大量の更新処理をロールバックするために、大量のUNDOログをトランザクション終了まで保持する必要があります。

UNDOログは不要になった時点で領域は解放され、再利用されますが、OSのファイルシステムとしてのサイズは削減されません。そのため、見かけ上無駄に大きなサイズになる場合があります。このようなことを防ぐためには、大量処理は適当なサイズのトランザクションに分割して行うことをお勧めします。例えば、「新規のテーブルにデータを初期ロードするような場合は、1万件ごとにコミットを入れる」などです。

「何もしないトランザクション」に留意する

本当に何もしないトランザクションであれば問題ないですが、例えば一度テーブルをSELECTしてから、何もせずトランザクションを開いたままにしておくとどうなるでしょうか。MVCCの項でも少し触れましたが、同じテーブルに対して更新を行った場合、このテーブルのリピータブルリードを保つために、UNDOログがずっと保持されたままになってしまいます。このようなことはなるべく避けてください。

トランザクション中に対話処理を入れる

一般的なDBMSのトランザクションは、非常にタイトな処理を効率よく同時実行できるような仕組みを備えています。それを効率よく扱うためには、トランザクションはなるべく小さく、そしてトランザクションを構成する処理群には、いつ終わるかわからないような不定長の処理を

含めるべきではありません。不定長の処理の最たるものが、ユーザとの対話処理です。

ユーザとの対話処理は、一般的なトランザクション中のアクションと比較すると極めて大きく、タイムアウトを設定しない限りは延々とユーザの処理を待つことになります。つまり、システム全体の効率を落とすことになるわけです。そこで、まずはトランザクション内にそのような処理を入れないことを心がけ、やむなく入れる場合でも、必ず上限を決めて無限に待つようなことはしないようにしてください。

処理能力以上のトランザクション数

トランザクションでは、何らかのロックを伴って処理を行っています。そのため、このロックが他のトランザクションの処理を妨げないものであればよいのですが、トランザクションの実行が他のトランザクションのロックに妨げられると、ロックタイムアウトやデッドロックの確率が増え、パフォーマンスの低下につながります。

うまく機能するコネクション数や同時実行数の上限をどの程度に設定すべきかは、システムの要件(更新が多いのか、検索が多いのか)やハードウェア性能にも左右されるため、一般的な閾値(しきいち)は負荷試験を行って測定するしかありません。

MySQLでは、データベースサーバのコネクション数上限を設定する「max_connections」というシステム変数がありますので、これで調整可能です。余談ながら、これは遊園地やテーマパークで行う入場制限に似たイメージです(お客さんが一定時間待って遊具やアトラクションに乗れる程度に入場者数を調整する)。

◇ トランザクション関連設定の確認

本章ではトランザクションの概要と機能についてよく使うものを中心に説明しました。

多くのDBMSではトランザクションについてはオートコミット指定に

してあったり、リードコミッテッドの分離レベルがデフォルトとなっています。

　デフォルトの設定をそのまま意識せずに利用している人も多いでしょう。しかし、本来はシステムの要件やアプリケーションのロジックに合わせてトランザクション分離レベルを設定し、1つのトランザクションにどの処理を入れるかなどを考慮しつつ、想定されるエラーに対処できるような形でアプリケーションを作成すべきです。

　技術者の方は、本章で学んだことを手がかりに、よりシンプルな形で各トランザクションが意図通りに動作するようにDBMSを設定し、アプリケーションを作成・利用してください。

第7章のまとめ

- DBMSのトランザクションは「ACID」の特性を持つ
- トランザクションは「Atomicity（原子性）」により全部成功するか、全部失敗するかの原則で動作する
- 「Isolation（分離性）」により、並列実行が矛盾なく行える
- トランザクションには4つの分離レベルがあり、シリアライザブル以外を選択すると3つの現象が発生する。実運用では「リードコミッテッド」もしくは「リピータブルリード」の分離レベルを利用する
- トランザクションではロック待ちとデッドロックは避けられないため、適切に対処することが必要
- オートコミットはクエリ単位にコミットする設定。不用意に利用するとトランザクションの恩恵が受けられないうえに、パフォーマンスに悪影響がある

練習問題

Q1 トランザクションの4つの特性の頭文字を示す略語はどれでしょう?
- A ACID
- B BCPL
- C CRUD
- D DBMS

Q2 トランザクションを決定するために利用するものを2つ選んでください。
- A ABORT
- B ROLLBACK
- C COMMIT
- D SAVE

Q3 トランザクションの4つの分離レベルでは「ない」ものはどれでしょう?
- A リードコミッテッド
- B リピータブルリード
- C シリアライザブル
- D ライトアヘッドログ

Q4 トランザクション分離レベルで、シリアライザブル以外の分離レベルで発生の可能性がある3つの現象では「ない」ものはどれでしょう?
- A ダーティリード (Dirty Read)
- B ダーティライト (Dirty Write)
- C 曖昧な読込 (Fuzzy Read)
- D ファントム (Phantom)

Q5 DBMSを利用するうえで起こりうる現象で、DBMSを利用するアプリケーションが対処すべきものはどれでしょう?
- A タイムアウト
- B デッドロック
- C コネクション・ネットワークエラー
- D 一時的な状態エラー
- E A〜Dのすべて

Q6 「オートコミット」とはどのような機能でしょうか。下記の中から選んでください。
- A 1つのクエリごとにコミットを発行する機能
- B 複数のクエリを発行する際に、データベースが処理内容を見て自動的に (Auto) 適切なコミットを挿入する機能
- C 1つのクエリごと、クエリの内容を判断して自動的にコミットまたはロールバックを発行する機能
- D 大量のデータ更新 (INSERT/UPDATE/DELETE) を行う際、効率よく処理するために自動でコミットを発行する機能

Q1. A　Q2. BとC　Q3. D　Q4. B　Q5. E　Q6. A

Chapter 08

テーブル設計の基礎
～テーブルの概念と正規形～

7章では、MySQLを実際に動かしながら実務的な側面に踏み込んで解説しましたが、ここではいったん基本に立ち返り、データベースを考えるうえで欠かせない「テーブルの設計」について、基本的な部分を解説することにします。前章までで何気なく使っていた「テーブル」がどういうものなのかを、ここで確認してください。

やってみよう!

【8-1】
「集合」と「関数」を考えてみよう

リレーショナルデータベースの世界では、「テーブル」の中にデータを管理、保存します。当然ながら、様々なデータがこの「テーブル」に格納されることになりますから、何らかの基準に基づいて整理していく必要があります。これを「テーブル設計」と呼びます。そして、このテーブル設計の際に重要となるのが、「集合」と「関数」です。本文で詳しく解説しますが、テーブルとは「集合」であり、そして「関数」です。そこでここでは、「集合」と「関数」の概念を考えてみましょう。

Step1 ▷ 「集合」を見つけてみよう

テーブルは、「共通的な要素の集合」です。こう書くと難しく思えるかもしれませんが、考え方は簡単です。次の項目を共通的な要素に分類してみてください。そして、それぞれのグループがそれぞれ何の集合か(グループ名)を考えてみましょう。

> エンドウマメ、東京都、水素、大阪府、トマト、ヘリウム、リチウム、トウモロコシ、北海道
> -
> **分類(グループ名)**
>
> **分類(グループ名)**
>
> **分類(グループ名)**

解答例 エンドウマメ、トマト、トウモロコシ(野菜)／東京都、大阪府、北海道(都道府県)／水素、ヘリウム、リチウム(原子)

8-1 「集合」と「関数」を考えてみよう

Step2 ▷ あなたに割り当てられた「識別子」を考えてみよう

Step1で「グループ名（その集合が何を示すか）」を考えてもらいました。ところで、データ管理の世界では、集合の要素には「一意の識別子」を割り当てる必要があります。では、人間という集合における「あなた」に割り当てられている一意の識別子を考えてみましょう。ヒントですが、例えば「あなたの名前」は一意の識別子ではありません。なぜなら、世の中にはあなたと同姓同名の人がいる可能性があるからです。一方、「運転免許証の番号」は、あなたにとって一意の識別子となります。では、あなたのみが持つ識別子を考えてみてください。

解答例 健康保険証の番号、銀行や郵便局の口座番号、自動車のナンバー、携帯電話の番号、メールアドレス、SkypeやFacebookなどのID

Step3 ▷ 「関数」について考えてみよう

「関数」については、昔学校で習ったことがあるでしょう。入力Xを与えると、必ず1つの出力Yが決定される箱を「関数」と呼びます。実はリレーショナルデータベースのテーブルは、この「入力値と出力値の対応表」でもあります。こういう入力と出力の対応表を、実は皆さんも使ったことがあります。では次の項目のうち、「入力値と出力値の対応表」に「なっていない」ものを当てて見てください。

①時刻表（入力：駅名、出力：電車の出発時刻）
②カレンダー（入力：日付、出力：曜日）
③電話帳（入力：電話番号、出力：人名）
④為替の通貨ごとの対応表（入力：交換元通貨、出力：交換先通貨での金額）
⑤時差計算の早見表（入力：自分のいる場所の時刻、出力：現地時刻）

解答 ①（理由：駅を1つに決めただけでは、その駅から出発する電車の時刻は1つには決まらないため。出発時刻を1つに決めるには、乗る電車の便も入力にする必要がある）

245

学ぼう！

〔8-1-1〕
テーブル設計の基礎

◇データを管理する入れ物「テーブル」

　リレーショナルデータベースにおいて、データを管理、保存するための唯一の入れ物は「テーブル」です。他にはありません。これはつまり、リレーショナルデータベースの世界では、「すべてのデータがテーブルに含まれ、保存される」ということを意味します[*1]。したがって、リレーショナルデータベースでは、テーブルを使ってデータを適切に扱うことが、とても重要になってきます。「テーブルに始まりテーブルに終わる」の精神です。

　そうは言っても、ビジネスに必要となるデータは多種多様で、それらを管理するためのデータベースでは、テーブル数が数百という単位になることも珍しくありませんし、時には千を超えることもあります。

　これほどデータが複雑かつ大規模になると、ただ思いつくままにテーブルを作って適当にデータを放り込んでいるだけでは、あっという間にどんなデータがどこに入っているかわからなくなりますし、長期的な運用にも耐えません。実際、ずさんなテーブル設計によってデータ不整合が起きて大問題になるケースは、後を絶たないのが現状です。

◇リレーショナルデータベースが主流になった理由

　システムにおいては、データベースに格納されているデータがすべてで、それが間違っていた場合には、それに基づくすべての処理結果が不正なものになります。「garbage in, garbage out（ゴミからはゴミしか生まれない）」の言葉通りです。したがってデータベースに求められるデータ整合

[*1] 我々ユーザが入れるビジネス用のデータだけでなく、DBMSが自分で使う内部的なデータですら、テーブルに格納されています（Appendix参照）。また最近ではテキストデータだけでなく、画像や動画といったデータもデータベースに保存されるようになってきました。しかし本書では基本的に文字データの扱いに限定して説明します。

性のレベルは、非常に高いものが要求されます。

　データベースの種類がいくつか存在することは第1章でも触れましたが、リレーショナルデータベースがスタンダードなデータベース製品になった理由の1つには、データ整合性を高めるための「設計ノウハウ」がよく発達している、という理由もあります。本章では、そのノウハウの核となる「テーブル」というデータ構造の本質を、まずは学習します。そしてそれをもとに、テーブルの設計技法である「正規形」およびそのサポートツールである「ER図」という技術について学んでいきます。

◇ テーブル設計は「論理」の世界

　このテーブルの設計は、「論理設計」という言葉で呼ばれることもあります。これは、第2章で見たアーキテクチャ設計が「物理設計」（の一部）と呼ばれることと対をなしています。

　ここで言う「論理／物理」の区別は、「ハードウェアが関係するかどうか」という観点によります。システムの世界では、ハードウェアの世界を「物理」、ソフトウェアの世界を「論理」と呼びます。テーブル設計は、サーバやストレージといった物理層とは独立に行うことができるため、「論理の世界で完結する」と見なされているわけです*2。

◇ テーブルとは何か

　さて、テーブル設計の技術を学ぶ前に、前置きとして「そもそもテーブルとは何なのか」という点を考えておきたいと思います。第2章で、リレーショナルデータベースにおけるテーブルとは、二次元表と（ほぼ）同じものだと説明しました。ここで、テーブルのイメージを再掲しましょう（図1）。

*2 もっともこれは建前で、パフォーマンスを考慮しなければならない場合は、テーブル設計においても物理リソースに配慮する必要があります。「論理設計／物理設計」という区別は、あくまで「物理リソースが十分に潤沢なら、ソフトウェアの世界は物理層のことを考えなくてよいはずだ」という理想状態を前提にした分類です。

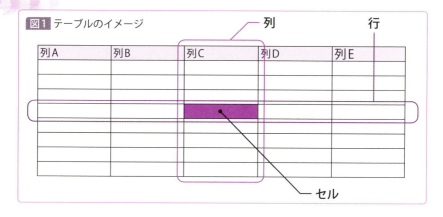

図1 テーブルのイメージ

　テーブルと表はよく似ており、どちらも列と行からなるデータ構造です。しかし、実はリレーショナルデータベースにおけるテーブルというのは、単純に「形式的に行と列を持っていればいい」というものではなく、もう少し内容を伴った条件を必要とします。

　その条件を言葉で表すならば、「テーブルは共通的な要素の集合である」ということです。平たく言うと、テーブルというのは、関連性のないモノの寄せ集めであってはならない、ということです。例えば、表1のような表は、テーブルとは呼べない、ということです。

　この読解するにも一苦労な乱雑なデータの入った表も、形式だけ見れば確かに、（列も行も備えた）二次元表ではあります。

　しかしこれは、リレーショナルデータベースの世界で言うところのテーブルではありません。それは、1つ1つの行の間に、何の共通的な関連性も見出すことができないからです。

表1 これはテーブルではない！

列1	列2	列3	列4
今夜のおかず	シャケ	白菜	ネギ
足立さん	遠藤さん	木村さん	大木さん
ボーナス	プレステ4	北海道	温泉
弟	080-0000-1111	○○市XC-町-1-1	1000円貸し

◇テーブルは共通の属性を持ったモノの集合

　純粋に技術的な観点から見れば、表1のような無意味なデータを放り込むためのテーブルを、リレーショナルデータベースにおいて作ることはできます。

　しかし、繰り返しますが、それはリレーショナルデータベースにおけるテーブルではありません。テーブルとは、それぞれの行がある特定の共通項を持った集合でなければならないからです。具体例を挙げるなら、例えば表2は、きちんとしたテーブルです。

表2 これがテーブルだ！

原子番号	元素記号	元素名
1	H	水素
2	He	ヘリウム
3	Li	リチウム
4	Be	ベリリウム

　このテーブルの1行が、1つの「原子」を表していることは、一目でわかります。この例で言えば、テーブルは「原子の集合」を表しているわけです。このように、リレーショナルデータベースにおけるテーブルは、「ある共通の属性を持ったモノの集合」を表さなければなりません。これが、テーブル設計における第一のルールです。

　このルールを表現する言葉に「テーブル名は必ず複数形か集合名詞で表現できる」という格言がデータベースの世界にはあります。表2の原子テーブルで言えば、さしづめテーブル名は「Atoms」となるでしょう（複数形の「s」に注目してください）。他にも「野菜」という共通項を軸に作られたテーブルの名前であれば「Vegetables」、「製品」という共通項を軸に作られたテーブルであれば「Products」といった具合です。

　この格言は、もともとリレーショナルデータベースが米国で作られたこともあり、「単数」と「複数」を厳密に表記する英語表現をベースにしています。単数と複数の違いをあまり厳密に表現しない日本語だと少しピンと

来ないかもしれませんが、考え方としては同じです（複数の野菜を表現したいとき、英語ならば「Vegetables」と複数形にするのは普通ですが、日本語で「諸野菜」とか「野菜たち」と言う人はあまりいませんね）。

◇テーブルは現実世界の鏡像

　このルールのもう1つの含意は、「テーブルは現実世界を写し取った鏡像である」ということです。

　私たちは、現実を様々な「概念」や「集合」で区切ることで認識しています。現実に存在しているのは「細長くて白と緑の色が付いていて鍋に入れるとうまいモノ」や「赤くて丸くて食べると酸っぱくてでもほのかに甘いモノ」でしかないのですが、そうした様々なモノに「ネギ」とか「トマト」という名前を与えたうえで、それらを共通項によって「野菜」という集合（＝概念）に分類しています（図2）。

　このカテゴライズ機能は、人間の認識能力のなせるわざですが、リレーショナルデータベースにおけるテーブルもまた、私たちの作った概念や集合に対応する形で存在しなければなりません。したがって、現実世界で名前の付いていない雑多な集まりは、リレーショナルデータベースの世界にも存在しない（存在してはいけない）のです。

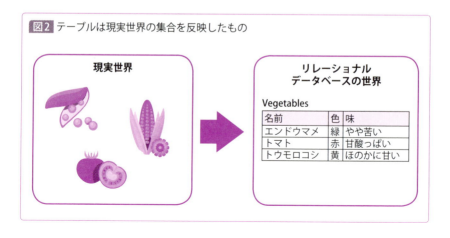

図2　テーブルは現実世界の集合を反映したもの

【8-1-2】
テーブル設計のルール

学ぼう！

◇テーブル設計は簡単？

　実は、テーブル設計というのは、前節で触れた「テーブルは現実世界の概念や集合を表したもの」という原則に忠実でありさえすれば、それほど難しい話ではありません。もちろん、テーブル数が増えたり、テーブル間の関係性も複雑になってくれば、技術的に面倒なことは増えてきます。

　しかし、少なくとも基本方針のレベルにおいては、それほど悩むことはありません。したがって、センスのよい人であれば、この格言の意味するところを体得してしまえば、初心者でも比較的スラスラとスマートなテーブル設計をできてしまう人もいます。

　しかし、みんながみんな要領がよいわけでもないので、もう少しこの原則を踏まえて、テーブル設計の一般則を紹介しておきたいと思います。これは裏を返すと、「絶対にやってはいけない設計パターン（アンチパターン）」とセットの話でもあります。センスのよい人にとっては、「本当にこんな荒唐無稽なことをやる人間がいるのか？」と思うような話も多いのですが、いずれも著者が実際にシステム開発の現場または実際に運用中のシステムにおいて見たことのある事例です。

◇「モノ」と「モノの集合」は階層が違う

　「テーブルとは共通項を持ったモノの集合を表したものである」。これが、先ほどから繰り返しているテーブルの第一の構成要件でした。

　この原則を破ると、P.248の 表1 で見たような、何の関連性もないランダムなモノの集合ができあがります。

　こういう雑多な「何でもボックス」みたいな表を作ってしまうのも、当然アンチパターン（の中でも最低の部類に属する）の1つです。

251

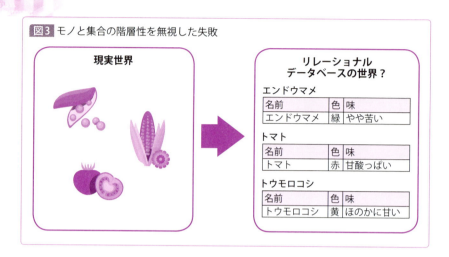

図3 モノと集合の階層性を無視した失敗

　これは、モノ同士の「共通項」という部分を無視した場合に起きる失敗ですが、もう1つのアンチパターンとして、「モノと集合の階層性」を無視した場合に起きるものがあります。例えば、図3のようなテーブル構成です。

　図3の何が間違っているかわかるでしょうか？

　本来、モノである「トマト」や「トウモロコシ」は、テーブルの「行」になることはできても、「集合」を表す「テーブル」になることはできません。この「存在の階層性」を無視すると、こういうテーブル設計になります。もしこうしたテーブルの存在を許せば、「キュウリ」や「白菜」など、新しい野菜を追加するたびに新しいテーブルを作らなければなりませんし、それに応じてアプリケーション側のコードも変えなければならないでしょう。システムの拡張性はゼロに等しくなります。

　もっとも、「何を持って集合と見なすか」というのは、現実世界の文脈によって変わってくるので、「トマト」というのを「個々のトマトの集合」と考えることも可能ではあります。そうした場合に、「トマト」テーブルを作ることは、決して不自然ではありません。その「トマト」テーブルにおいては、列は重さや形といった個々のトマトの属性を表すことになるでしょう（表3）。

8-1-2　テーブル設計のルール

表3 トマトを「集合」と見なした場合のテーブル

トマト

個体名	形	重さ(g)
トマトA	赤	80
トマトB	赤緑	120
トマトC	やや赤い	110

　この野菜のケースでは、存在の階層性が明らかなので、「**図3**のような
テーブルを作る人なんていないだろう」と思う人もいるかもしれません。
では、もう少し微妙な例で、**表4**のようなパターンはどうでしょう。これ
は著者が実際に業務システムのテーブルで見たことのある事例です。

　あるサービスの会員を管理するテーブルを考えるとします。登録する情
報は、「会員番号、年齢、性別」といった基本的な情報です。

　ただし、このサービスでは、会員を「一般会員」と「プレミア会員」に分
けて、プレミア会員にはグレードの高いサービスを提供しているとします。
さて、皆さんは会員情報を管理するために、どういうテーブルを考えるで
しょうか。おそらくほとんどの人は、**表4**のようなテーブルを考えると思
います。

　しかし、技術的には**表5**のようなテーブルを作ることも可能です。

　あるいは同じような調子で「男性会員」テーブルと「女性会員」テーブル
に分けることすら、技術的には可能です。

　さて、いかがでしょう。一口に「会員テーブルを作る」と言っても、そ
の集合の切り分け方（あるいはまとめ方）によって3つの可能性が出てき
ました。もっとやろうと思えば、「年齢階層」を基準に「若者／高齢者」でテー
ブルを分割するといった切り方も可能です。それこそ、テーブルの切り分
け方はほとんど無限に（私たちが思いつく概念の数だけ）あります。

　このように、テーブルの構成パターンは、恣意的な分類を考慮すればい
くらでも増やすことができるのです。

253

表4 会員テーブル

会員

会員番号	年齢	性別	一般・プレミア区分
0001	42	男	一般
0002	27	女	一般
0003	30	男	プレミア
0004	62	女	プレミア

表5 一般会員テーブルとプレミア会員テーブル

一般会員

会員番号	年齢	性別
0001	42	男
0002	27	女

プレミア会員

会員番号	年齢	性別
0003	30	男
0004	62	女

　リレーショナルデータベースが人間の認識を反映する鏡であるということは、逆に、恣意的に概念を作り出し、集合を切り分ける人間の放埒な思考も反映しているということです。

　これが、データベースのテーブル設計の難しさです。「人間の認識を反映する」ということは、無節操なまでの自由度とパターンを許してしまうということでもあるのです。

CoffeeBreak　テーブル設計は自動化できる？

かつて、リレーショナルデータベースのテーブル設計を、プログラムで自動化しようとする取り組みが行われたことがありました。そのような自動化ツールを「CASE」ツールと呼びます。CASEは「Computer Aided Software Engineering」の略称です。しかし、2015年現在においても、テーブル設計が完全に自動化されるには至っていません。テーブルの作り方と組み合わせのパターン数があまりに多すぎて機械判定が難しことも、その理由の1つです。

◇ 「最も上位の概念集合」にまとめる

こうした場合の基本ルールは、まず「最も上位の概念集合」にまとめることです。

すなわちこのケースであれば、 表4 の「会員テーブル」でまとめて、「一般／プレミア」の違いは「列」で表現することです(ほとんどの人は「自然に」そうしたと思いますが)。

その理由は、このテーブルが最もアプリケーションに対する柔軟性を持っているからです。実際、もし一般会員とプレミアム会員を分けて選択したい場合は、SQL文でWHERE句の列で制御すれば簡単に実現できます。

一般会員の選択

```
-- 一般会員の選択
SELECT 会員番号
 FROM 会員
 WHERE 一般・プレミア区分 = ' 一般';
```

プレミアム会員の選択

```
-- プレミア会員の選択
SELECT 会員番号
 FROM 会員
 WHERE 一般・プレミア区分 = ' プレミア';
```

あるいは、年齢や性別によって会員を区別して選択したい場合も、WHERE句にしかるべき条件を記述することで自由に行えます。

このように、WHERE句の条件に入力する値を変えることが簡単にできる機能を組み込むことは、DBMSおよびプログラミング言語の機能によって簡単に実現できるようになっています。それに対して、テーブル名を変えるほうが、アプリケーションに対するインパクトがずっと大きくなります。

◇「列」とは個体の「属性」である

P.252で野菜の例を見た際に、「列は個々の野菜の属性である」と言いました。「属性」は、「Attribute」という英単語の訳で、「性質」や「特徴」とほぼ同じ意味です。実際、会員テーブルについて考えると、「年齢」とか「性別」というのは、個々の会員に固有の属性に違いありません（図4）。

図4 「列」は個体の「属性」を意味する

Javaなどオブジェクト指向言語にすでに親しんでいる人にわかりやすい表現をするなら、テーブルがクラス（Class）に相当し、1つ1つの行がそこから実体化されたインスタンス（Instance）に相当する、と言うこともできます。

ただ、オブジェクト指向言語のクラスと違って、テーブルは定義上メソッドを持っていないので、自分で主体的にアクションを起こすことはなく、ただ操作を受けるだけの受動的な存在であり、この点がクラスと違うところです。いわばテーブルというのは「メソッド抜きのクラス」なのです（そういう意味で、C言語の構造体に一番近いかもしれません）。

実際、テーブルをオブジェクト指向言語のクラスに見立てるという発想は、それほど突飛なものではなく、この発想からリレーショナルデータベースの中に取り入れられた機能もあります。例えば、PostgreSQLでは、テーブルに対してクラスのように「継承（inherit）」を定義することができます[3]。

---

[3] 興味ある人は、PostgreSQLのマニュアル「PostgreSQL 9.3.2文書 5.8. 継承」を参照してください。
URL http://www.postgresql.jp/document/9.3/html/ddl-inherit.html

めったに実務で使う機会はない機能なので、詳細を覚えてもらう必要はありませんが、テーブルというデータ構造に対する理解を深められるという点で、クラスとの対比は有益です。

◇世界に「同じ人間」は2人いない

　テーブルを「クラス」、1つ1つの行を「インスタンス」に見立てると、テーブルにおける主キー（Primary Key）の重要性も素直に理解できます。

　テーブル設計の大原則の1つに、「必ず主キーを設定すること」というものがあります。これは裏返しに言うと、「1つのテーブルの内部では重複行の存在を許さない」ということになります。

　もちろん、1つや2つの列について値が同じになる行というのはありえます。会員テーブルを考えるなら、年齢や性別が一致する会員がいてもおかしくありません。それどころか、同姓同名の人ですら、全国を探せば数人は見つかる可能性があります。

　しかし、「すべての列が完全に同じ」データが存在してしまうと、どちらの行が現実世界の特定の人物に対応するのかがわからなくなってしまいます（図5）。会員から見れば、これはデータベースに保存されている自分のデータが探せなくなったり、あるいは他人のデータまで見ることができ

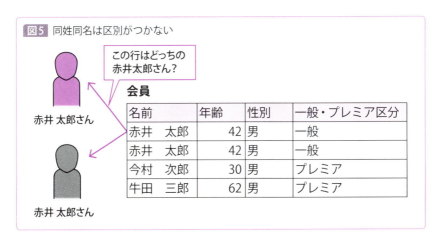

図5　同姓同名は区別がつかない

る、ということを意味しますから、このような重複行の存在を許すことは、深刻なサービス障害に結び付きます。

このような事態を避けるために、リレーショナルデータベースのテーブルにおいては、必ずレコードを1行に特定できる（一意に識別できる）情報が必要になります。それが主キーの列なのです。

主キーは1つのテーブルに必ず1つ（そして1つだけ）存在しなければなりません。会員テーブルであれば、いわゆる「会員ID」とか「会員番号」といった、絶対に重複しない数字や文字列による識別子を割り当てるのが一般的です。もちろん、その会員IDは現実世界の会員と結び付いていなければなりません（表6）。

表6　主キーがあれば会員の見分けがつく

主キー

会員ID	名前	年齢	性別	一般・プレミア区分
A001	赤井　太郎	42	男	一般
A002	赤井　太郎	42	男	一般
B001	今村　次郎	30	男	プレミア
B002	牛田　三郎	62	男	プレミア

◇ 「識別子の割り当て」は管理の基本

データベースを使うか否かによらず、データを一意に特定できる識別子（ID：Identifier）を割り当てることは、データ管理の基本です。私たちはシステム化されているかどうかによらず、様々なサービスを利用するにあたり、このIDを無意識のうちに利用しています。例えば病院にかかるときは窓口で保険証を提示すると思いますが、これは病院側が保険証番号で皆さんの加入している医療保険制度を利用するためです。

また、最近は国政の場でいわゆる「マイナンバー」の法整備が進められており、国民1人1人を識別するためのIDを割り当てる政策が推進されています。今後は様々な社会保障や公的なサービスを受ける際には、このマイナンバーを主キーにしたデータベースが広く利用されることでしょう。

258

ちょっと話が逸れましたが、要するに、こうした一意な識別子がリレーショナルデータベースにおける「主キー」です。一般に、テーブルを表形式で図示するときは、表6 のように、主キーの列名に下線（アンダーライン）を引いて目印にするのが一般的です。本書でも、以下では主キーとなる列に下線を引いて表現します。

◇主キーは重複してはいけない

このような主キーによく使われる列は、当然ながら重複が発生しない値を割り当てることが必要です。

その点で、私たちが現実世界で使っている「名前」は、「主キーには不適切な場合が多い」ということには注意を払う必要があります。その理由は、「人名のように同姓同名のケースがある」ということもあるのですが、もう1つ重大な欠陥があります。それは、「名前は変わることがある」からです。

実際、まれにですが、成人してから改名する人はいますし、何より結婚すると姓が変わることは（特に女性に）しばしば起きます。この欠点は、重複がない（一意性が保たれている）名前の集合でも抱えています。

例えば、都道府県は47個すべて、重複がない名前が選ばれていますが、将来的に都道府県の名前が変わらないという保証はありません。政治の世界では、大阪府を大阪「都」に変更するという構想がありますし、明治時代までさかのぼれば、「東京都」は存在しませんでした。名前というのは、私たちが思っている以上に流動的で不安定なのです。

◇主キーの値が変わるとなぜ困る？

主キーの値が変わってしまうと困る理由はいくつかありますが、覚えておいてもらいたい理由は主に2つです。

①変更後の値の一意性が保証できない。
②過去のデータとの結合（マッチング）が難しい

例えば、「A」という名前から「A'」に改名した人がいるとします。この人物のデータを管理しているテーブルの主キーが名前だった場合、もちろんその主キーは「A→A'」に変更しなければなりません。

しかし、すでに「A'」という名前の人が登録されていたら、この変更は不可能です。

また、過去に「A」という名前で、SELECT文で選択したデータ（帳票や履歴のファイルなど）については、当然ながら「A'」という名前では該当するものが見つからなくなります。このように、名前というのは長期にわたって整合的なデータ管理を行うには不向きな識別子なのです。

これはつまり、データの管理というのは、「登録したその時点だけで整合性が取れていればよい」というものではなく、「長期的なスパンで考えて整合性を取る努力をしなければならない」ということです。これをスローガン風の言葉で言うと、テーブル設計は、データが「静的」ではなく「動的」であることを前提に考えるべきであるということです。

CoffeeBreak　主キーの管理が少し甘くてもよいケース？

テーブル設計では「データが『静的』ではなく『動的』であることを前提に考えるべき」と解説しましたが、裏を返すと、完全に静的なデータ、つまりデータ登録後、一切変更の入らないタイプのデータであれば、主キーの管理は少し甘くてもいい、ということです。こういうタイプのデータの具体例としては、「履歴データ」があります。様々な取引や病歴に給与明細など、過去起きた事実を記録したデータは（間違いの修正がない限り）もう変わることはありません。こうしたデータを分析に利用するシステム（BIやDWHと呼ばれます）では、比較的データ管理が緩くても許される傾向があり、正規化もそれほど厳密に実施しないことがあります。

◈主キーの列に「NULL」は不可

主キーがレコードを一意に識別できる列であるということは、主キーの列には「NULL」が存在してはならない、ということでもあります。

NULLは、第6章でも述べたように、あるレコードの特定の列について、値が不明であったり値を定めることができない場合に使用されるマークです。英語の意味としては「無」とか「空（から）」というニュアンスを持っています。時々勘違いする人がいるのですが、このNULLというのは「トマト」とか「10」などと同じような「値」ではありません。あくまで「値がない」ことを示すための「目印」です。

リレーショナルデータベースでは、主キーの列にNULLを使用することが禁止されているため、ほぼすべてのDBMSでは、仮に主キーにNULLを設定しようとしてもエラーになります。MySQLも例外ではありません。実際にサンプルのテーブルを使って実験してみましょう。ここでは、次のような、主キーの列「Primary_Key」だけを持つテーブル「NullKey」を作成します。

```
CREATE TABLE NullKey
 (Primary_Key  INTEGER PRIMARY KEY);
```

まずはMySQLを起動してログインし、「use world;」と入力して「world」データベースへ移動してください[4]。

移動後、CREATE TABLE文で「CREATE TABLE NullKey」と入力し、主キーの列「Primary_Key」だけを持つテーブル「NullKey」を作成します。

```
mysql> CREATE TABLE NullKey
    -> (Primary_Key  INTEGER PRIMARY KEY);
Query OK, 0 rows affected (0.19 sec)
```

これでNullKeyテーブルが作られました。準備は完了です。では実際に、データを登録してみます。ここでは、次の2つのデータを登録します。

```
INSERT INTO NullKey VALUES (1);
INSERT INTO NullKey VALUES (2);
```

....

[4] 詳しくは、P.165を参考にしてください。

この2つのデータは、問題なく登録することが可能です。実行すると、次のように正常に登録できます。

```
mysql> INSERT INTO NullKey VALUES (1);
Query OK, 1 row affected (0.03 sec)

mysql> INSERT INTO NullKey VALUES (2);
Query OK, 1 row affected (0.02 sec)
```

　念のためSELECT文でも確認すると、次のように、きちんと登録した2行が選択されます。

```
mysql> SELECT * FROM NullKey;
+----------------+
| Primary_Key |
+----------------+
|            1 |
|            2 |
+----------------+
2 rows in set (0.00 sec)
```

　問題は次です。主キーにNULLのデータを登録してみましょう。「INSERT INTO NullKey VALUES (NULL);」というINSERT文を実行すると、次のようにエラーが返されます。

```
mysql> INSERT INTO NullKey VALUES (NULL);
ERROR 1048 (23000): Column 'Primary_Key' cannot be null
```

　このエラーの意味は「列'Primary_Key'をNULLにすることはできません」という意味です。このように、主キーの列に対してNULLを登録しようとすると、そもそもエラーになって実行できないよう制限されているのです。理由は、もし主キーがNULLのレコードを許してしまえば、そのレコードに対して現実世界と結び付けることができなくなってしまうからです。
　いわば、主キーが重複しているのと同じ状態を許してしまうことになるわけです。

262

学ぼう！

〔8-1-3〕
「正規形」って何？

◇ 正規形（Normal Form）とは

　前節では、テーブルとは何か、それはデータベースの世界ではどのような存在として考えられているのか、ということを中心に学習しました。それを一言でまとめるならば、「テーブルとは一意な識別子を持った共通項によってまとめられたモノの集合」ということです。本節では、ここからさらに発展して、1つ1つのテーブルが具体的にどのような列を持つべきなのか、という点を考えたいと思います。

　テーブルは前節でも見たように、純粋に技術的に見れば、かなり恣意的に列を定義したり、テーブルを分割することができます。この状態を放置しておくと、設計者以外誰も意味を理解できないカオスなテーブル群が世にあふれかえってしまうので、リレーショナルデータベースの世界では、古くから「テーブルはこうやって定義するべき」というセオリーが構築されてきました。その基本となるのが、「正規形 (Normal Form)」です。

　正規形は、厳密なところまで学習しようとするとかなり複雑で高度な知識を必要としますが、実務で利用するレベルにおいては、それほど難しいところまで理解する必要はありません。

◇ 正規形は第3レベルまで理解すれば十分

　「正規形」とは耳慣れない言葉だと思いますが、意味としては「きちんとした形」程度の意味合いです。つまり、「データの更新が発生した場合にもなるべく不整合が発生しにくいテーブルの形」ということです。リレーショナルデータベースの分野では、正規形にはレベルが設定されており、一般的には「第1正規形」から「第5正規形」まであります。

　ただし、全部を理解する必要はなく、第3正規形までを押さえておけば実務としては十分なレベルです。また、第1正規形というのはある意味「当たり前」のことを言っているだけなので、第2正規形と第3正規形を理解することが重要になってきます。

263

◇第1正規形（1NF）

　第1正規形については、あまり語るべきことはありません。と言うのも、その定義は「テーブルのセルに複合的な値を含んでいない」というもので、リレーショナルデータベースでは、この定義に反するテーブルを作ることは技術的に不可能だからです。リレーショナルデータベースのテーブルは、すべて第1正規形を自動的に満たしているのです[*5]。

　「複合的な値」というのは、例えば「配列」です。配列とは、（リンゴ，みかん）や（けんじ，こういち，ひろし）のように、複数の値を1つにまとめたタイプのデータのことです。プログラミング言語においては、言語を問わず普通に使用するデータ型です。これを1つのセルに含むテーブルのイメージとしては、表7のようなものがあります。

　表7は、「3人の社員」のデータを持つ「社員」の表です。赤井さんと今村さんについては何も問題ありません。ところが牛田さんは、子どもが2人いるため、被扶養者の欄に（きょうこ，さとし）という2人の名前を配列として記入しています。私たちが紙やExcelで表を作るとき、このように複合的な値を1つのセルに記入することはしばしばありますが、リレーショナルデータベースではこれはご法度です。正しくは、表8のようにテーブルを分割しなければなりません。

表7　非第1正規形の表

社員

社員ID	名前	年齢	性別	被扶養者
S001	赤井　太郎	42	男	けんじ
S002	今村　次郎	30	男	ようこ
S003	牛田　三郎	62	男	（きょうこ，さとし）

表8　第1正規形のテーブル

社員

社員ID	名前	年齢	性別
S001	赤井　太郎	42	男
S002	今村　次郎	30	男
S003	牛田　三郎	62	男

社員-扶養者

社員ID	扶養者番号	扶養者名
S001	1	けんじ
S002	1	ようこ
S003	1	きょうこ
S003	2	さとし

表8のように、社員だけでなく扶養者のテーブルを作ることで、無理なくどちらのデータも、セルに1つの値を記入することで管理できるようになります。こういう「単一の値」、すなわちこれ以上分割することのできない値を「スカラ値」と呼びます。第1正規形とは「スカラ値以外を含まないテーブル」という言い方もできます。

なお中には、ひょっとしたら表9のような第1正規形のテーブルを考えた人もいるかもしれません。

表9 第1正規形のテーブル その2

社員

社員ID	名前	年齢	性別	被扶養者1	被扶養者2
S001	赤井　太郎	42	男	けんじ	NULL
S002	今村　次郎	30	男	ようこ	NULL
S003	牛田　三郎	62	男	きょうこ	さとし

これも一応、第1正規形のテーブルではあります。しかし、この方法だと、子どもが3人以上いる社員はデータを登録できません。では「被扶養者」列を3つ用意しておけばよいのかと言うと、「じゃあ子どもが4人いる社員はどうなるんだ」という話になります。

テーブルの定義を途中で変更することは、アプリケーションに対する影響が非常に大きいため、後からテーブル定義の変更が必要になるリスクを抱えた設計は、望ましくありません。また、そうした技術的観点からだけでなく、このテーブルでは「社員」と「被扶養者」という2つの集合を同時に管理しようとしているという点でも、意味的にわかりにくくなっています。

◇テーブルは「関数」である

第1正規形の定義については以上なのですが、ところでなぜリレーショナルデータベースにおいては、「複合的な値」をセルに入れてはならないのでしょうか。

---

*5 厳密に言うと、OracleやPostgreSQLでは、列に「配列型」というデータ型を定義することができるため、複合的な値をセルに含むテーブルを作成できます。しかし、利用機会はないのでこの機能は忘れて構いません。

この問題は、実は先の主キーの話ともつながっています。と言うのは、もし複合的な値を許してしまうと、主キーがある行の値を一意に特定できなくなってしまうからです。これは、端的に主キーの定義に反することになります。第1正規形もやはり「レコードの一意性を保証する」というデータ整合性の観点から考えられたルールなのです。

　そしてこれは、次に見る「第2正規形」と「第3正規形」についても同様に当てはまります。主キーを特定すれば、あるレコードの列値がすべて一意に特定されるということは、言い換えれば「主キーとその他の列の間には関数的な関係がある」ということです。

　ここで言う関数（Function）とは、私たちが学校で習った通りの、あの関数です。つまり、ある入力Xを与えると必ず1つの出力Yが決定されるような「箱」のことです*6。ジュースの自動販売機をイメージしてもらうと一番近いでしょう。あれも「お金」を入力として、「缶ジュース」を返す1つの関数です（図6）。

　つまり、リレーショナルデータベースのテーブルというのは、主キーを「入力値X」、その他の列値を「出力値Y」として見立てた、「入力値と出力値の対応表」でもあるのです。こういう入力と出力の対応表を、皆さんも使ったことがあると思います。例えば為替の通貨ごとの対応表や、時差計算の早見表などです（表10）。

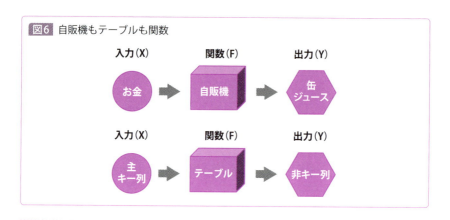

図6　自販機もテーブルも関数

---

*6 昔、関数は「函数」と表記されていました。この「函」という漢字は「箱（はこ）」という意味です。

8-1-3 「正規形」って何?

表10 為替早見表

円に対する為替の対応表（1万円あたり）

交換先通貨	金額
ドル	83.64
ユーロ	68.42
ポンド	68.42
豪ドル	102.74
スイスフラン	82.3
香港ドル	648.72

表10の為替早見表では、主キーである交換先通貨を入力（X）とすると、金額（Y）が一意に決定されます（ユーロとポンドの金額が重複しているため、逆の関係は成り立たないことに注目してください）。これは、この為替早見表テーブルが、次のようになる「関数F」の定義を与えている、ということに他なりません。

金額 ＝ F(交換先通貨)

これで、「テーブルは関数である」という意味が、わかっていただけたでしょうか。著者は、この事実を初めて知ったとき「おおっ」と少し驚きました。もちろん、テーブルが表している関数は、「Y＝5X＋2」のような数式の形で記述できるものではありません。

しかし、別に関数は数式で記述できないといけないものではありません[*7]。私たちが学校で習った関数が「たまたま」数式で記述できるタイプのものだっただけで、世の中一般に存在する関数は、むしろ数式で記述できないタイプのほうが多いのです。

このように、主キーと他の列の間に成立する関数的な一意性のことを、リレーショナルデータベースでは「関数従属性（Functional Dependency）」と呼びます。表記としては、次のように列を｛｝で囲って矢印（→）で結びます。

[*7] 歴史的に見ると、「関数が数式で表せる必要はない」というのは、関数の現代的な解釈です。昔は「関数というのは数式で表すものだ」という通念が数学者の間でも一般的でした。関数を「入力と出力の対応関係」と捉える見方が出てきたのは、集合論が発達する20世紀に入ってからです。そしてリレーショナルデータベースは、理論的には集合論にベースを持っているため、関数を対応関係と見なす考え方と相性がよいのです。

267

{ 交換先通貨 } → { 金額 }

　実際は主キーが複数の列で決定されることもあるので、そういう場合は
{顧客企業ID, 注文連番}のように、複数の列名を{ }の中に記入すればOK
です。
　この関数従属性の観点からP.264の 表7 に示した社員テーブルを眺めて
みると、社員IDが主キーなので、

{ 社員ID} → { 名前 }

あるいは

{ 社員ID} → { 年齢 }

という関数従属性は問題なく成立しています。しかし、被扶養者の列に複
合値が含まれているため、

{ 社員ID} → { 被扶養者 }

という関数従属性が成立していない、ということです。牛田さんの被扶養
者は、社員IDから一意に定まりません。
　これから見ていく第2正規形と第3正規形においても、結局のところや
ることは、この関数従属性を整理していくことに他なりません。

◇第2正規形（2NF）

　第1正規形を満たした状態で第2正規形を満たしていないテーブルとい
うのは、例えば次のようなテーブルの場合です（表11）。
　このテーブルは、クライアントの企業からの注文を管理するものだと考
えてください。主キーは {顧客企業ID, 注文連番}の組み合わせで、この2

8-1-3 「正規形」って何?

表11 注文テーブル（非第2正規形）

注文テーブル（非第2正規形）

顧客企業ID	注文連番	注文受付日	顧客企業名	顧客企業規模
CA	O001	2014/12/20	A商社	大規模
CA	O002	2014/12/21	A商社	大規模
CB	O001	2014/12/12	B建設	中規模
CB	O002	2014/12/25	B建設	中規模
CB	O003	2014/12/25	B建設	中規模
CC	O001	2014/12/1	C化学	小規模

つを1つに定めることで、レコードを一意に特定することができます。

　ここで、{顧客企業ID}、あるいは{注文連番}単独では一意性がないことに注意してください。例えば、{顧客企業ID}だけだと、「CB」という値に対して3行がヒットしてしまうので、1行に特定することができません。{注文連番}の場合にも同じ問題が発生します。あくまで、この2つの列を組み合わせることで、初めて一意キーとなります。

　このテーブルは、すべてのセルがスカラ値[*8]から構成されているという点で、文句なく第1正規形を満たしています。しかし、このテーブルは第2正規形にはなっていません。それは、このテーブルに「部分関数従属」という関数従属の一種が存在するからです。

　部分関数従属は、おおざっぱに言うと、「主キーを構成する列の一部にだけ関数従属する列が存在すること」です。言葉にするとわかりにくいのですが、これはつまり、次の関数従属です。

> {顧客企業ID} → {顧客企業名}
> {顧客企業ID} → {顧客規模}

　企業の名前は、企業IDだけわかれば一意に特定することが可能です。企業の規模もまた同様です。この2つの列に限ってみれば、{注文連番}という列は余計な情報でしかありません。注文連番がわかったところで、どの企業からの注文であるかは、まったく把握できません。

　このような部分関数従属が存在する場合、そのキーと従属する列だけを別テーブルとして外に出す必要があります（表12）。

[*8]「スカラ値」については、P.265を参照してください。

表12 注文テーブルと顧客企業テーブル（第2正規形）

注文テーブル（第2正規形）

顧客企業ID	注文連番	注文受付日
CA	O001	2014/12/20
CA	O002	2014/12/21
CB	O001	2014/12/12
CB	O002	2014/12/25
CB	O003	2014/12/25
CC	O001	2014/12/1

顧客企業テーブル（第2正規形）

顧客企業ID	顧客企業名	顧客企業規模
CA	A商社	大規模
CB	B建設	中規模
CC	C化学	小規模

　このように分割された注文テーブルと顧客企業テーブルは、ともに第2正規形を満たしています。その証拠に、すべての列が主キーだけに関数従属を持っており、主キーの一部にだけ従属するという列は存在しません。また、この第2正規形を「テーブルは集合である」という観点から見てみると、分割後の「注文テーブル」と「顧客企業テーブル」は、それぞれがきちんと「注文」および「顧客」という集合に対応していることがわかります。それぞれ、1行が1つの注文または企業を表しているわけです。

　それに比べて分割前の非正規形テーブルである 表11 は、1つのテーブルに「注文」と「顧客」という異なるカテゴリの集合が混在しており、概念として混乱しています。

　設計センスのある人ならば、この「気持ち悪さ」の感覚だけを頼りに正解に辿りつくこともできます。正規化について何も知らない素人であっても、「きれいなテーブルを作ろう」という感覚だけで設計できてしまうのです。正規化の理論は、センスのない人でも正解に辿りつけるように考えられた機械的手順です。その点で、数学の公式に似ています。数学的センスは個人差が大きいものですが、公式を使えばセンスのない人でもある程度機械的に正解に辿りつくことができます。

◇第2正規形はなぜ必要か

　ところで、第2正規形は何のために作るのでしょうか。これは、表11 の非第2正規形のテーブルを実務で使った場合に、どんな不都合やリスクが

生じるかを考えてみるとわかります。まず、この非正規形テーブルを使って最初に困ることは、顧客の情報をある程度知っていないと注文を登録できないことです。

　例えば新しく取引を開始することになった「D出版」という会社があるとします。しかし初めての取引先であるため、この会社の規模がよくわかりません。そうすると、当然ながら、「顧客企業規模」の列に値を入れることができません。この列にNULLを許可するとか、値がわからない場合のダミー値を入れるという手段もありますが、どちらも推奨できる方法ではありません。

　また、同じ顧客企業の行が複数行存在するため、そのうちの一部が間違って登録されてしまう危険もあります（**表13**）

表13 一部だけ情報を間違えたテーブル

注文テーブル（非第2正規形）

顧客企業ID	注文連番	注文受付日	顧客企業名	顧客企業規模
CA	O001	2014/12/20	A商社	大規模
CA	O002	2014/12/21	A商社	大規模
CB	O001	2014/12/12	B建設	中規模
CB	O002	2014/12/25	**B建築**	中規模
CB	O003	2014/12/25	B建設	中規模
CC	O001	2014/12/1	C化学	小規模

　こうした更新時のデータ不整合を「更新異常」と呼びます。非正規形テーブルは、概してこの更新異常のリスクが高いテーブルです。

　その理由は、繰り返しになりますが、テーブルが正しい集合の単位に基づいていないためです。リレーショナルデータベースにおいては、美しいテーブルとは、すなわち「機能的なテーブル」でもあるのです。

◇第3正規形（3NF）

　さて、第2正規形を満たして更新異常のリスクはだいぶ減りました。しかし、まだこれだけでは不十分です。それは、第2正規形だけでは**表14**の

ようなケースを許してしまうからです。

　これは、前述の**表12**の「顧客企業テーブル」に、その企業の属する業界の情報を付け加えたテーブルです。これは、当然第1正規形は満たしていますし、主キーが「顧客企業ID」の1列だけなので、第2正規形も満たしています（主キーが1列しかない場合は、自動的に第2正規形を満たすことになります）。

表14 顧客企業テーブル（非第3正規形）

顧客企業テーブル（非第3正規形）

顧客企業ID	顧客企業名	顧客企業規模	業界コード	業界名
CA	A商社	大規模	D001	石油
CB	B建設	中規模	D002	ゼネコン
CC	C化学	小規模	D003	バイオ

　しかし、このテーブルにはやはり更新異常が存在します。例えば、本当は管理したい業界は「石油」「ゼネコン」「バイオ」以外にも「システム」とか「流通」など多々あったとしても、いまはこのテーブルに登録することができません。それは、このテーブルがあくまで「企業」という単位での集合を反映しており、取引がない企業の業界についてはレコードを作ることができないからです。

　このような事態が発生した理由は、このテーブルにもう1つの関数従属、すなわち「推移関数従属」を持ち込んでしまったことによります。これは、主キー以外のキー同士に発生する関数従属のことで、ここでは、次の従属性が該当します。

> {業界コード}→{業界名}

　「推移関数従属」に「推移」という名前が付いているのは、次のように、主キーから見て2段階の関数従属が存在するからです。

> {顧客企業ID}→{業界コード}→{業界名}

このような関数従属も、第2正規形と同様、テーブルを分割することで外に出してやる必要があります（**表15**）。

表15 顧客企業テーブル（第3正規形）と業界テーブル（第3正規形）

顧客企業テーブル（第3正規形）

顧客企業ID	顧客企業名	顧客企業規模	業界コード
CA	A商社	大規模	D001
CB	B建設	中規模	D002
CC	C化学	小規模	D003

業界テーブル（第3正規形）

業界コード	業界名
D001	石油
D002	ゼネコン
D003	バイオ

これで「業界テーブル」のほうには（まだ取引のない業界であっても）好きなだけ新しい業界を追加することができます。

この第3正規形を、再び集合の観点から見てみると、**表14**の非正規形テーブルは、「企業」と「業界」という明らかに階層の異なる集合同士を1つのテーブルで管理しようとしていたことがわかります。これを「素直に」「きれいに」分けて管理しようとすれば、「自然に」第3正規形に辿りつくことになります。

本章の冒頭に、「テーブル設計というのは、『テーブルは現実世界の概念や集合を表したもの』という原則に忠実でありさえすれば、それほど難しい話ではない」と言った理由が、これでおわかりいただけたのではないでしょうか。

「自分にはそのセンスはないな」と思った人は、「部分関数従属」と「推移関数従属」を頭に叩き込んで、機械的にテーブルを分割しましょう。そうすれば9割方うまくいきます（残り1割はパフォーマンスを考えてあえて非正規化するケースなのですが、初心者向けの内容ではないため、本書では踏み込みません）。

正規化については以上です。理論的には第4正規形や第5正規形というさらに高次の正規形もあるのですが、あまり実務で利用する機会はないので、理論的な興味がなければ、無理に覚えなくても仕事には支障ありません（たまに情報処理の試験で出てくるくらいです）。

学ぼう！

【8-1-4】
「ER図」って何？

◇ 増えすぎたテーブルをどうするか

　正規化を行うと、テーブルが分割されることで数が増えていきます。別にテーブルの数を増やすことが正規化の目的ではなく、あくまで「更新異常」のリスクをなくすことが目的なのですが、結果としてテーブルの数が増えるのも事実です。複雑な業務システムであれば、テーブルの数は軽く数百に達します。

　そうなってくると、人間の能力ではすべてのテーブルの関係性を把握するのが難しくなってきます。どれだけ記憶力のよい人でも、何の情報が何という名前のテーブルで管理されていて、それがどのテーブルと関係を持っているのか、ということを把握するのは至難のわざです。

　こうしたテーブル間の関連性を一望するために考え出された技術が、ER図 (Entity-Relationship Diagram) です。日本語では「実体関連図」と訳されます。

　「Entity」（実体）とは、「テーブル」のこと、「Relationship」（関連）とは、「テーブル間の関係」のことです。これを図示することでグラフィカルに理解しやすくしよう、という技術です。

◇ 「IE表記法」とは

　ER図の表記法にはいくつか種類がありますが、本書ではIE (Information Engineering) という表記法を取り上げます。これはER図の描き方としてはポピュラーであるうえ、見た目がわかりやすく直観的に理解しやすいという利点があり、最初にER図を学ぶのに適しているためです。

　また、他のER図の表記法も、多少の違いはあるものの基本的にはIEと共通点が多いので、1つの表記法を覚えれば後は他の表記法もおおよそ理解できるようになります。

8-1-4 「ER図」って何?

　テーブルのサンプルとして、第3正規形まで正規化を完了した顧客企業テーブルと業界テーブルを再び使います。今回は、「顧客企業テーブル」と「業界テーブル」に少しレコードを追加しました（表16）。

　まずはこの2つのテーブルの関係を、ER図を使って表すことを考えてみましょう。

表16　顧客企業テーブル（第3正規形）と業界テーブル（第3正規形）

顧客企業テーブル（第3正規形）

顧客企業ID	顧客企業名	顧客企業規模	業界コード
CA	A商社	大規模	D001
CB	B建設	中規模	D002
CC	C化学	小規模	D003
CD	D商事	中規模	D001
CE	E繊維	大規模	D003

業界テーブル（第3正規形）

業界コード	業界名
D001	石油
D002	ゼネコン
D003	バイオ
D004	システム

◇ 「エンティティ」とは

　「エンティティ」とは、要するにテーブルのことです。図7のような四角形で表します。

　図7のように、上半分のエリアには「主キー」を、下半分のエリアには「その他の列（非キー列）」を記入します。上のエリアにある「PK」は「Primary Key」の略です。実際は、非キー列は非常に数が多くなるので、業務的に重要な意味を持つ列だけをピックアップして記入します。

　「何かずいぶんシンプルだな」と思うかもしれませんが、これも立派なエン

図7　業界テーブルのエンティティ

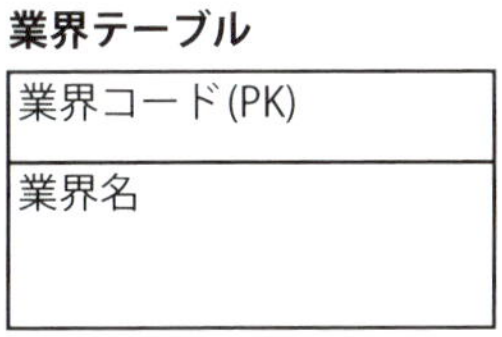

業界テーブル

業界コード(PK)
業界名

275

図8 顧客企業テーブルのエンティティ

顧客企業テーブル

顧客企業ID(PK)
顧客企業名 顧客企業規模 業界コード(FK)

ティティの図です。もともと複雑な情報を簡略化するための技術なので、それが簡単に読み解けないものになってしまったら本末転倒なのです。次に、顧客企業テーブルのエンティティも作ってみましょう。図8のようになります。

図7と同様、上半分のエリアに主キー、下半分のエリアに非キー列を記入する点は変わりませんが、今度は「業界コード」列のところに記入されている「FK」というキーワードに注目してください。これは、「Foreign Key（外部キー）」の略称です。

「外部キー」とは、「他のテーブルにおいても同じ意味で使用されている列」のことです。顧客企業テーブルの「業界コード」は、「業界テーブルの主キー」でもあります。これはつまり、「業界テーブルに存在しない業界は、顧客企業テーブルには存在できない」ということを意味しています。これはテーブルをまたがった制約であるため、「外部キー制約」と呼ばれます。そして、この外部キーこそが、このER図のキモとなる要素なのです。

◇ 「リレーションシップ」とは

実際、テーブルをエンティティの四角形で置き換えただけでは、大した工夫とは言えません。まだエンティティ同士の関連（リレーションシップ）が描き込まれていないため、いわばこれは相互に無関係なエンティティを並べただけの「E図」にすぎません。エンティティ間の関連を示すのが、前述の「外部キー」の存在です。

外部キーが存在するテーブルは、当該の列が他のテーブルの主キー列（あ

るいは主キーの一部の列)を参照していることを意味します。この関係を「リレーションシップ」と呼びます。この例では、業界テーブルと顧客企業テーブルとの間には「1対多」(1対Nとも言います)の関係が存在します。これは、業界テーブルの1行、すなわち1つの業界に対して、顧客企業テーブルの複数の企業が対応しているということです。P.275の表16をもう一度見てください。「石油業界 (D01)」には、A商社とD商事が対応しており、「バイオ業界」にはC化学とE繊維が対応しています。

　これは日本語で言えば「1つの業界には複数の企業が所属する」という包含関係を表現しているということです。「帰属関係」と言ってもいいでしょう (図9)。

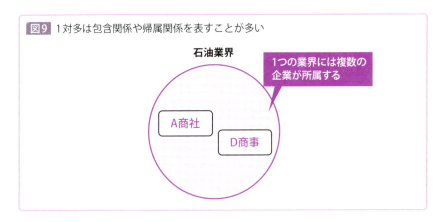

図9 1対多は包含関係や帰属関係を表すことが多い

　「1対多」のリレーションシップには、こういう包含関係で捉えられる場合が少なからず存在します (企業と社員や、都道府県と市町村など)。 この1対多の関係を表すために、IE表記法では、図10に示すルールで、テーブル間のレコード数の対応関係を記号で示します。

　IE表記法は通称「鳥の足」表記法とも呼ばれるのですが、これは「複数」を表す3本足のマークが特徴的で、鳥の足に似ていることから付いた名前です。

図10 IE表記法におけるレコード数の表記法

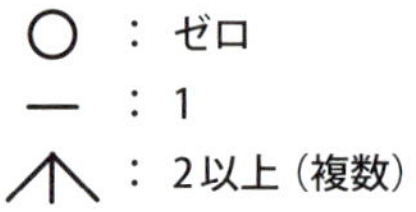

○ ： ゼロ

— ： 1

⋀ ： 2以上（複数）

◇実際にER図を作成する

この記号を、エンティティに付け加えてやりましょう。**表16**で示した「業界テーブル」から見れば、1行に対して顧客企業テーブルのレコードは複数の企業がヒットする可能性があります（「D001」や「D003」に対応する企業が複数あるため）。

一方で、「D004」のシステム業界のように、顧客企業テーブルにはまだ企業が登録されていない業界も存在します。つまり、対応する企業の数が「0件」の場合もあるということです。よってこの場合、「0（○）」と「複数（鳥の足）」の記号を組み合わせます。

一方、「顧客企業テーブル」から見ると、「業界」は常に1つのレコードが対応します。したがって、「1（—）」の記号を使います（**図11**）。

図11 ER図完成版

業界テーブル

業界コード(PK)
業界名

顧客企業テーブル

顧客企業ID(PK)
顧客企業名 顧客企業規模 業界コード(FK)

これでリレーションシップも描き込まれたER図の完成です。このリレーションシップによってレコード数の対応関係を見ることで、テーブル同士の包含関係や帰属関係を把握しやすくなります。そうしたテーブル間の関係を把握することで、ただ複数のテーブルが独立に存在していると考えるよりも、業務におけるデータの流れ（データフロー）やテーブルの列の持つ意味が理解しやすくなるわけです。

◇ 2つの重要なエッセンス

これで本章の内容は以上です。最後に、テーブル設計において一番重要なことを繰り返しておくと、それは「テーブルが集合であること」と「テーブルが関数であること」を理解することです。正直な話、この2つのエッセンスさえ頭に入れてもらえれば、正規化やER図の細かい話は、全部忘れてもらっても構わないくらいです。それらはすべて、テーブルが集合であり関数であることを再確認するための補助的な技法、思考の補助線にすぎないからです。エッセンスさえわかっていれば、後はいくらでも応用がききますし、いつでも周辺の系は導くことができるのです。

第8章のまとめ

- テーブルとは集合である
- テーブルとは関数である
- 上の2つを覚えておけばテーブル設計は終わったも同然である
- それでも不安な人は、「第2正規形」と「第3正規形」のルールだけ覚えておくとよい
- 正規化するとテーブルの数が増えてきた場合、「ER図」を描いて整理するとよい

練習問題

Q1 以下の中で、「一意な識別子」でないものはどれでしょう？
- A　免許証番号
- B　鉄道の駅名
- C　銀行の口座番号
- D　メールアドレス

Q2 以下の中で主キーについて正しい記述はどれでしょう？
- A　主キーの列は他の列を一意に決定する
- B　主キーの列にはNULLを許可することができる
- C　主キーの列には重複値を登録することができる
- D　主キーは1つのテーブルに複数定義することができる

Q3 以下の中で関数的に動くものはどれでしょう？
- A　主キーのないテーブル
- B　株価の日経平均と為替レートの関係
- C　自動車のアクセル
- D　恋人や配偶者の機嫌

Q4 正規形に関する以下の記述のうち、正しいものはどれでしょう？
- A　第1正規形とは、部分関数従属が存在しないことである
- B　推移的関数従属とは、非キー列同士の間での関数従属である
- C　正規化の目的はパフォーマンスを向上することである
- D　スカラ値とは、配列などの複合的な値のことである

Q1. B　Q2. A　Q3. C　Q4. B

解説　Q1「違う県にある同じ名前の駅名」というのは、それほど珍しい存在ではない／Q2 Aは主キーの定義そのもの／Q3 Aは何の列を入力にしても一意なレコードが定まらないため、関数にならない。Bの「株価の日経平均と為替レート」の間の関数的な関係は発見されていない（探す努力はされているが未発見）。Dは、どういう入力（行動）に対してどんな結果が得られるかは永遠に謎／Q4「第1正規形」とはすべてのセルがスカラ値であること。「正規化の目的」は更新異常をなくすこと。「スカラ値」はそれ以上分割できない値のこと。

Chapter

09

バックアップとリカバリ
～障害に備える仕組み～

本章では、一般的なDBMSで格納したデータの保全を行うバックアップ、リストア（リカバリ）の仕組みを勉強します。DBMSでは、コミットされたデータを永続化したり、また永続化を担保しつつ実用的なスピードでコミットできるように、様々な工夫がされています。

やってみよう！

【9-1】
作業中のMySQLサーバを強制終了してみよう

ここでは、まずMySQLで「繰り返しインサート」を実行し、さらにその作業中に、MySQLサーバをコマンドプロンプトで強制終了します。作業中に強制終了したら、MySQLがどうなるのかを見てみましょう。

Step1 ▷繰り返しインサートを実行してみよう

MySQLコマンドラインクライアントを1つだけ起動（他は終了）し、testデータベースにInnoDB型のテーブルt1を作成します。なお、第7章の実習ですでにt1テーブルを作成している場合は[*1]、「truncate table t1;」を実行してテーブルを空にしてください。その後、以下のクエリをそのまま入力します。

①このコマンドを入力する

```
delimiter $
create procedure test_insert_commit(v_max int)
begin
  declare v_id int default 0;
  repeat
    set v_id = v_id + 1;
    insert into t1 values(v_id, v_id);
    if (mod(v_id,10000) = 0) then commit;
    end if;
  until v_id >= v_max
  end repeat;
end$
delimiter ;
```

続いて以下の手順を実行すると、INSERT文を繰り返し1万行ごとにコミットしながら50万行実行します。環境により数十秒から数分かかりますから、この間に急いでStep2を実行します。

*1 InnoDB型テーブル「t1」の作成については、P.214を参照してください。

282

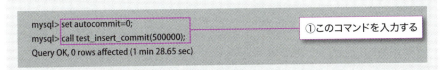

Step2 ▷ MySQLサーバを強制終了させよう

次に、コマンドプロンプトを用いてMySQLサーバを強制終了します。「スタートメニュー→すべてのプログラム→アクセサリ→コマンドプロンプト」で、コマンドプロンプトを実行します。「コマンドプロンプト」を選択する際は、右クリックメニューから「管理者として実行」で実行してください。コマンドプロンプトを起動したら、以下のコマンドを入力してプロセスID（PID）を調べます[*2]。

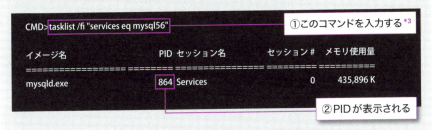

次に、以下のコマンドを入力すると、MySQLサーバを強制終了できます。なおこれにより、Step1で実行されていたクエリ（インサート文の繰り返し）は、MySQLサーバの強制終了により中断することになります。

Step3 ▷ MySQLサーバを再起動しよう

コマンドプロンプトから、以下のコマンドでMySQLサーバを起動します。

```
CMD> net start mysql56
MySQL56 サービスを開始します ..
MySQL56 サービスは正常に開始されました。
```
①このコマンドを入力する
②MySQLが再起動する

[*2]「CMD>」は入力する必要はありません（以下すべて）。これは、コマンドプロンプトを示しています。
[*3]「PID」の数字（本例ではpid 864）は、前の手順で調べた数字を入力します。

MySQLコマンドラインクライアントからインサートの件数を検索すると、著者の環境では、ちょうど4万件をINSERTしてコミットしたところでダウンしていました[*4]。

```
mysql> select count(*) from t1;          ──── ①このコマンドを入力する
+----------+
| count(*) |
+----------+
|    40000 |                             ──── ②4万件でダウンしている
+----------+
1 row in set (0.12 sec)
```

[*4] 本実習で使用したコマンドのテキストファイルをご覧になりたい場合は、以下のWebサイトからダウンロードしてください。
URL http://www.shoeisha.co.jp/book/download

CoffeeBreak　アプリケーションとサービス

　通常、強制終了にはタスクマネージャを利用します。しかしMySQLサーバの場合はアプリケーションではなく「サービス」として実行されているため、アプリケーションタブ上には出てきません。

　「サービス」とは、Windows上でユーザとのやりとりを行わず動作するもので、Windows動作中はずっとバックグラウンドで動作します（この仕組みはUnix/Linuxの「デーモン」と同様のものです）。そのため、強制終了（管理者権限要）には、プロセスタブを選択してイメージ名（mysqld.exe）を指定するか、サービスタブを選択してサービス名（MySQL56）を指定する必要があります。

　MySQLの場合は、プロセス指定の強制終了にて無事（?）終了できましたが、DBMSのアーキテクチャによっては、1つのプロセスを強制終了（KILL）しただけでは終了しない場合があります。これは、DBMS自体が「複数のプロセスが協調することによって動作している」ようなアーキテクチャを持つ場合です。このような構成を「マルチプロセス構成」と呼びます。

　これに対して、MySQLサーバのように1つのプロセスの中で複数のスレッドが動作するような構成を「マルチスレッド構成」と呼びます。

学ぼう！

〔9-1-1〕
持続性とパフォーマンスを両立させる仕組み

◇ DBMSが持つ３つの仕組み

　第7章で、トランザクションには「ACID」と呼ばれる特性があることを紹介しました。ACIDの「D」はDurability（持続性）で、一連のデータ操作（トランザクション操作）を完了（COMMIT）し、完了通知をユーザが受けた時点で、その操作が「永続的」となり、結果が失われないことを示します。これはシステムの正常時だけにとどまらず、データベースサーバやOSの異常終了、つまりシステム障害に耐えるということです。

　冒頭の実習は、MySQLサーバがいきなりダウンしたときでも内容が保持されるかどうかを試したものです。

　DBMSがデータを保存する記憶装置は、ほとんどの場合はハードディスクです。ハードディスク上で「持続性」を実現するには、書き込みをすべて「同期書き込み」にすればよいわけですが、データベースへの書き込みは記憶装置のランダムな場所にランダムにアクセスして書き込みを行うため、同期書き込みは遅く、パフォーマンス的には実用に耐えないものになってしまいます。この「持続性」とパフォーマンスを両立させるために、一般的なDBMSでは以下の仕組みを用いています。

①ログ先行書き込み（WAL：Write Ahead Log）
②データベースバッファ
③クラッシュリカバリ

　では、それぞれについて説明しましょう。

ログ先行書き込み

　「ログ先行書き込み」（＝WAL：Write Ahead Log）の基本的な考え方は、データベースのデータファイルへの変更を直接行わず、まずは「ログ」と

して変更内容を記述した「ログレコード」を書き込み、同期するという仕組みです。MySQLではこのログを「InnoDBログ」と呼びます。

WALには、以下の利点があります。

①ディスクに対して連続的に書き込むため、ランダムに書き込むよりもパフォーマンスがよい
②ディスクへの書き込み容量・回数を減らすことができる
③データベースバッファ（後述）を利用して、データベースのデータファイルへの変更を効率よく行える

データベースバッファ

コミット時は、WALに変更内容を書き込みますので、データファイルへの変更は、トランザクションのコミットと即時同期をとる必要がなくなります。かと言ってトランザクションごとにバッファを持ち、非同期に書き込みをしていたのでは、ログとデータファイルで一貫性を保つことが難しくなってしまいます。

一般的なDBMSでは「データベースバッファ」を用意して、データファイルへの入出力をデータベースバッファ経由に一本化して単純化しています。これにより、効率よくデータの一貫性を保つことが可能になります。MySQLの場合、更新の流れは以下のようになります[1]。

①更新対象のデータを含むページ[2]が、バッファプールにあるかどうか確認され、なければデータファイルからバッファプールに読み込まれる
②更新がバッファプールの当該ページに対して行われる
③上記②の更新内容が、コミットとともにログに記録される。バッファプールで変更されたが、まだデータファイルに書き込まれていないページは、ダーティページ[3]としてバッファプール内で扱われる

---

[1] MySQLでは、データベースバッファのことを「(InnoDB) バッファプール」と呼びます。なおデータファイルのバッファの名称や特性はDBMSごとに異なります。

[2] ページ（Page）は、バッファやキャッシュを扱う単位のことです。

[3] ダーティページ（Dirty Page）は一般的にメモリに読み込まれてから変更されたページのことを指します。

④ダーティページは後から適当なタイミングでまとめてデータファイルに書き込まれる（これを「チェックポイント」と呼ぶ）
⑤上記④のチェックポイント以前のログファイルは不要になる。また、更新とともに①から手順が繰り返される

通常運転時はこのサイクルをずっと繰り返します。つまりWALとバッファプールが変更を反映していき、データファイルより先んじる形になり、チェックポイントでデータファイルが追いつき、またWALとバッファプールが先行していく、の繰り返しです（図1）。

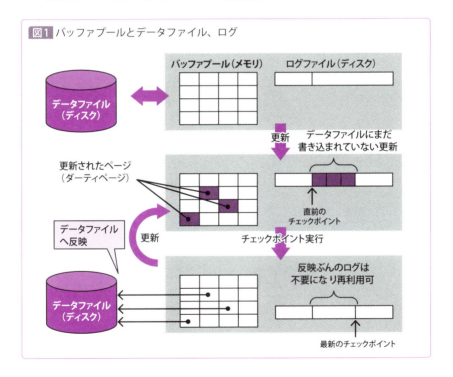

図1 バッファプールとデータファイル、ログ

クラッシュリカバリ

WALとデータベースバッファ、そしてデータベースファイルの三位一体の連携プレーにより、持続性を担保しつつ、現実的なパフォーマンスでDBMSは動作しています。では、ひとたびクラッシュ（例えばMySQLサー

バの異常終了）した場合には、どのようにそこからリカバリするのでしょうか。クラッシュした際には以下のような状態になります。

①WAL：最後にコミットしたトランザクションの更新情報を持つ
②データベースバッファ：クラッシュにより内容はすべて失われる
③データベースファイル：最後のチェックポイントまでの更新情報を持つ

　クラッシュ後、MySQLサーバを再起動すると、③と①のチェックポイント後の更新情報を用いて、データベースファイルをクラッシュ時までにコミットされた最新の状態まで戻します[*4]。この動作を「ロールフォワード」と呼びます。動作イメージは、図2の通りです。MySQLサーバを再起動するだけでリカバリできる仕組みは素晴らしいですが、このような仕組みも論理的な破壊（DDL文によるテーブルの破棄など）や、物理的な破壊（ディスク装置の故障など）には対応できません。このような破損・破壊に対応するには、正常な動作をしているときにバックアップを取得して、そこからリストア、リカバリを行う必要があります。

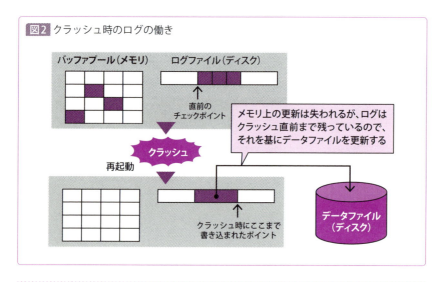

図2 クラッシュ時のログの働き

[*4] リカバリの具体的な内容は、MySQLのエラーログファイル（通常C:¥ProgramData¥MySQL¥MySQL Server 5.6¥data¥ホスト名.err）を表示することで確認できます。

【9-1-2】
バックアップとリカバリ

◇ 「PITR」とは何か

　データベースのデータを様々な障害から守るためには、データベースが正常に動作しているときにバックアップを取得し、障害の後に、そのバックアップを戻します（リストア）。これにより、バックアップ時点の状態に戻すことができます。ただし、単純にバックアップ時点に戻しただけでは、バックアップ後にデータベースに行われた更新は反映されません。

　これを反映するために、一般的なDBMSでは、データベースに行った更新を記録したログを保存（アーカイブ）しておき、それをリストアしたデータベースに順次反映することにより、バックアップ時以降の任意の時点に復元（リカバリ）することができます。

　このように、ある時点からのデータ変更を含めたリカバリは「PITR（Point-in-time recovery）」とも呼ばれます。PITRに利用されるログの名称や特性はDBMSごとに異なり、表1のようになります[5]。

表1 PITRに利用されるログの名称や特性

	Oracle	MySQL	PostgreSQL	DB2	SQL Server
名称	REDOログ	バイナリログ	WALログ	トランザクションログ	トランザクションログ
アーカイブの指定	○	×（本文参照）	○	○	○
アーカイブ時の名称	ARCHIVELOG	×	WALアーカイブ	アーカイブロギング	完全復旧モデル
非アーカイブ時の名称	NOARCHIVELOG	×	（特になし）	循環ロギング	単純復旧モデル

　ところで、表1にある「アーカイブの指定」とは何でしょうか。

　PITRに利用されるログは、ほとんどのDBMSの場合、前節で説明した「WAL」が利用されます。

---

[5] Firebirdには、WALおよびそれを用いたリカバリの仕組みがありません。

そのため、クラッシュリカバリに利用するだけであれば、チェックポイント以前のログは不要であり、そのディスク領域は削除したり、再利用したりすることができます（再利用されることがほとんどです）。しかし、それでは今度PITRを行いたいときに「必要なログがない」という事態を引き起こしてしまいます。そのため、クラッシュリカバリ用には不要になったものでも、PITR用に保存しておく必要があり、そのためのモードが用意されています。これが「アーカイブの指定」となります。

◇ 「バイナリログ」とは何か

MySQLでは、PITRには「バイナリログ」というログを利用します。皆さんの中には、「P.286に出てきたInnoDBログは利用しないの?」と思われる方がいるかもしれません。

実は、InnoDBログはInnoDB専用のクラッシュリカバリのみに利用されるもので、PITRに利用するのはMySQL全体 (InnoDBに限らず) に利用するバイナリログを利用します。

例えばOracleでは「REDOログ」、DB2やSQL Serverでは「トランザクションログ」をPITRとクラッシュリカバリの両方に利用しますが、MySQLではPITRに「バイナリログ」、クラッシュリカバリに「InnoDBログ」を利用するということです。

◇ バックアップの3つの観点

障害が発生した場合に、データベースのデータは利用できなくなります。そのような事態に迅速に対応するためには、データベースが正常な状態のときに、「現在利用しているデータの複製」をどこか別の場所に待避しておく必要があります。この待避されたデータを「バックアップデータ」と呼び、このデータを取得することを「バックアップ」と呼びます。

障害が発生した場合には、待避したデータから速やかにデータベースのデータが利用できる状態まで回復します。これが「リストア」です。

バックアップを行うにあたっての観点には、次の3つがあります。

①ホットバックアップとコールドバックアップ
②論理バックアップと物理バックアップ
③フルバックアップと部分（増分・差分）バックアップ

　これらの観点により、各データベースが提供している手段の長所・短所などが理解しやすくなります。また、適用しようとするシステムに対して、どのような手段でバックアップ・リストアするのが適切かを判断する材料にもなります。

◇ホットバックアップとコールドバックアップ

　バックアップ時の「データベースの状態」によって、バックアップは「ホットバックアップ」と「コールドバックアップ」に分類できます。
　「ホットバックアップ」は「オンラインバックアップ」とも呼ばれ、バックアップ対象のデータベースを停止せず、稼働したままでバックアップデータを取得するものです。
　一方、「コールドバックアップ」は「オフラインバックアップ」とも呼ばれ、バックアップ対象のデータベースを停止し、バックアップデータを取得します（図3）。

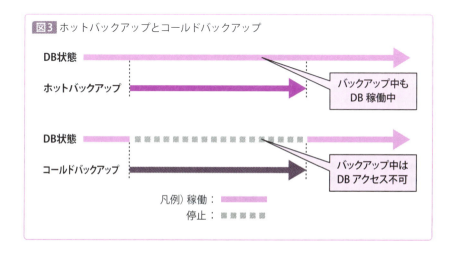

図3　ホットバックアップとコールドバックアップ

ホットバックアップの概要

　ホットバックアップではデータベースを稼働したままバックアップデータを取得しますが、どのツールを使っているか、取得の手段は何かによって違いがあります。MySQLの場合、トランザクションの仕組みを利用したり、特殊なロックを指定したり、OSやハードウエアのスナップショットを利用して、その時点のスナップショットをバックアップデータとして取得したりする方法があります[*6]。

　また、MySQLの場合、ホットバックアップの取得には「mysqldump」というコマンドラインクライアントのユーティリティを利用できます。mysqldumpは、MySQL InstallerでMySQLをインストールした場合にはすでにインストールされています[*7]。

コールドバックアップ の概要

　コールドバックアップでは、データベースを停止中にバックアップデータを取得します。データベース停止中は、一般的にはデータ格納ファイルがOSで扱える状態になるので、それをバックアップすることにより行えます。MySQLでは、MySQLサーバをシャットダウンして、データディレクトリ以下のディレクトリとファイルをすべてOSのコマンドでコピーします。

　なお、コールドバックアップでは、上述のように「OS側の機能」でバックアップしますが、ホットバックアップでは主に「データベース側の機能」でバックアップデータを取得します。

◇論理バックアップと物理バックアップ

　取得するバックアップデータを「形式」によって分類すると、「論理バックアップ」と「物理バックアップ」の2つに分けられます。

[*6] OSやハードウエアの機能を使うと、短時間でバックアップの取得ができます。

[*7] MySQL Installer の利用については、P.140を参照してください。

9-1-2　バックアップとリカバリ

「論理バックアップ」はSQLベースのバックアップで、テキスト形式に準じるフォーマットでバックアップデータが記録されます。

一方、「物理バックアップ」はデータ領域をそのままダンプ（データをファイルや画面に出力）するイメージで、バイナリ形式に準じるフォーマットで記録されます。

オープンソースデータベースでは歴史的な経緯もあり、論理バックアップを扱うツールが用意されていますので、それをメインで利用するシーンも多々あります。それに対して、クローズドソースのデータベースでは物理バックアップを利用することが多いようです。

なお、論理バックアップはテキスト形式に準じたフォーマットなので、表2のような利点・欠点があります。一方、物理バックアップはバイナリ形式に準じたフォーマットなので、表3のような利点・欠点があります[8]。

表2 論理バックアップの利点・欠点

利点	編集できる。テキスト変更により、バックアップの一部の適用が可能
	移植性に優れる（ポータブル）。テキストの変更で（CSVなどは変更なしに）、同一DBMSの他バージョンや，他のDBMSにリストアが可能
欠点	物理バックアップに比べてサイズが大きくなる。バイナリとテキストとの相互変換が入るためバックアップ、リストアの動作スピードが遅い

表3 物理バックアップの利点・欠点

利点	最小限のサイズで取得できる。データの変換がない（もしくは最小）なので、バックアップ／リストアの速度が速い
	リストアの単位はツール次第。一部データの変換・非適用などは不可能
欠点	プラットフォーム依存のバイナリは、同一のDBMSでも非互換

◇フルバックアップと部分バックアップ

バックアップ時の「対象」とそれによる「データ量」を観点とすると、「フ

---

[8] P.292で紹介した「mysqldumpツール」は「ホットバックアップ」かつ「論理バックアップ」を取得するツールです。

293

ルバックアップと部分（増分・差分）バックアップ」に分類できます。

フルバックアップは「全体バックアップ」とも呼ばれ、データベース全体のデータをバックアップする方式です。図4は、初期状態としてフルバックアップを取得し、それぞれ1日〜3日後の状態をバックアップ、リストアするにはどうするかを示しています。

また、フルバックアップでは毎日「全体」をバックアップするため、表4のような利点・欠点があります。

一方「部分バックアップ」では、まずフルバックアップをとった後に、その後更新されたデータをバックアップします。よって、表5のような利点・欠点があります。

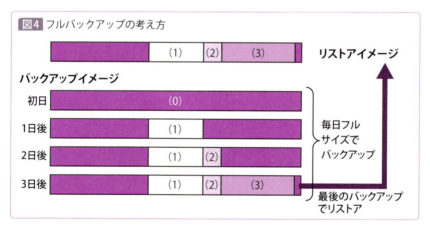

図4 フルバックアップの考え方

表4 フルバックアップの利点・欠点

利点	バックアップデータが1か所にまとまっているので、リストア処理が単純
欠点	データベース全体をバックアップするため、バックアップにかかる時間が長くなる
	更新量が少なくても毎回データベース全体をバックアップするため、バックアップデータの十分な容量が必要となる

表5 部分バックアップの利点・欠点

利点	更新したデータだけを対象にするため、バックアップにかかる「時間」が短くて済む
	更新したデータだけを対象にするため、バックアップデータの「容量」が少なくて済む
欠点	リストアにはフルバックアップと、部分バックアップが必要になるため、リストアの手順が複雑になる

◆部分バックアップの2つの方法

　部分バックアップには、直近のフルバックアップ以降に更新されたデータをバックアップする「差分 (Differential) バックアップ」と（図5）、直近のバックアップ（種別はフルとは限らない）以降に更新されたデータをバックアップする増分 (Incremental) バックアップがあります（図6）。図5と図6を見比べればわかる通り、増分バックアップはデータ量が差分バックアップよりも少ないですが、そのぶんリストア時にすべての増分バックアップを順番に適用する必要があり、手順が複雑になります。

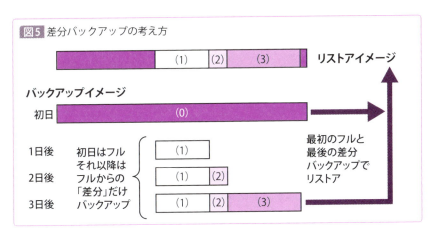

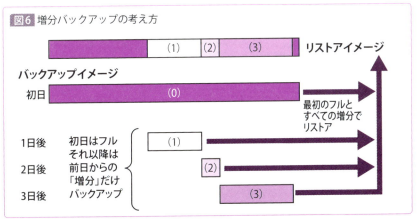

◈ロールフォワードリカバリ

　基本的に「フルバックアップ」のみでリストアできるのは、「バックアップ時点」です。

　しかしMySQLの場合、前述のように「バイナリログ」（WAL）を出力できます。そのため、それらを「増分バックアップ」として保存することにより、それらを用いてフルバックアップ時点以降、任意のポイントまでリストアすることができます。これを「ロールフォワードリカバリ」と呼びます。基本的にはP.288で紹介したロールフォワードと同じ処理で、バイナリログを使うところが違うだけです。言い換えれば「現在のデータベース」は、次のように表現でき、フルバックアップと増分バックアップでそこまでリカバリできるということになります。

> 現在のデータベース＝フルバックアップしたデータ＋バックアップ取得以降のすべての増分バックアップ

◈データベース管理の注意点

　これまでにバックアップとして名前をあげたファイルは、それぞれ離れた場所に置くことが大切です。すべてを1つのディスクに置くようなことは決してやってはいけません。

　例えば、現在利用しているデータベースとバックアップファイルを同一のディスク装置に配置した場合、そのディスク装置が壊れると、バックアップデータとデータベースが同時に失われることになります。これではバックアップの意味がありません。そのような事態を避けるためには、データベースとバックアップデータを違うディスク装置に分けておくべきです。さらに、分けたものを地理的に離れたところに置けば、サーバ・ディスクが置かれた場所自体の障害（火災・地震・電源断）からデータを守ることもできます。

　データベースにおける障害は、天災のように必ず一定の割合で起こりま

す。ですから、まず「障害は起こること」を前提に対策し、なるべくその割合を下げるように努めなければいけません。また、一旦障害が起こってしまった場合には、速やかに復旧する必要があります。

そのためには、自分が利用するDBMSにどのような対策の選択肢があり、かつどの手法を利用するのがよいか、ということを考慮しなければなりません。そして、そのバックアップ/リストアにかかる時間と負荷を見積もり、測定し、それを滞りなく運用できるようにする必要があります。

障害対策の手法を選択する際、例えば「24時間稼働する必要がある」ということであれば、「ホットバックアップ」が必要になるでしょう。一方「VLDB (Very Large Data Base: 非常に大きなデータベース) を運用する」ということであれば、論理バックアップでは時間がかかりすぎるので、「物理バックアップ」が必要ということになります。また、その更新範囲が極めて限られるなら「差分バックアップ」が有効かもしれません。

あるいは、対照的に「データベースは午前9時から午後9時まで動いていればよい。何か問題があったら前日のバックアップに戻れば済む」ということであれば、データベースを停止して、「コールドバックアップを1日1回実行する」ということになると思います。

第9章のまとめ

- データベースでは、ACID特性の「D（持続性）」により、コミットされた内容は永続化され、失われることはない
- データファイルを置いているファイルシステムの破損、サーバやディスクの物理障害に備えるためには、「バックアップ」の取得が必要
- バックアップの観点には、DBMS停止の有無（コールド/ホット）、フォーマット（論理/物理）、範囲（フル/差分/増分）がある
- バックアップの基本はフルバックアップだが、必要に応じて差分/増分バックアップを検討する
- バックアップにかかる時間と負荷、リストア・リカバリにかかる時間を考慮する

練習問題

Q1 トランザクションのACID特性のうち、COMMITされた内容が失われないことを保証する特性はどれでしょう？
- A Atomicity（原子性）
- B Consistency（一貫性）
- C Isolation（分離性）
- D Durability（持続性）

Q2 COMMIT時のデータの永続化とパフォーマンスを両立させる仕組みを2つ選んでください。
- A トランザクションログ（WAL）
- B オプティマイザ
- C データベースバッファ
- D ソートバッファ

Q3 DBMSの異常終了後、再起動時にデータがリカバリされる仕組みのことを何と呼ぶでしょうか？
- A データリカバリ
- B クラッシュリカバリ
- C 100%データ保証
- D デッドロック

Q4 DBMSの停止有無を観点とした際に、停止せずに取得できるバックアップを指すのはどれでしょう？
- A コールドバックアップ
- B ホットスタッフ
- C ホットバックアップ
- D ノンストップバックアップ

Q5 バックアップとして有効で「ない」（リストア・リカバリできない）ものはどれでしょう？
- A フルバックアップ
- B フルバックアップ＋増分バックアップ
- C 増分バックアップ＋差分バックアップ
- D フルバックアップ＋差分バックアップ

解答 Q1. D　Q2. AとC　Q3. B　Q4. C
Q5. C（リストアにはベースとなるフルバックアップが必須）

Appendix

パフォーマンスを考えよう
～性能を向上させるために～

最後に、データベースの「パフォーマンス」について解説します。
データベースを扱う限り、パフォーマンスに関する問題は避けて
は通れません。ここでデータベースにおけるパフォーマンスの考
え方をしっかりと身に付けておきましょう。

学ぼう！

「パフォーマンス」って何？

◇パフォーマンスの学習が重要な理由

　最後に扱うテーマはパフォーマンス（性能）です。一般的に、データベースの入門書ではあまりパフォーマンスを取り上げることはありません。その理由は、「パフォーマンスが重要ではないから」ではありません。パフォーマンスについて解説しようとすると、奥が深く、必要となる知識も多いため、どうしても中級レベルの解説に足を踏み入れることになるからです。

　また、パフォーマンスが悪化するのは、ある程度データベースで扱うデータ量が増えてきた場合であるため、学習用に少量データを扱っていたり、小規模システムであれば意識しなくても何とかなるのも事実です。

　しかし著者としては、できれば初級者のうちから、パフォーマンスについてある程度の知識を持っておいてほしいと考えています。なぜなら、皆さんがデータベースを扱う限り、将来的には必ずパフォーマンス問題に悩まされることになるからです。「SQLを1本書けば1つの性能問題が生じる」と言っても過言ではないくらいです。

　また著者は仕事柄、「もう少しパフォーマンスに気を遣って設計・開発してくれればこんな惨劇は招かなかったのに……」と思うような事例を、一般の開発者よりも多く見てきました。そのような経緯もあって、これからデータベースを学習しようとする人たちには、なるべく早い時期からパフォーマンスについての知識を持っていてもらいたいと考えています。

◇パフォーマンスとは何か

　本書では、これまで「パフォーマンス（性能）」という言葉を、特に詳しい説明をせずに使ってきました。この言葉は日常的にも使います。スポーツでは「今日の○○選手は本来のパフォーマンスではなかった」などと言いますし、自動車の新製品発表などでも、「今年のモデルは最高の性能を発揮している」という言い方もします。システムにおける「パフォーマンス」という言葉のニュアンスは、後者に近いものです。すなわち、基本的には

300

「速さ」を中心とした概念です。本章でデータベースのパフォーマンスを論じるにあたって、まずはシステムにおけるパフォーマンスという言葉の定義を与えておきたいと思います。

◇パフォーマンスを測る2つの指標

システムの世界では、パフォーマンスは2つの指標（メトリクス）によって測られます。1つが、「処理時間」（プロセスタイム）や「応答時間」（レスポンスタイム）と呼ばれる指標です。これらは、「このバッチ処理は1時間かかった」「このWebサイトは表示に5秒かかる」というように、ある特定の処理の開始から終了までにかかる時間を示します。

本章では、この指標を「レスポンスタイム」と呼ぶことにします。この概念は、「ユーザに対する影響が見えやすい」という点で、私たちにもなじみ深いものです（誰でも一度は、画面表示の遅いWebサイトにイライラした経験があるでしょう）。

パフォーマンスの もう1つの指標は、「スループット」（Throughput）と呼ばれます。これは日常生活で言えば「あの車は時速50kmで走っている」というときの「速度」と同じ概念です。

システムにおいては、特定の処理（トランザクション）を「単位時間あたりに何件処理できたか」という測り方で示します。例えば、トランザクションを「秒間50件」処理することができれば、「50TPS」というのがそのシステムのスループットです。なお、TPSは「Transaction Per Second」の略称です[*1]。

スループットにおいて重要なことは、これが必ず「1秒あたり」とか「1時間あたり」といった単位時間付きの指標であることです。

例えば、Webサービスの謳い文句によくある「150万人が利用しています！」というような言葉、これはスループットではないため、システムの性能を判断するうえでは何の役にも立ちません。理由は、単位時間の記述がないので、「秒間150万人」が利用しているのか、「年間150万人」が利用

[*1] TPS以外のスループットを示す指標としては、PV/S（Page View/Second）などがあります。PV/SはWebページが1秒間に何回閲覧されたかを示す指標です。

しているのかがわからないからです。もしこれが前者であれば、相当なハイパフォーマンスを実現しているシステムですし、後者だとすると、秒間に換算すると0.5人/秒くらいになるので、閑古鳥の鳴いているサービスということになります。つまり単位時間が記述されていないと、性能指標としては使いものにならないのです。

　時々、システムのスループットの単位をぼかしてわざと曖昧に記述しているケースもあります。これはシステムの規模や人気（利用頻度）を実際よりも大きく見せようとするときに使われる小細工です。また、単純に「スループット」と延べ処理量の区別が付いていないだけ、ということもあります。スループットの単位を間違えたままシステムの性能を語るということは、「牛スジ煮込みを作るときの温度は280ヘクトパスカルでよいですか？」と質問するのと同じくらいナンセンスなことです。

◇ピークと限界点

　スループットは、レスポンスタイムと同様にシステムの性能を表す重要な指標ですが、これがなぜ重要な性能指標なのかは、少しわかりにくいかもしれません。スループットが性能において重要なのは、これがシステムの「リソースキャパシティ」を決定する要因だからです。

　と言うのは、スループットの高いシステムであるほど、「CPUやメモリといったハードウェアリソースがたくさん必要になること」を意味しているからです。1つでも処理を実行すれば、システムはリソースを消費します。そのため、同時に実行される処理が増えれば増えるほど、用意すべき物理リソースが増えていきます。処理の種類によっても必要なリソースの種類や量は変わってくるのですが、話を単純化して「どの処理も同じぐらいのリソースを消費する」とすれば、同時実行される処理数に比例して、必要なリソース量も増えるということになります。

　平たく言うと、「同時に実行するユーザ数が増えれば、必要になる物理リソースも増える」ということです（**図1**）。これは常識で考えても当たり前の話ではあります。混雑するレストランでは、閑古鳥の鳴いているレストランより、ウェイターやコック、座席といったリソースが多く必要になりますし、

302

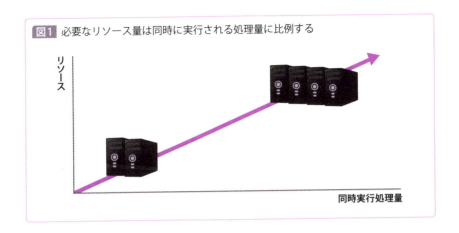

図1 必要なリソース量は同時に実行される処理量に比例する

　高速道路の車線数は、ゴールデンウィークのようなピーク時の車の量に堪えるよう設計する必要があります。システムの場合もそれと同じことです。

　同時実行処理数が増えるほど用意すべきリソースも増え、どれか1つのリソースでも頭打ちになった時点で、性能の劣化が始まります。すなわち、レスポンスタイムが上昇を始め、反対にスループットが下がり始めます。このとき最初に頭打ちになるリソースを「ボトルネックポイント（Bottleneck Point）」、略して「ボトルネック」と呼びます。「ビンの首」という意味の言葉で、ビンを手で持つためのくびれた部分を意味します。この狭くなっている場所が、水の通るスピードを決定することから付いた名前です。

　これが意味することは、「システムは、同時に実行される処理量が最も大きくなるタイミングを想定してリソースを用意しておかなければ、ピーク時に極端な遅延を引き起こすことになってしまう」ということです。このスループットとレスポンスタイムが極端な劣化を始める処理量を、「限界点（Breaking Point）」と呼びます（図2）。

　このように、ピークを想定したリソースを確保することを「サイジング（Sizing）」や「キャパシティプランニング（Capacity Planning）」と呼びます。これはシステムの要件定義段階においてキーとなるタスクです。

　例えば、会社内で使われる業務システムであれば、「9月と3月の決算月にアクセスが集中する」とか「朝に社員が一斉ログインする」など、ピークにはある種の周期性が見られます。

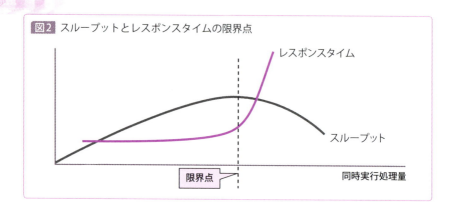

図2 スループットとレスポンスタイムの限界点

◇周期型と突発型

　こういう業務システムの場合、過去の繁忙期の実績を調べて成長率を加味することで、ある程度正確にアクセス集中を把握することが可能です。サイジングの対象としては、比較的容易なシステムと言えます。

　一方、ピークが不定期かつ最大値を予測しにくいケースもあります。典型的なのが、小売りやオンラインゲームなどのECサイトです。ユーザは全世界の消費者なので総数が定まらず、ピークが特売セールのようなイベントに起因して発生するので、どの程度のアクセス集中が発生するのか事前予測するのは難しくなります。しかも、非ピーク時に必要なリソース量と、ピーク時に必要なリソース量に大きな乖離があるため、ピークに合わせたリソースを用意すると、逆に普段はリソースが遊んでしまって無駄になる、という問題も発生します。

　こういう突発型のアクセス集中に対応する手段の1つとして脚光を浴びたのが、「クラウド」です。クラウドは、仮想化をベースにリソース量を柔軟に変動させられる技術です。スケールアップもスケールアウトも、オンプレミスに比べれば容易かつ短期で実施できます。したがって、ピーク時だけリソースを増やして、非ピーク時にはまた減らす、という動的なリソース管理が可能になります。いわば物理リソースのレンタルモデルです。

学ぼう！

データベースと
ボトルネックの関係

◇データベースはなぜボトルネックになるのか

　前置きが長くなりましたが、ここからはいよいよデータベースのパフォーマンスについて解説をしていきます。

　データベースは、システムにおいて最もボトルネックになりやすいポイントです。その理由は大きく2つあります。

①扱うデータ量が最も多い
②リソース増加による解決が難しい

　まず①ですが、データベースというのは、システムで処理するデータのすべてを一括して保存しておく場所です。その総量は、近年増大の一途をたどっています。

　10年前ぐらいは、100GBのデータ量でも大規模と言われたものですが、最近は1TBのデータ量ですら、ごく普通に扱うようになりました。「ビッグデータ」という言葉を聞いたことがある人も多いでしょう。このデータ爆発の傾向が強まることによって、データを保存しているストレージのリソースがボトルネックになることが多く、それはすなわち「SQL文のレスポンスタイムが遅い」「データベースのスループットが出ない（たくさんのSQL文を処理できない）」という形で現れることになります。

　次に②についてですが、前節で「ピーク時に必要となるリソース増加に対応するには、クラウドのように動的にリソースを増減できるアーキテクチャが有効だ」という話をしました。しかし、話をひっくり返して恐縮ですが、これがデータベースの場合は難しいのです。

　データベースのボトルネックポイントは、CPUやメモリではなくスト

305

レージです。すなわち大抵の場合はハードディスクです。

そして、ストレージというのは、スケールアウトが困難なコンポーネントです。これは、第4章でも見たように、データベースが基本的に「Active-StandBy構成」か、シェアードディスクによる「Active-Active構成」しかとれないからです。

ストレージも含めてスケールアウト可能なのは、シェアードナッシングのケースだけです[*2]。しかし、シェアードナッシングを採用できる条件は限られています（P.137のコラムでも触れましたが、MySQLでレプリケーションをスケールアウトの代用にする戦略が好んで採用されたのは、このような背景があったからです）。

そのような制限があることから、データベースの世界では伝統的に、チューニングの技術が発達してきました。「チューニング」とは、すなわちアプリケーションを効率化することで、同量のリソースにおいてもパフォーマンスを向上させる技術のことです。

データベースに限って言えば「どうやってSQLを速くするか」ということとほぼ同義です。リソース追加によるパフォーマンス問題の解決が難しいため、いかにして与えられたリソースの範囲内でやりくりするか、ということが重要になったのです[*3]。例えるなら、決められた予算内で家計をやりくりする主婦みたいなものです。

本章の最終目的は、データベースのパフォーマンスがどのように決定されるのか、そのプロセスを学習することです。チューニングは、中級以上の内容になるため本書では扱いません。しかし、パフォーマンスの決定プロセスを正しく理解するだけでも、かなりの程度データベースの性能問題を未然に防ぐことができるようになるのです。

[*2] シェアードディスクによる「Active-Active構成」については、P.123を参照してください。

[*3] スケールアウトは無理でも、スケールアップによる解決の道は、データベースにおいても残されています。ストレージの性能がボトルネックになるのであれば、より高速な媒体であるメモリを増やし、なるべく使用頻度の高いデータをメモリに載せておくことで、性能を改善することができます。この「すべてのデータをメモリに載せてしまえば処理が速くなる」という大胆な発想で作られたデータベースは「インメモリデータベース」と呼ばれ、すでに実用化されています。

パフォーマンスを決定する要因

◇データベースが結果を通知する過程

　データベースは、ユーザからSQLを受け取り、それを実行することで、SELECT文であれば結果をユーザに返し、DELETE文やUPDATE文であれば、目的のデータを削除・更新します。ユーザから見ると、データベースがすべて処理をして、内部でどのようなステップが踏まれているかは見えません。しかしSQL文のパフォーマンスを考える場合は、データベースが内部でSQL文をどう処理しているかを見ていく必要があります。そこでまずは、データベースがSQL文を受け取ってからユーザに結果を通知するまでの過程を可視化してみましょう。

◇構文エラーがないかを見る「パース」

　データベースは、SQL文を受け取ると、まずそのSQL文が文法的に間違っていないかをチェックします。この動作をパース（Parse）と呼び、日本語では「構文解析」と訳されます。この役割を担った内部プログラムが「パーサ（Parser）」です。

　もしパースの時点でSQL文に構文エラーが見つかれば、データベースはSQL文をエラーメッセージとともに、ユーザに突き返します。例えて言うなら、役所に転居や結婚の書類を提出する際の文書フォーマットのチェックみたいなものです。押印が抜けていたり必須入力欄に記入が漏れていると、にべもなく突き返されるのと同じです。

　例えば、6章でも使った「world」データベースのテーブルを使った単純なSQL文を例にとってみましょう[4]。次のSQL文を見てください。漫然

[4] MySQLにログインし、「use world;」と入力してデータベースを変更すると、「world」スキーマを利用できます（P.165参照）。

307

と眺めていると、これで正しいように思うかもしれませんが、このSQL文には1か所間違いがあります。

```
mysql> SELECT COUNT(*) FLOM City;
```

このまま実行すると次のようなエラーが画面に表示されます。

```
ERROR 1064 (42000): You have an error in your SQL syntax; check the manual that corresponds to your MySQL server version for the right syntax to use near 'City' at line 1
```

メッセージの最初に現れる「ERROR 1064 (42000)」は、この間違いに対する番号で「エラーコード」や「エラー番号」と言います。番号体系はDBMSによって違いますが、エラーの際には必ずこういうエラーコードもメッセージとともに表示されます。「You have...」からがエラーメッセージの本体で、日本語に訳せば「1行目の'City'のあたりで構文エラーがあるから、マニュアルを見直して修正しなさい」ということです。

ではどこに間違いがあるか気づいたでしょうか。実は、英単語の綴りが間違っているのです。「FLOM」なんて英単語はありません。「FROM」が正しいですね。ここを修正して再度実行すると、今度はきちんと構文解析を合格して、次のような結果が返されます。

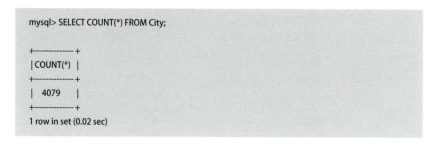

このように、データベースがSQL文を実行する内部プロセスの第1段階が、パースです。しかし、これはまだ前座にすぎません。パフォーマンス

パフォーマンスを決定する要因

にとって重要なのは、ここからです。

◇ 「オプティマイザ」と「実行計画」

パースを無事クリアすると、次にデータベースは、このSQL文からある計画（プラン）を立てようとします。どのような計画か？ それは、「SQL文が必要とするデータに、どんな経路でたどり着くか」ということです。

これは例えるならば、プロの登山家が登山ルートを決める行為に相当します。最終的に山頂（データ）にたどり着くのが目的だとして、登山者が選択できるルートは複数ありえます。その中から、登山者は最も効率的で体力の消耗が少なく、かつ十分に安全なルートを選択してから登山を開始します。これと同じで、SQL文に記述されたデータを取りに行く方法は複数ありえるので、データベースはどのような計画でデータへたどり着くかを決定するのです。

この計画を「実行計画（Execution Plan）」や「アクセスプラン」と呼び、実行計画を決める内部プログラムを「オプティマイザ（Optimizer）」と呼びます。

オプティマイザというのは聞きなれない言葉ですが、これは「最適化する（optimize）」という動詞から派生した単語です。

この「実行計画を立てる」というプロセスをデータベース自身が行うのは、リレーショナルデータベースの大きな特徴です。C言語やJavaといったプログラミング言語を使ってプログラムを作る際には、このようなプロセスは存在しません。その理由は、プログラミング言語で作られるプログラムでは、プログラマ自身（人間）が、どうやってデータにアクセスするかまでプログラムの中に書き込んでいる（コーディングしている）からです。実際、プログラミングの経験がある方ならばわかると思いますが、データにアクセスする処理を記述する際は、「この場所に置いてあるファイルを開く」とか「ファイルを1行ずつループして先頭行から最終行まで読み込む」といったレベルまで、すべてコーディングする必要があります。

テーブルをファイルだと考えれば、プログラミング言語では、テーブル

······ **309** ······

からの読み出し方まで指定しているイメージです。

　翻って、SQL文を眺めてみると、そこに書いてあるのは「こういうテーブルのデータが欲しい」とか「こういう条件に合致するデータを削除しろ」というように、「データを特定する条件」が書いてあるだけで、どうやってそのデータを見つけ出すかは一切書かれていません[*5]。

　つまり、どうやってデータを手に入れるかの手段を考えるのは、データベース（のオプティマイザ）なのです。その点で、オプティマイザはデータベースの「頭脳」と言っても過言ではありません。

◇オプティマイザに実行計画を任せる理由

　データベースが、このように人間ではなくプログラムに実行計画を作らせている理由は、「そのほうが効率的な実行計画が作れる」と判断しているからです（図3）。と言うのは、先述のように、1つのSQLに対して可能な実行計画は複数あるので、そのうちどれが最も効率的かは、人間よりもコンピュータのほうが正確かつ高速に計算できるからです。特に、複雑な

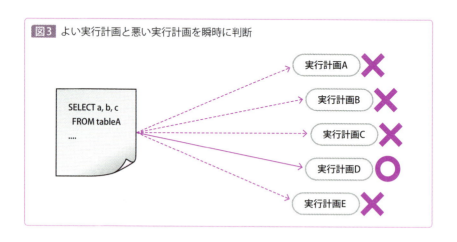

図3　よい実行計画と悪い実行計画を瞬時に判断

[*5] このような特徴を持っていることから、SQLは「宣言型言語」と呼ばれることがあります。通常のプログラミング言語が「手続型言語」と呼ばれるのと対比した名称です。

パフォーマンスを決定する要因

SQL文の場合は、何百通りも実行計画の候補があるため、それらを瞬時に評価して最もよいプランを選ぶ、というのは人間には難しい話です。

実は、特定の実行計画を、オプティマイザに代わってエンドユーザが指定することもできないわけではありません（ヒントという、実行計画を指定するコマンドを使います）。しかし、基本的にそれはやるべきではない、というのがデータベースの世界における合意事項です。

例えばSQL Serverのマニュアルにも、「SQL Serverクエリオプティマイザでは、クエリにとって最適な実行プランが選択されるため、<join_hint>、<query_hint>、および<table_hint>は、経験を積んだ開発者やデータベース管理者が最後の手段としてのみ使用することをお勧めします」と、はっきり宣言されています（http://msdn.microsoft.com/ja-jp/library/ms187713.aspx）。

そして、実際にほとんどの場合、オプティマイザは正しい判断をしてくれます。100%正しいということはもちろん望めないのですが、まずはオプティマイザがうまく動作することができる環境を整えてやるのが、データベースユーザとしての正しい態度です。人間が実行計画を考える必要があるのは、どうしてもオプティマイザが正しい判断をしてくれないときに限られるのです[6]。

◇オプティマイザが参照する「統計情報」

次に、「オプティマイザ」「実行計画」と並んで、もう1つパフォーマンスに大きな影響を与える概念を紹介します。それが「統計情報（Statistics）」です。

データベースにおける統計情報とは、要約すれば、「オプティマイザが実行計画を立てるときに参考にする情報」です。統計情報に含まれている代表的なデータとしては、次のようなものがあります。

①テーブルの（およその）行数・列数

---

[6] オプティマイザがどんな実行計画を作って、実行計画がどう性能を決定するかという点については、P.315以降で解説します。

311

②各列の列長とデータ型
③テーブルのサイズ
④列に対する主キーやNOT NULL制約の情報
⑤列の値の分散や偏り

　これ以外にも統計情報には様々なデータが含まれていますが、オプティマイザはおよそ上記のようなデータをインプットとして、SQL文にとって最速となる実行計画を立てようとします。つまり、データベースがSQL文を受け取ってから実際に実行するまでの流れを図示すると、図4のようなイメージになるのです。
　再び登山の例を持ち出すと、統計情報というのは、「その山の地図や天気予報」に該当します。こうした情報が詳細かつ正確であるほど、よりよい登山ルートを選択できるのと同じことです。
　ところで、この統計情報について、「統計情報なんか参照しなくても、ダイレクトにテーブルから情報を取ればいいのではないか」と疑問に思う人もいるかもしれません。

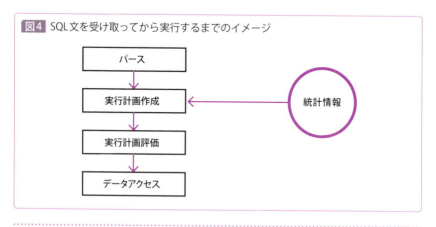

図4　SQL文を受け取ってから実行するまでのイメージ

*7 実際、データベースが統計情報ではなくテーブルを直接参照に行って、行数を調べたりすることがあります。この動作をJIT統計（Just-In-Time Statistics）と呼びます。JIT統計が実行されるのは、例えば統計情報が何らかの原因で存在しなかった場合です。その場合、データベースは「やむをえず」直接テーブルの情報を取りに行きます。ただしこの場合も、一部の情報をサンプリングで採取するだけなので、精度は正式の統計情報には劣ります。

パフォーマンスを決定する要因

　確かに、統計情報というのは、テーブルに入っているデータをサンプリング抽出して計算したものであるため、完全に正確な情報ではありません。「それなら、テーブルのデータを全件参照したほうが正確なデータが手に入ってよいのではないか」というのはもっともな疑問です[*7]。しかし、データベースがそのような動作をせず、できる限り統計情報に頼ろうとするのには、理由があります。それは、「SQLを効率的に実行するための計画を立てるためのデータ収集に時間がかかっていたら元も子もないから」です。

　結局のところ、テーブルを参照するというのは、そのようなSQL文を実行するということであり、テーブルのサイズが大きい場合は、その実行だけで数分から数十分かかることもあります。

　統計情報収集というのは、言ってみればSQL文を高速に実行する手段を見つけるための準備作業です。それが遅かったのでは、本末転倒もいいところです。それに対して、統計情報はすでに集約された小さなサイズのデータですから、多少の不正確さに目をつぶっても、十分に元が取れるだけの速さが手に入る、ということです。

　山の地図は正確であるに越したことはないものの、「本当に正確な情報は登ってみないとわからない」と言って、情報収集のため（だけ）に実際に山に登ってみる、という行為がナンセンスなのと同じです。

　この統計情報は、データベース内部ではテーブルに保存されており、MySQLでは「show table status;」または「show index from テーブル名;」というコマンドで見ることができます。

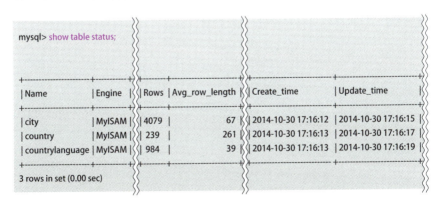

```
mysql> show index from city;
+-------+------------+----------+--------------+-------------+-----------+-------------+----------+
| Table | Non_unique | Key_name | Seq_in_index | Column_name | Collation | Cardinality | Sub_part |
+-------+------------+----------+--------------+-------------+-----------+-------------+----------+
| city  |          0 | PRIMARY  |            1 | ID          | A         |        4084 | NULL     |
+-------+------------+----------+--------------+-------------+-----------+-------------+----------+
1 row in set (0.00 sec)
```

「show table status;」の結果は、「city」、「country」、「countrylanguage」という3つのテーブルについての統計情報が表示されたことを意味します。例えば、「Rows」という列が行数、「Avg_row_length」が平均のレコードサイズ（単位はバイト）を意味します。また「show index from city;」の結果では、インデックスの一覧が表示され、その中に統計情報の一部が表示されています。例えば、「Cardinality」（P.335も参照）が、インデックス対象列の分散や偏りを意味します。

統計情報は、基本的には自動で収集されることになっている実装がほとんどです。タイミングや条件は実装によって違いますが、大体は、大きくテーブルのデータが変更されたタイミングに収集されます。また、「毎日22時」のように定期実行することも可能ですし、手動で取得するためのコマンドも用意されています。MySQLの場合は、以下のような「ANALYZE TABLE」というコマンドで統計情報を手動で収集できます。

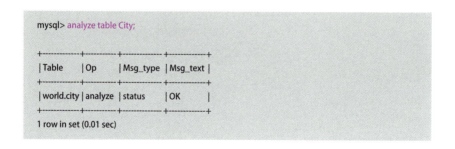

実行計画はどのように立てられているのか

◆ 「実行計画」を表示する

　ここからは、データベースがどういうSQL文に対してどういう実行計画を立てているのか、実例を見ながら、SQL文のパフォーマンスについて学習していきましょう。サンプルデータとしては、前節でも使った「world」データベースの「city」テーブルを使います。まずは、次のような非常にシンプルなSELECT文から考えます。

```
SELECT * FROM City;
```

　これは、「city」テーブルからすべての行、すべての列を選択するという、極めてシンプルなSELECT文です。SQL文の「実行計画」を取得する方法は簡単で、SQL文の前に「EXPLAIN」を付けるだけです。

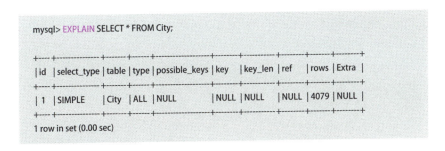

　こうして表示された結果が、このSQL文の実行計画です。これだけだと暗号にしか見えないので、基本的な見方を説明しましょう。
　まず「table」列が、データの取得対象となっているテーブルを意味しているのは明らかです。「rows」列がこのSELECT文がアクセスしたレコードの行数であることも、容易に想像が付くでしょう。

◇「フルスキャン」と「レンジスキャン」

　次に、「type」という列を見ると「ALL」と出ています。これは、テーブルに対するアクセスの方法を示しています。テーブルへのアクセス方法は、「フルスキャン（ALL）」と「レンジスキャン（range）」の2つがあります。フルスキャンは、テーブルに含まれているレコードを最初から最後まで全部読み込む方法です。「テーブルフルアクセス」とも呼ばれます。一方レンジスキャンは、テーブルの一部のレコードのみにアクセスする方法です。

　実装によって多少バリエーションの違いはあるものの、リレーショナルデータベースにおけるテーブルへのアクセス方法は、基本的にこの2パターンしかありません。この2つの動作の違いは、テーブルを書籍に見立てて考えると理解しやすいでしょう。フルスキャンは、最初のページから最終ページまで、1ページずつめくりながら総なめする読み方です。一方のレンジスキャンは、索引から目的の単語が現れているページだけを拾い読みしていくという方法です（図5）。

　いま、P.315の実行計画サンプルでは、「ALL」が選択されているので、最初から最後まで全部のページを読む方法でアクセスしている（フルスキャンが用いられている）ことがわかります。

　実際、SELECT文にはWHERE句が存在しないので、結局4079件すべてのレコードを取得する必要があるわけですから、最初から最後まで全部読み込むというのは当然の選択です。

図5　フルスキャンとレンジスキャン

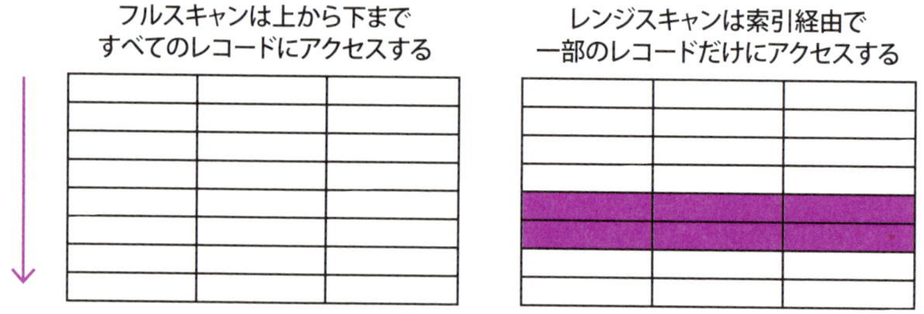

実行計画はどのように立てられているのか

　では、レンジスキャンが選択されるケースを見てみましょう。それはつまり、SQL文にWHERE句で検索条件による絞り込みが存在する場合です。次のように、id列を使って1700番から1710番までの都市を選択するケースを考えましょう。

```
mysql> SELECT * FROM City WHERE id BETWEEN 1700 and 1710;
+------+-------------+-------------+----------+------------+
| ID   | Name        | CountryCode | District | Population |
+------+-------------+-------------+----------+------------+
| 1700 | Niihama     | JPN         | Ehime    |    127207  |
| 1701 | Minoo       | JPN         | Osaka    |    127026  |
| 1702 | Fujieda     | JPN         | Shizuoka |    126897  |
| 1703 | Abiko       | JPN         | Chiba    |    126670  |
| 1704 | Nobeoka     | JPN         | Miyazaki |    125547  |
| 1705 | Tondabayashi| JPN         | Osaka    |    125094  |
| 1706 | Ueda        | JPN         | Nagano   |    124217  |
| 1707 | Kashihara   | JPN         | Nara     |    124013  |
| 1708 | Matsusaka   | JPN         | Mie      |    123582  |
| 1709 | Isesaki     | JPN         | Gumma    |    123285  |
| 1710 | Zama        | JPN         | Kanagawa |    122046  |
+------+-------------+-------------+----------+------------+
11 rows in set (0.00 sec)
```

　このSELECT文により、結果は1700番から1710番までの11行に絞られます。つまり、テーブルの一部のレコードだけを選択しているわけです。実行計画は次のようになります。

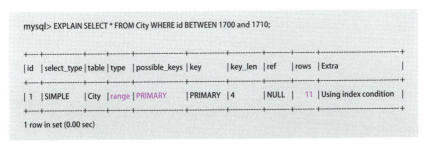

　「type」列が「range」というキーワードに変わったことがわかります。これが、先ほど説明した「レンジスキャン」を意味します。「rows」列も、「4079」という全行から「11」という限定された行数に減っています。

317

今回注目すべきは、「possible_keys」と「key」列です。フルスキャンのときは空欄（NULL）でしたが、今回はそれぞれ、「PRIMARY」というキーワードが表示されています。これは何を意味しているのでしょうか。

◇「インデックス」の重要性

先ほどフルスキャンとレンジスキャンの違いを説明する際に、書籍の例を出しました。そのときは触れませんでしたが、書籍をレンジスキャンするためには、あるものが必要だったことに気づいたでしょうか。それはインデックス（索引）です。これがないと、ある単語が書籍の何ページ目に出現しているのかをピンポイントで知ることは不可能ですから、必然的に、レンジスキャンを行うにはインデックスが必要となります。

リレーショナルデータベースにおいても、話は同じです。レンジスキャンを実行するためには、インデックスの存在が不可欠なのです。

適切なインデックスがなければ、データベースは仕方なくフルスキャンするだけです。あてずっぽうでページをめくってみるという、いい加減な動き方はしません。

実は、「possible_keys」と「key」列に現れている「PRIMARY」という語は、インデックスを使っていることを表しています。これは、主キー（Primary Key）のインデックスであることを意味しています。どのDBMSにおいても、主キーを構成する列には必ずインデックスが作成されています。インデックスを表示するコマンドは「SHOW INDEX FROM [テーブル名]」です。

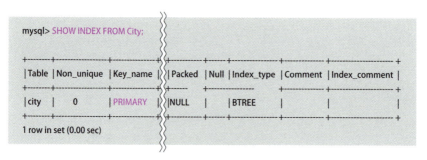

実行計画はどのように立てられているのか

　インデックスの表示のうち、「Key_name」列がインデックスの名前です[*8]。Cityテーブルには「PRIMARY」という名前のインデックスが1つ存在することを意味します。いま、CityテーブルはID列が主キーなので、この列には必ずインデックスが存在しているというわけです。

　裏を返すと、Cityテーブルの他の列にはインデックスがないということですから、仮にID以外の列をWHERE句で絞り込み条件として利用しても、レンジスキャンにはなりません。例えば、次のように奈良県の都市を表示するSQLを考えましょう。

```
mysql> SELECT * FROM City WHERE district = 'Nara';
+------+----------------+-------------+----------+------------+
| ID   | Name           | CountryCode | District | Population |
+------+----------------+-------------+----------+------------+
| 1579 | Nara           | JPN         | Nara     |     362812 |
| 1707 | Kashihara      | JPN         | Nara     |     124013 |
| 1729 | Ikoma          | JPN         | Nara     |     111645 |
| 1767 | Yamatokoriyama | JPN         | Nara     |      95165 |
+------+----------------+-------------+----------+------------+
4 rows in set (0.00 sec)
```

　選択されるのは、たった4行です。しかし、このSELECT文に対して、インデックスは使われないのです。実行計画を見てみましょう。

```
mysql> EXPLAIN SELECT * FROM City WHERE district = 'Nara';
+----+-------------+-------+------+---------------+------+---------+------+------+-------------+
| id | select_type | table | type | possible_keys | key  | key_len | ref  | rows | Extra       |
+----+-------------+-------+------+---------------+------+---------+------+------+-------------+
|  1 | SIMPLE      | City  | ALL  | NULL          | NULL | NULL    | NULL | 4079 | Using where |
+----+-------------+-------+------+---------------+------+---------+------+------+-------------+
1 row in set (0.00 sec)
```

　スキャンの種類を表す「type」列がフルスキャンを意味する「ALL」になっ

[*8] その他の列は本筋に関係しないので、ここでは説明を省略します。

ていることがわかります。「rows」も全行を意味する「4079」です。これは、たとえユーザに返す行数がわずか4行であっても、4079行をしらみつぶしに読み込んだ、ということを意味しています。

　言ってみれば、「Nara」という単語に対する索引が存在しない書籍について「『Nara』が現れるページを見つけろ」と言われているようなものですから、データベースとしても、最初から最後まで読む以外に手段がありません。

◇インデックスはSQLで作れる

　このように、たとえ実際に選択される行数が全体のごく一部の場合であっても、インデックスが存在しない場合は、フルスキャンを選択せざるをえません。いま、Cityテーブルはたかだか4079行しかないので、総なめしたところで1秒もかかりませんが、これが1億行とか100億行とか入っているテーブルだとすれば、大きな遅延を引き起こすことになります。

　そこで、フルスキャンを解消するために、インデックスを作りましょう。インデックスは、次のような非常に簡単なSQL文で作ることができます。次のような構文を取ります[*9]。

```
CREATE INDEX [ インデックス名 ] ON [ テーブル名 ]([ 列名 ]);
```

　例えば、Cityテーブルのdistrict列に対して「ind_district」という名前のインデックスを作るならば、次のようになります。

```
mysql> CREATE INDEX ind_district ON City(district);
```

　インデックスを作成後、もう一度Cityテーブルに存在するインデックスを表示すると、次のようになります。

[*9] インデックスを削除する構文も簡単で、MySQLでは「DROP INDEX [インデックス名] on [テーブル名];」です。ind_districtの場合であれば、「DROP INDEX ind_district ON City;」で削除できます。

実行計画はどのように立てられているのか

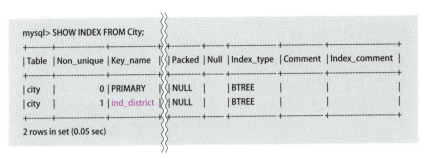

2行目にさっき作った「ind_district」が表示されており、インデックスが正しく作られたことを意味しています。では、先ほどの奈良県の都市を選択するSELECT文の実行計画をもう一度見てみましょう。

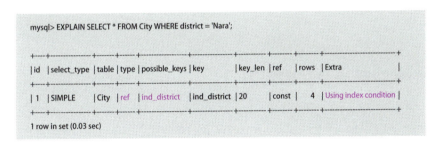

今度はtype列に「ALL」ではなく「ref」という文字列が、またkey列に「ind_district」という文字列が現れたことがわかります。これは、インデックスを使うことでフルスキャンを回避し、テーブルの一部のレコードのみにしていることを示しています。「Extra」列は文字通り「その他」や「補足」の列ですが、ここにも「インデックス条件を使っている（Using index condition）」というコメントが出ています。

ここで重要なことは、ユーザはただインデックスを作っただけで、特に「このインデックスを使え」という指示をDBMSに対して行っているわけではない、ということです。

それにもかかわらず、DBMSは自分で「このSELECT文はフルスキャンよりもインデックスを使ったほうが速い」と判断して、自動的にインデックスを使う実行計画に変えたのです。

321

これがオプティマイザの仕事です。逆に「ここはインデックスも使えるけど、フルスキャンのほうが速い」というケースでは、あえてインデックスを使わないという判断をすることもあります。それもまたオプティマイザの仕事です。最近のオプティマイザはかなり高度な判断まで行うので、立てられた実行計画を見ると思わず感心することもしばしばです。

なお、同じインデックスを使ったケースでも、主キーのインデックスのときは、type列に「range」、ind_districtインデックスの場合は「ref」という違う文字列が表示されましたが、これはインデックスがユニークキーであるか、またWHERE句の条件として等号 (=) を使ったか、範囲条件 (BETWEEN) を使ったかによって変わります。ただ、どちらも「テーブルの一部のデータのみにアクセスしている」ということを表している点は同じです。

◇インデックスの構造

インデックスは、データベースのパフォーマンス向上の手段としては非常にポピュラーです。レスポンスタイムが遅いSQLが見つかった場合は、まずインデックスで解決できないか検討するのが、チューニングの第1選択肢です。インデックスの人気が高い理由は、以下の3点です。

①SQL文を変更しなくても性能改善できる
②テーブルのデータに影響を与えない
③それでいて一定の (ときに劇的な) 効果が期待できる

平たく言うと、インデックスはコストパフォーマンスが高い方法なのです。ところで、このインデックスというのは、どういう仕組みになっているのでしょうか。

論理的なイメージとしては、書籍の最後に付いてる索引のような、単語とページ数のペアで考えてもらって構わないのですが、物理的な構造についても学習しておきましょう。そのほうが、インデックスが内部的にどう

実行計画はどのように立てられているのか

いうやり方で性能改善を実現しているのかを理解しやすくなります。

インデックスの構造を知る手がかりは、先ほど「SHOW INDEX FROM City;」コマンドで表示したインデックス情報における「Index_type」列の、「BTREE（ビーツリー）」というキーワードです。

主キーのインデックスも、自分で作った「ind_district」も、この列は「BTREE」となっています。インデックスが「ツリー（木）」の形をしていることを表しているのです。一般的にはB-treeと表記するので、本章でも以後このように表記します*10。

B-treeは、リレーショナルデータベースにおいてチューニングの基本となるインデックスです。これ以外の種類のインデックスもいくつかあるのですが、使うケースは非常に限られています。まずはB-treeを覚えておけば、ほとんどの場合に対処できます。それぐらい使い勝手のよい道具なのです。

◇ツリー構造の優位性

ツリー構造というのは、データベースに限らず、システムの世界ではデータを保持するためによく使われる構造です。その理由は「探索」、つまりある特定のデータを探すのが効率的かつ短時間で実行できるためです。B-treeのイメージを見ながら、その理由を簡単に見ていきましょう。

いま、次のような一群の単語についてB-treeインデックスを作ることを考えます。こういう文字列を保持する「animal」みたいな名前の列があると想像してください。

　　{ いぬ、ねこ、きつね、しか、くま、ぞう、うま }

第1段階として、この7個の単語に順序を付けて並べます。どんなルールで順序を付けてもよいのですが、今回は常識的に辞書順、つまり「あい

---

*10 ちょっとしたトリビアですが、B-treeの「B」にどういう意味があるのかはわかっていません。これを考えた人々が明かしていないからです。別に「A-tree」とかがあるわけではありません。

323

うえお」順で並べるとしましょう。すると以下のように整列できます。この順序を付けて並べる行為を「ソート (Sort)」と呼びます。

{ いぬ、うま、かに、くま、しか、ぞう、ねこ }

　なぜこの並べ替えが大事かと言うと、B-treeは必ずデータをこのようにソートされた状態で保持するからです。データが「順序性を持っている」というのは、B-treeを理解するキーポイントなので、覚えておいてください。これがパフォーマンスを良好に保つ理由は、後でわかります。
　この並べ替えられたデータを保持するB-treeのイメージは、次のような形になります（図6）。
　ここで、ツリー構造の一般的な用語を少し解説しておきましょう。まず、四角で表している1つ1つのデータを「ノード (Node)」と呼びます。「節」とか「結節点」という意味で、数学のネットワーク理論の分野から転用された言葉です。
　一番上のノードを「ルートノード (Root Node)」と呼びます。「根っこ」という意味で、向きは上下逆ですが、木の根っこに見えることから付いた名前です。一方、一番下のノードを、「リーフノード (Leaf Node)」と呼びます。根っこの反対は「葉っぱ」というわけです。また、中間のノードを「ブランチノード (Branch Node)」と呼びます。つまり「枝」ですね。
　まさに木のイメージそのものから付けられた名前なので、イメージしやすいと思います。また、リーフの下にある数字の描かれたディスクのアイコンは、このデータが含まれているテーブルのページ数を表示していると考えてください。
　さて、いまこのB-treeのリーフ部分を見てみると、左から右へ辞書順でソートされた状態で保持されていることがわかります。このツリーを使ってある特定のデータを探す場合は、ルートから探索を始めて、データの大小を比較しながら、1段ずつ下っていくことで徐々に範囲を狭めて目的のリーフへたどり着きます。

実行計画はどのように立てられているのか

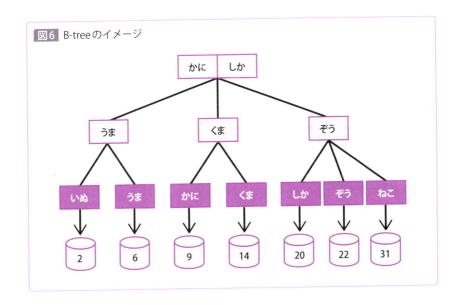

図6 B-treeのイメージ

◇なぜB-treeは速いのか

　なぜB-treeが性能的によい効果をもたらすのか。構造を見ながら考えてみましょう。まず、B-treeのよい点の1つが、「どんな値に対しても同じぐらいの時間で結果を得られる」というものがあります。これを「均一性」と呼びます。

　どういうことかと言うと、具体的には「ねこ」という値が存在するページを探すときも、「うま」という値が存在するページを探すときも、同じぐらいの時間で見つけられるということです。

　実際、図6 を見ると、どちらのケースも、ルートノードから始めて比較ステップを2回繰り返せば、目的のリーフまでたどり着けます。このように値の大小を比較してどちらかの分岐に入っていく探索方法を「2分探索」と呼びます。2分探索は、ソート済みのデータ構造を探索するときの効率のよい方法です。一般的に、B-treeの階層は3〜4程度になるよう調節されているため、どの値を見つけるにしても、2〜4回のノードへのアクセスで探索が完了するのです。

325

これは、データをツリー以外の構造で保持していた場合と比較してみると、顕著に違いがわかります。例えば、「いぬ、うま、かに、くま、しか、ぞう、ねこ」の7つの単語を一列の配列 (array) に、特にデータをソートすることなく保持していると考えましょう。

すると、この配列からデータを探し出す手段としては、どちらかの端から1つずつ調べていくことになります。このようなデータ探索の方法を「線形探索」と呼びます。

これはいわば、7枚の伏せられたカードをめくって目的のカードを見つけるようなものですから、運がよければ1枚目で目的のカードが出ることもありますが、最悪のケースでは7回めくらないといけません（図7）。もしこのカードが1億枚あったら、値によって、最大1億倍の性能差が出ることになります。このように検索対象となる値によって性能にバラつきがあっては、システムに安定的な性能を求めることはできません。

これをSQLレベルで考えた場合、線形探索だとすると、Cityテーブルから「奈良県」の都市を検索するSELECT文は非常に速いのに、「京都府」の都市を検索するSELECT文は非常に遅い、ということです。

一方、ツリー構造には、このような同じ列に対する検索対象の値による性能差があまり出ないという利点があります。

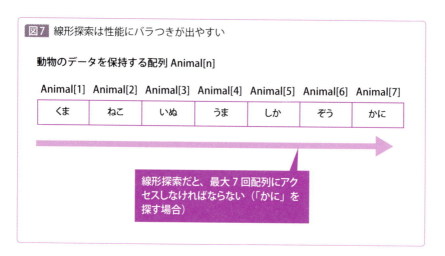

図7 線形探索は性能にバラつきが出やすい

◆ B-treeは「平衡木」

　また、B-treeはツリーの中でも特に値による性能のバラつきが少なくなるよう工夫されています。それは、B-treeが平衡木（Balanced-tree）であることによります。平衡木とは、ルートからリーフまでの距離が一定になるようなツリー構造のことで、ツリーの中でも特に性能が安定しています（図8）。B-treeの「B」はこの「Balanced」に由来しているという説もあるぐらいです。

　ただし、B-treeは最初に作ったときは綺麗にバランスのとれた平衡木なのですが、テーブルに対するデータの更新（INSERT/UPDATE/DELETE）が繰り返されることで、徐々にバランスを崩していきます。それに伴い、インデックスを使用したときの性能も悪化していきます。ある程度は自動でバランスを修復する気の利いた機能も備わっているのですが、それも万能ではないため、特に更新頻度の高いテーブルに作成されているインデックスについては、定期的にインデックスの再構築（Rebuild）をすることで、ツリーの平衡を取り戻す作業が必要になります[11]。

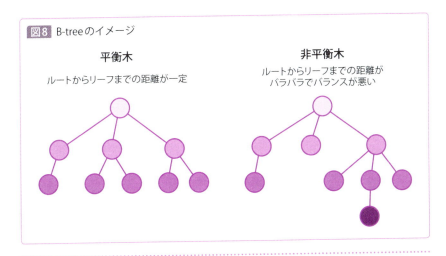

図8 B-treeのイメージ

平衡木
ルートからリーフまでの距離が一定

非平衡木
ルートからリーフまでの距離が
バラバラでバランスが悪い

---

[11] イメージとしては、昔のPCのハードディスクでよくやった「デフラグ」のようなメンテナンス作業となります。このメンテナンス中はインデックスが使えなくなったり、パフォーマンスが低下したりします。

327

◇データ量に比例して効果が上がる

　B-treeインデックスが優れている2つ目の理由は、データ量が増えたときほど優れた改善効果を発揮することです。いわば「相手が強いほど自分も強くなる」という少年漫画の主人公のような性質を持っているのです。

　裏を返すと、いまサンプルで使っているCityテーブルのようにたかが数千行程度の小さなテーブルだと、インデックスの性能改善の効果はほとんどない、ということです。はっきり言って、テーブルのフルスキャンと大差ないか、場合によっては負けることすらあります。

　しかし、フルスキャンがテーブルのサイズにほぼ比例する形で実行時間も伸びていくのに対して、インデックスを使った場合の実行時間の劣化度合いは、一般的にはずっと緩やかな曲線を描くのです。その結果、あるデータ量（N）を分岐点として、インデックススキャンのほうが優れた性能を示すようになります。イメージとしては、図9のようなグラフになります。インデックスの性能劣化を表すこの緩やかなカーブは、「対数関数的（Logarithmic）」な曲線とも言われます。「対数」は、高校の数学で習ったかもしれませんが、「Log」という記号を使って表現する指標です。

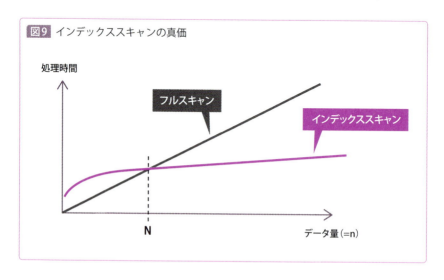

図9　インデックススキャンの真価

実行計画はどのように立てられているのか

　対数関数に比例する曲線は、緩やかな増加傾向であることを示します。「索引を使った検索が効果的なのは、ある程度大きなデータボリュームの場合だけ」というのは、書籍の場合を考えても納得がいくと思います。数十ページくらいの薄い本であれば、いちいち索引を見て目的のページを探すより、先頭からパラパラめくっていったほうが効率的なものです。これは、「索引を参照する」というオーバーヘッドのほうが大きくなって逆に効率が落ちる好例です。

　ところで、先ほどからテーブルのサイズが「大きい／小さい」と言っていますが、具体的にどのぐらいのサイズになると大きなテーブルと呼ぶのか、気になっている人もいるかもしれません。

　残念ながら、この疑問に具体的な数値を挙げて答えるのは、原理的に不可能です。なぜなら、技術の進歩にしたがって急速に変わっていくからです。著者がエンジニアとして働き始めた10年ほど前、容量で言えば1GB、レコード数で言えば数十万行のテーブルでも、「大きい」と言われていたものです。しかし、最近では100GBや1千万行を超えるテーブルを扱う際にも、それほど特大という感覚を持つことはなくなりました。

　ただ1つ言えることは、この傾向は逆戻りすることはないので、現在において「小さい」データ量は、将来においてもやはり小さいということです。2015年現在の感覚で言えば、1GB、100万行以下のテーブルは、ほぼ「小〜中規模」と考えてよいでしょう。この規模のテーブルにインデックスを作っても、それほど大きな改善効果は期待できません。

◇SQLの裏側で起きていること

　インデックスを作ったときの性能的なメリットとして、「ソートをスキップできる」というケースがあります。「ソート」というキーワードは、インデックスの構造を説明した際にも出てきましたね。B-treeではデータを順序付けた（ソートされた）形で保持していました。

329

これが性能的にどう有利に働くかと言うと、実はデータベースはSQL文を実行する際、裏側でソートを行うことがあるのですが、ソート済みのインデックスを使うことでそれをスキップできる場合があるのです。

　本来なら必要な処理をショートカットできるわけで、これはなかなかお得な話です。実行計画でソートを確認するために、「drop index ind_district on city;」と入力し、一度先ほど作ったインデックスind_districtを削除しましょう。

```
mysql> drop index ind_district on city;

Query OK, 4079 rows affected (0.12 sec)
Records: 4079  Duplicates: 0  Warnings: 0
```

　無事削除できたら、次のような県別に都市の数をカウントするSELECT文の実行計画を見てみましょう。

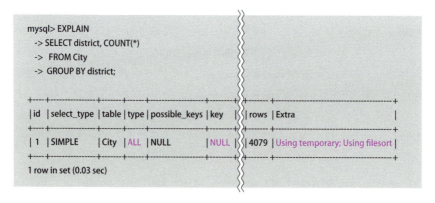

　「type」列が「ALL」なのはテーブルのフルスキャンを意味しています。「key」も「NULL」なので、インデックスも使っていません（さっき削除したのだから当然です）。注目は、「Extra」列の「Using temporary; Using filesort」というコメントです。暗号のようなコメントですが、これは「ソートのために一時領域にファイルを作った」という意味です。

　一時領域（Temporary Space）というのは、データベースが何らかの内

実行計画はどのように立てられているのか

部的な処理を行う際、データを文字通り「一時的に」保持するために使う領域です。一般的にはHDDなどのストレージが使われますが、こうした一時領域を使う処理というのは非常に遅く、性能問題を引き起こす原因になりがちです。今回は、件数のカウントを行うためにデータベースは内部的にソートを行っており、そのソートを実施するために一時領域が使われています。

ではここで、再び「ind_district」インデックスを作ってみましょう。

```
mysql> CREATE INDEX ind_district ON City(district);

Query OK, 4079 rows affected (0.14 sec)
Records: 4079  Duplicates: 0  Warnings: 0
```

次に、先ほどの県別の都市数をカウントするSELECT文の実行計画を、もう一度見ましょう。

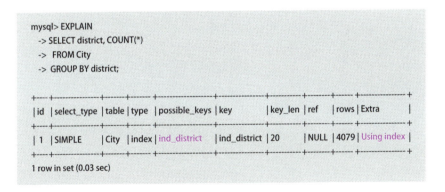

今度は「key」列に「ind_district」が現れました。すなわち、インデックスが使用されていることを示しています。「Extra」列にも「Using index（インデックスを使っている）」というコメントが出ています。

このように、GROUP BY句のキーに指定した列にインデックスが存在する場合、本来ならば必要なソート処理をスキップして高速化することが可能になります。これは、インデックスの使い方としては、WHERE句で

指定された条件の絞り込みを高速化するという「本来の使い方」ではないのですが、副次的な効果としてなかなか重宝します。

なお、SQLにおいて内部的にソートを発生させる処理には、以下のようなものがあります[12]。

・GROUP BY句
・集約関数 (COUNT/SUM/AVG など)
・集合演算 (UNION/INTERSECT/EXCEPT)

これらを利用する際にはソートのキーとする列が必要になるため、そのキー列にインデックスが存在すると、オプティマイザがこれをうまく利用してソートをスキップするという効率化を行えるのです。

◇インデックスを使うときの注意点

さて、このように何かと便利なB-treeインデックスですが、使う際にいくつか注意することがあります。時々、「とにかくインデックスさえ作っておけば速くなるだろう」という粗雑なアイデアにもとづいて、むやみやたらとインデックスが作られているテーブルがあります。著者が見た一番ひどいケースでは、テーブルのすべての列にインデックスが作られていたことさえあります。「なぜそんなことをするのか？」とプロジェクトのメンバーに聞いたところ、「だって、インデックスを作ればSQL文は速くなるんでしょう。それに、インデックスを作って困ることなんてないんだし」という答えが返ってきました。

しかし 実際には、無駄なインデックスを多く作りすぎるというのは、データベース設計のアンチパターンの1つです。無駄なインデックスは、パフォーマンス改善に効果がないだけでなく、はっきりと悪影響を及ぼす

---

[12] 内部処理は実装によって違いがあるため、このリストもすべての実装に該当するわけではありません。例えば、最近の Oracle は GROUP BY句を使ったときの内部動作にソートではなくハッシュというアルゴリズムを使うこともあるため、そういう場合は、必ずしもインデックスによる改善効果はありません。

からです。

◇インデックスの作成が裏目に出るケース

インデックスを作ると、逆に性能が劣化する代表的なケースは、次の2つです。

①インデックス更新のオーバーヘッドにより、更新処理の性能を劣化させる
②意図したものと違うインデックスが使われてしまう

インデックスは、テーブルに新しいデータが追加されたり、既存のデータに対して更新・削除が実行されると、自動的にインデックス自身も更新する機能が備わっています。

いわば、テーブルが書籍だとすれば、本文が変更されると、それに応じて索引のほうも自動的に更新されるようなものです。これ自体は非常に優れた機能なのですが、その代償として、インデックスが存在しないときに比べれば、更新のたびにインデックスの更新も付随して発生することになるわけです。これもオーバーヘッドの一種です。

通常、1行程度のレコードの追加や更新・削除であれば、それに伴うインデックス更新にかかる時間は、ほとんど体感できないほど小さいものです。しかし「塵も積もれば」で、これが何千万行とか何億行といった更新を行うことになると、インデックス更新にかかる時間も馬鹿にできなくなります。

システムの世界には「狼男を倒す銀の弾は存在しない」という有名な格言があります。これは、何かを代償とすることなしに何かを手に入れることはできない、というトレードオフの原則を表現した言葉なのですが、インデックスにもそれは当てはまります。

SELECT文を高速化できるのは、INSERTやUPDATEといった更新SQLを遅くするという代償を払っているからなのです。「いいとこ取りは存在しない」というのが、システムの世界の冷たい鉄則です。

333

また、②のリスクは、1つのテーブルに複数のインデックスを作った場合に生じる問題です。業務の中心となるテーブルは、様々なSQL文から利用されます。それに応じて、作られるインデックスの数も多くなる傾向があります。先に挙げたような、すべての列にインデックスを作るというのは極端すぎるにしても、10～20個くらいのインデックスが1つのテーブルに作られることは珍しくありません。そのような場合に、遅いSQL文について実行計画を見てみると、「あれ、何でこんなインデックスを使っているのだろう」と思うことがあります。本当はもっと速いインデックスがあるはずなのに、意図したのとは違うインデックスが使われて、かえって遅くなってしまったケースです。

　これが起きる理由は、「オプティマイザも万能ではないから」です。最近のオプティマイザは賢くなっていて、かなり高度な実行計画を作るようになっているのですが、それでも時々は予測を外すこともあります。使えるインデックスの候補が多いと、オプティマイザも人間みたいに「迷って」しまうのです（図10）。

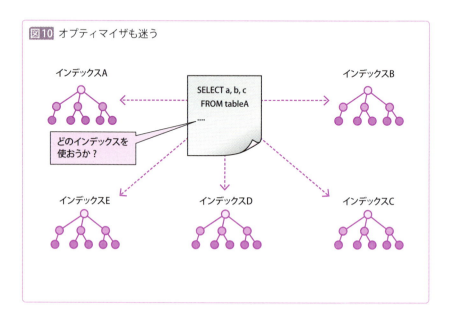

図10 オプティマイザも迷う

実行計画はどのように立てられているのか

　また、この2つのケース以外にも、インデックスを作ればそれだけストレージの容量を消費するという単純なトレードオフもあります。インデックスのサイズ自体はテーブルに比べれば数分の1～数十分の1程度なので、十分な空き容量が確保できていれば、それほど大きな問題になることはないのですが、インデックスもバックアップ対象にしている場合、第9章で見たバックアップにかかる時間が長くなることもあります。

◇インデックスを作るときの基準

　このようなトレードオフがあることから、インデックスの作成はバランスを考えながら実施する必要があります。具体的には、以下のような指針に沿って作ることが基本です。

①サイズの大きなテーブルにだけ作る

　サイズの小さなテーブルでは、そもそもインデックスもフルスキャンも大差ありません。したがって、小さなテーブルはあまり考慮の対象とする必要がありません。

②主キー制約や一意制約の付与されている列には不要

　上述したように、主キー制約が付与されている列には、自動的にインデックスが作成されています。一意制約が付いている列でも、これは同様です。なぜこの2つの制約が付いている列には暗黙にインデックスが作成されるかと言うと、値の重複チェックをするためにはデータをソートする必要があるので、インデックスを作ることでソート済みにしておくのが便利だからです（B-treeインデックスは必ずデータをソートした状態で保持するのでしたね）。

③カーディナリティの高い列に作る

　インデックスを作る列を決める指針として、最も重要なのがこれです。カーディナリティ（Cardinality）とは、「値の分散度」を示す言葉です。

335

特定の列について、多くの種類の値を持っていればカーディナリティが高く、反対に値の種類が少なければ、カーディナリティが低いということになります。例えば「免許証番号」というのは、ドライバーの間で重複なく発行されており、いま現在車を運転する資格のある人数だけの種類があります。カーディナリティはざっと数千万というところでしょう。これは非常にカーディナリティの高い例です。

　反対に、「出身都道府県」というのはどうでしょうか。これは最大47種類しか値がないことが法的に決まっているので、免許証番号に比べれば圧倒的にカーディナリティは低くなります。さらに「性別」に至っては、男性、女性、不詳の3種類しか値を取りえないので、極めてカーディナリティが低いということになります。

　つまり、インデックスを作ることによる性能改善効果が期待できる大きさを不等号で表現すると、次のようになります。

免許証番号 >>>>>>> 越えられない壁 >>>>>>> 都道府県 > 性別

　カーディナリティの低い列であまりインデックスの効果が期待できないのは、インデックスのツリーを辿る操作が増えるほどオーバーヘッドが増え、インデックスを作った恩恵を受けられなくなるからです。

◇パフォーマンスにおけるアンチパターン

　最後に、パフォーマンスにおける基本的なアンチパターンを紹介しておきます。データベースを扱う仕事をしていると、「SQL文のパフォーマンスが悪いんです！」という悲鳴を聞くことは日常茶飯事です。最初は「SQLってこんなに性能が悪いものか」と驚くかもしれませんが、すぐに「ああ、またか」と慣れてしまいます。冒頭に触れた通り、データベースは「性能問題の宝庫」と言っても過言ではありません。

　しかしその中には、初歩的な決まりごとを守っていないがゆえに発生している問題も散見されます。

336

実行計画はどのように立てられているのか

　ネットワークの分野で例えるならば、「インターネットにつながらなくなったんです！」と言われて駆けつけてみたら、LANケーブルが抜けていた、というようなレベルに近いものです。

　そのような思わず脱力してしまう残念な「性能問題」を少しでも未然に防ぐために、本章の最後に、リレーショナルデータベースの世界における基本的な「お約束」について触れておきたいと思います。それは、統計情報についてです。

　データベースは、「受け取ったSQL文に対して、まずはどうやってデータを取りに行くか登山計画（実行計画）を立てる」ということは本章で解説した通りです。その実行計画を立てるのがオプティマイザというモジュールで、実行計画を立てる際に利用する情報を「統計情報」と呼ぶのでした。この統計情報は、いわば「山の地図」に相当するので、地図が古かったり、あるいはそもそも存在していないという状況だと、オプティマイザがどれだけ賢くても最適なアクセスパスを選ぶことはできません。遭難は必至です。そのため、精度の高い実行計画を立てるには、精度の高い統計情報が不可欠です。しかし、時にこの統計情報の精度が著しく低くなってしまう場合があるのです。

　代表的な事例としては、以下のパターンがあります。

①統計情報の更新設定がオフになっている

　統計情報の更新方法は、DBMSによっていくつかパターンがありますが、設定をオフにすることも、一応可能です。何かの間違いで設定がオフにされていると、どれだけテーブルのデータが変更されても、古い統計情報のまま更新されない、ということになってしまいます。

②定期更新を設定し、かつデータ量が急激に変化した

　例えば毎日特定の時間（例えば22時）に統計情報が更新される設定になっているとします。この設定自体はよくあるもので、それ自体は特に問題ではないのですが、急激にテーブルのデータ量が変化した場合、次の更新タイミングまでは古い統計情報が使われることになります。

337

極端な例としては、0件のテーブルに一気に1億件が追加されたとして
も、統計情報が0件のまま更新されていなければ、オプティマイザはその
テーブルを「0件」だと考えて実行計画を立てようとします。

　データベースの側も、こういう状況をなるべく防止するために様々な工
夫をしています。例えば、最近ではデータ量が一定の割合を超えて変化し
た場合は、統計情報が自動収集される設定が可能なDBMSもあります。

　しかし、それがかえって更新SQL文のオーバーヘッドになるというイ
ンデックスの更新オーバーヘッドと似た問題を引き起こすこともあり、こ
のあたりのバランスを取ることは、経験を積んだDBエンジニアにとって
も簡単な仕事ではありません。ここまで統計情報に気を配っても、なお非
効率な実行計画が選択されることも現実には起きるのですが、その場合は、
ユーザがヒントやDBMSのパラメータなどで実行計画を明示的に制御す
るか、統計情報を凍結するという「オプティマイザを信用しない」策を採
用しなければなりません。しかし、それは非常時の例外的手段であって、
まずは統計情報を正しく収集することを心がけるべきです。

Appendixのまとめ

- システムのパフォーマンスは処理時間（レスポンスタイム）と処理速度（ス
  ループット）で測定する
- どれか1つのリソースでも限界点に達すると、レスポンスタイムとスルー
  プットが悪化しはじめる
- データベースはスケールアウトによるリソース増強が困難なため、チュー
  ニングの技術が重要である
- SQLのチューニングには「インデックス」を使うのが便利
- SQLの実行計画はオプティマイザが全部考えてくれるので、ユーザは基
  本的には考えなくてよい
- ただしオプティマイザも間違った地図（統計情報）をもとにすると道に迷
  うので、地図の精度には注意を払う必要がある

練習問題

Q1 以下の数値のうち、「スループット」でないものはどれでしょうか?
- A 時速5ノット
- B 1万光年
- C 打率2割5分
- D マンツーマン

Q2 MySQLにおいてテーブルの統計情報を収集するコマンドはどれでしょうか?
- A ANALYZE
- B INVESTIGATE
- C RESEARCH
- D PARSE

Q3 リレーショナルデータベースで性能改善のためによく使われるインデックスは以下のうちどれでしょうか?
- A A-tree
- B B-tree
- C C-tree
- D D-tree

Q4 SQL文から実行計画を作成するDBMSのモジュールは以下のうちどれでしょうか?
- A パーサ
- B プランナ
- C パタンナ
- D オプティマイザ

Q5 以下の列のうち、インデックスを作るのに最も適していないのはどれでしょうか?
- A 都道府県コード
- B 保険証番号
- C 年齢
- D サイコロの出る目

解答 Q1. B Q2. A Q3. B Q4. D Q5. D

解説 Q1 Aは「1時間あたり5ノット」、Cは「4本あたり1本のヒット」、マンツーマンは、「1人あたり1人」の意。Bは「距離」を示す表現であり、「単位量あたりの表現」ではない/Q5 インデックスを作成する効果があるのは、なるべくカーディナリティの高い列(値の種類の多い列)だが、サイコロの目は値の種類が6個しかない

RECOMMENDED BOOKS

◆◆◆ お勧めのデータベース関連書籍 ◆◆◆

ミック推薦

『SQLアンチパターン』(オライリージャパン)
▶ Bill Karwin（著）、和田卓人、和田省二（監訳）、児島修（訳）

COMMENT 主にテーブル設計やSQL文の書き方に、「やってはいけない」パターンをまとめた本。1年くらいデータベースを触ったあたりで読むと効果的、かついろいろと身につまされることがあります。

『【改訂第3版】SQLポケットリファレンス (POCKET REFERENCE)』(技術評論社)
▶ 浅井淳（著）

COMMENT Oracle、MySQL、SQL Server など代表的な実装に対応した関数やコマンドのリファレンス。手元にあると重宝します。

『CD付 SQL ゼロからはじめるデータベース操作』(翔泳社)
▶ ミック（著）

COMMENT 自著で恐縮ですが、第6章を読んでSQLをきちんと勉強したいと思った人に。特定の実装に依存しない標準SQL準拠の解説です。

『達人に学ぶDB設計 徹底指南書 初級者で終わりたくないあなたへ』(翔泳社)
▶ ミック（著）

COMMENT さらに自著で恐縮ですが、全般的に本書の続きを勉強したいと思った人に。物理設計、論理設計、パフォーマンスなどなどを、中級レベルを目指せるよう少し踏み込んで解説しています。

木村明治推薦

『絵で見てわかるITインフラの仕組み』(翔泳社)
▶ 山崎泰史、三縄慶子、畔勝洋平、佐藤貴彦（著）、小田圭二（監修）

COMMENT データベースが動作するためのITインフラをざっくり知ることができます。パフォーマンスチューニングについて、対象をシステムに広げるための基礎も学べます。

『理論から学ぶデータベース実践入門 リレーショナルモデルによる効率的なSQL・DB設計』(技術評論社)
▶ 奥野幹也（著）

COMMENT 主にリレーショナルモデルからDBMSの説明をしたもの。本書第8章の内容をより詳しく厳密に知りたい方にお勧めです。

『データベースパフォーマンスアップの教科書 基本原理編』
▶ エンコアコンサルティング（著）

COMMENT DBMSのパフォーマンスチューニングについて、さらに詳しく、一般的な内容を学べます。

『44のアンチパターンに学ぶDBシステム』(翔泳社)
▶ 小田圭二（著）

COMMENT 「SQLアンチパターン」の対象をSQLだけでなく、もう少し広くDBシステムにまで広げた本。インフラやプロジェクトマネジメントの「悪い例」は、よい反面教師。

● 個別の商用／オープンソースDBMSを詳しく知りたい方に

Oracle：『機能で学ぶ Oracle Database入門』(翔泳社)
▶ 一志達也（著）

DB2：『即戦力のDB2管理術〜仕組みからわかる効率的管理のノウハウ』(技術評論社)
▶ 下佐粉昭（著）

SQL Server：『絵で見てわかるSQL Serverの内部構造』(翔泳社)
▶ 平山理（著）

MySQL：『プロになるためのデータベース技術入門〜 MySQL for Windows困ったときに役立つ開発・運用ガイド』(技術評論社)
▶ 木村明治（著）

PostgreSQL：『内部構造から学ぶPostgreSQL 設計・運用計画の鉄則』(技術評論社)
▶ 勝俣智成、佐伯昌樹、原田登志（著）

Firebird：『Firebird徹底入門』(翔泳社)
▶ 木村明治、はやしつとむ、坂井恵（著）

INDEX

記号・数字

<=演算子	171
<>演算子	171
<演算子	171
=演算子	171
>=演算子	171
>演算子	171
1NF（第1正規形）	264
2NF（第2正規形）	268
3NF（第3正規形）	271

A

ACID特性	216
Active-Active	123
Active-Standby	123
AIX	54
ANSI	160
Atomicity	216
AVG	181

B

BI	260
B-tree	323

C

CASE	254
CHAR型	193
Cold-Standby	126
COMMIT	217
Consistency	218
COUNT	181
CREATE VIEW	205

D

Data Guard	127
DB2	75
DBMS	49
DBサーバ	107,121
DCL	224
DDL	224
DELETE	44,197
DESC	179
Dirty Page	286
Dirty Read	221
Dirty Write	24
DISTINCT	173,183
DML	224

DWH	260

E

EOSL	83
ER図	274
Express Edition	78

F

FROM	187
Fuzzy Read	221

G

GROUP-BY	184
GROUP-CONCAT	182

H

HADR	127
HAVING	185
Hot-Standby	126
HP-UX	54

I

IE表記法	274
Implementation	49
inner join	208
InnoDB型	216
InnoDBログ	286
INSERT	44,192
INT型	193
Isolation	218

L

LAMP	137

M

MAX	181
max connections	240
MIN	181
MVCC	229
MyISAM型	216
MySQL	48

N

NoSQLデータベース	32
NULL	182,211,260

O

Oracle	48
ORDER BY	179
OS	52
OSS	53,88

341

INDEX

outer join	209

P

PaaS	90
Page	286
Phantom	222
PITR	289
PostgreSQL	48
Primary Key	194,257
prompt	147
Pure Scale	123

R

RAC	123
RAID	127
RDBMS	49
REDOログ	290
Redundancy	117
ROLLBACK	217

S

SELECT	44,169
SI	51
Solaris	54
SPOF	119
SQL Server	48,75
SQL文	43
SUM	181

T

TPS	301

U

UNDOログ	239
Uniqueness	20
UPDATE	44,191

V

VLDB	297

W

WAL	285
Web3層	108
Webサーバ層	110,112
WHERE	170

X

XMLデータベース	32

あ

アーキテクチャ	100
アプリケーション	56
アプリケーション層	110,112
一意性	20
一時領域	330
イニシャルコスト	69,87,92
インスタンス	156
インデックス	318
エディション	76
エンティティ	275
オートコミット	236
オブジェクト	157
オブジェクト指向データベース	32
オプション	76
オプティマイザ	309

か

カーディナリティ	335
階層型データベース	31
外部結合	209
可用性	113,120
関数	181,266
関数従属性	267
管理コマンド	153
キャパシティプランニング	303
行	46
クライアント	27,106
クライアント／サーバ	106
クラスタ構成	77
クラスタリング	116
クラッシュリカバリ	287
継承	256
結合	207
限界点	303
検索	18,41
構文解析	307
コールドバックアップ	291
コネクション	146,148

さ

サーバ	27,106
サイジング	303
削除	19,41
サブクエリ	206
サブスクリプション	86,89
参照	18

342

シェアードディスク	132
シェアードナッシング	132
実行計画	309,315
シャーディング	134
修正	19,41
主キー	194,259
冗長化	26,117
シリアライザブル	220
信頼性	113,120
スカラ・サブクエリ	206
スカラ値	206,265
スキーマ	155
スクラッチ	58
スタンドアロン	103
スループット	132
正規形	263
セキュリティ	26
セッション	149
ソートキー	179

た

単一障害点	119
チェックポイント	287
抽出	18
ディザスタリカバリ	128
データベース層	110
データベースバッファ	286
テーブル	45,246
デスマーチ	67
デッドロック	235
デリミタ	173
統計情報	311
同時実行制御	21
登録	19,41
トランザクション	216
トランザクションログ	290
トレードオフ	23,85

な

内部結合	208

は

パース	307
バイナリログ	290
配列	264
バックアップ	26

パッケージ	58
バッファプール	286
パフォーマンス	300
比較演算子	171
ビュー	205
標準語と方言	199
副問い合わせ	206
物理バックアップ	292
部分バックアップ	293
フルスキャン	316
フルバックアップ	293
プロセスタイム	301
プロセッサライセンス	72
分離レベル	230
ホットバックアップ	291
ボトルネック	303,305

ま

マイグレーション	56
マルチインスタンス	157,161
マルチスレッド構成	284
マルチプロセス構成	284
ミドルウェア	54

や

ユーザライセンス	72
優先順位	172

ら

ライセンス料金	71
ランニングコスト	69,79,87
リードアンコミッテッド	221,232
リードコミッテッド	221,231
リストア	289
リピータブルリード	221,231
リレーショナルデータベース	32,38
リレーションシップ	276
レスポンスタイム	301
列	46
レプリケーション	77,127
レンジスキャン	316
ロールフォワード	288
ロールフォワードリカバリ	294
ログ先行書き込み	285
ロックタイムアウト	234
論理バックアップ	292

343

著者プロフィール

ミック

SI企業に勤務するDBエンジニア。大規模データを扱うBI/DWHシステムのデータベース設計やチューニングを主な仕事とする。著書に『達人に学ぶSQL徹底指南書』（翔泳社、2008）、『達人に学ぶDB設計徹底指南書』（翔泳社、2012）、『SQL ゼロからはじめるデータベース操作』（翔泳社、2010）。訳書にJ.セルコ『プログラマのためのSQL 第4版』（翔泳社、2013）など。本書の1〜5章、8章、Appendixを担当。

木村 明治 （きむら めいじ）

いくつかのプロジェクトでDB本体やアプリの開発、PMを担当した後フリーとなり、オープンソースRDBMSの世界で活動をはじめる。ひょんなことからMySQL AB日本支社のメンバーとなり、会社の統廃合を経て、現在は日本オラクル株式会社にてMySQLの技術サポート業務をなりわいとしている。著書に『Firebird徹底入門』[共著]（翔泳社、2009）、『プロになるためのデータベース技術入門 MySQL for Windows』（技術評論社、2012）。本書の6、7章、9章を担当。

おうちで学べる データベースのきほん

2015年 2月12日 初版第1刷発行

著　者	ミック、木村 明治
発 行 人	佐々木 幹夫
発 行 所	株式会社 翔泳社 (http://www.shoeisha.co.jp)
印刷・製本	株式会社ワコープラネット

ⓒ2015 Mick,Meiji Kimura

装丁・デザイン	小島トシノブ（有限会社NONdesign）
DTP	佐々木大介

本書は著作権法上の保護を受けています。本書の一部または全部について（ソフトウェアおよびプログラムを含む）、株式会社 翔泳社から文書による許諾を得ずに、いかなる方法においても無断で複写、複製することは禁じられています。
本書へのお問い合わせについては、2ページに記載の内容をお読みください。
落丁・乱丁はお取り替えいたします。03-5362-3705までご連絡ください。
ISBN978-4-7981-3516-8 Printed in Japan